CPMA专业美甲培训系列

专业美甲从入门到精通

CPMA一级美甲培训教材

CPMA教育委员会 组织编写

1

化学工业出版社
·北京·

内容提要

本书主要分为两大部分。第一部分介绍了指甲的构造、手部护理和脚部护理的步骤流程，帮助读者了解最健康、安全的操作手法，第二部分介绍了凝胶美甲、贴甲片、基础彩绘、美甲装饰、晕染、拉染、渐变等当前比较流行和实用的美甲技法。在本书配图的拍摄过程中，众多国际美甲师亲临现场指导，简明扼要地指出每个技法的要点与易错点，帮助读者规避错误，快速掌握正确的美甲技法。

本书中详细介绍了每个美甲款式所用到的材料和工具，逐步剖析技法，配合高清图片，让操作一目了然。本系列书共分三本，本书适用于刚入门美甲师、零基础新手以及美甲爱好者，希望能助力普通美甲师蜕变成更专业的美甲师！

作　　者： CPMA 教育委员会

特别鸣谢： 崔粉姬、王薪雨、王秋月、吴丹、余富明、星野优子、神谷一江、久永浩代、远藤麻未、角田美花、华舒平、高东梅、梁淑仪、魏晓丹、李嘉欣、孙颖、马赛楠、吴霞萍、余剑楠、王蓬、梁绮媚、樊斯韵、徐润婷、余俊峰、阮子祺、唐艳瑜、李冠旎

图书在版编目（CIP）数据

专业美甲从入门到精通 ：CPMA 一级美甲培训教材 / CPMA 教育委员会组织编写 .—北京 ：化学工业出版社，2018.5（2024.11重印）

CPMA 专业美甲培训系列

ISBN 978-7-122-31661-5

Ⅰ. ①专… Ⅱ. ①C… Ⅲ. ①指（趾）甲－化妆－技术培训－教材 Ⅳ. ①TS974.15

中国版本图书馆 CIP 数据核字（2018）第 041790 号

责任编辑：徐　娟　　　　装帧设计：汪　华

责任校对：宋　玮　　　　封面设计：刘丽华

出版发行：化学工业出版社(北京市东城区青年湖南街13号　邮政编码 100011）

印　　装：北京瑞禾彩色印刷有限公司

787mm × 1092mm　1/16　印张9　字数200千字　2024年 11月北京第1版第15次印刷

购书咨询：010-64518888　　售后服务：010-64518899

网　　址：http://www.cip.com.cn

凡购买本书，如有缺损质量问题，本社销售中心负责调换。

定　价：58.00 元

普通美甲师到专业美甲师的升级之路，要从技术的提升与审美的提高开始。结合现实中顾客的多样需求，美甲师需要不断地学习，掌握更多实用健康的技法，让自己与顾客的需求同步。为此，CPMA 特邀众多国际美甲大师演示和讲解 CPMA 一级美甲教程，旨在激发美甲师对安全技法的思考。

本书主要分为两大部分。第一部分包括指甲的构造、手部护理和脚部护理的步骤流程，帮助读者了解最健康、安全的操作手法。学习 CPMA 专业手法不仅能提高接待客人的效率，更能体现店铺的专业水平，加强店铺的竞争力。第二部分包括凝胶美甲、贴甲片、基础彩绘、美甲装饰、晕染、拉染、渐变等实用技法，帮助读者了解当下非常流行与实用的技法。

到底什么是 CPMA 前置处理？无纺布包裹拇指修死皮的要点是什么？如何区分顾客的病变甲并给出合适建议？美甲款式中常用的渐变、晕染、拉染款式是如何制作的？……很多的美甲知识都会在本书中一一详细呈现。本书中还在相关内容处提供考点视频二维码，供读者免费下载。

通过本书的学习，美甲师将能掌握美甲中常用的基础技法，并在练习中不断地提高自己的美甲水平，最终通过 CPMA 一级认证考试。

视频入口
二维码

编者

2018 年 3 月

CPMA 全称是 Certification of Professional Manicurist Association，是一项中国美甲行业的自律体系，对美甲师、美甲讲师进行规范和认证。CPMA 的宗旨在于推动中国美甲行业统一标准的建立，中国美甲技师服务技术的提升，中国美甲沙龙服务和管理水平的进步。CPMA 是目前全国辐射最广泛的培训认证体系，特有的 ETC 体系与 PROUD 评分系统受到全国美甲师认可。截至 2017 年，CPMA 已在全国设立 9 处考点，通过认证学员遍布 17 个省、167 个城市，认证的力量蔓延全国。

CPMA 包括三个核心的部分：培训体系、认证考试、职业发展。

CPMA 培训体系

CPMA 培训体系包括系列教材、视频教学、培训课程三个部分。

系列教材由中国和日本数十位美甲行业名师共同起草和审阅，结合日本先进美甲技术与中国市场和传统，深受美甲师认可，自 2016 年以来已发行 20000 余册，是美甲行业最具影响力的教材。

视频教学由日本 JNA 本部认定讲师、CPMA 理事会副理事长崔粉姬老师主讲，相关专业手法教学视频都在美甲帮 APP 的“教程”板块一一呈现。

培训课程在全国多个城市统一举办，是目前国内最大规模的美甲行业培训，每年三次，考试在北京、上海、广州等地举行。培训为期两天，由中日两国讲师共同讲授。可扫下方二维码报名 CPMA 培训认证。

CPMA 认证考试

CPMA 认证考试是中国影响力最大，参与人数最多的美甲专业认证考试。内容包括理论与技能考试，特有中国美甲行业最规范的 PROUD 评分标准，以保证认证具有行业认可的公信力。通过考试的考生将获得具二维码防伪技术的 CPMA 认证证书，可随时在网上查询证明。

CPMA 职业发展

CPMA 美甲师认证分为一级、二级、三级三个级别，覆盖美甲师职业发展的整条路线。一级美甲师认证适合刚入门的美甲师，主要内容为基础修手、护理、上色、卸甲等的规范手法和简单技巧。二级美甲师认证适合有一定经验的美甲师，主要内容为光疗、手绘、三色渐变等较复杂款式。三级美甲师认证适合经验丰富的美甲师，主要内容为高端技法和款式设计。

CPMA 讲师认证分为一级、二级、三级三个级别，适合希望向技术培训讲师方向发展的美甲师。已经获得二级美甲师认证的美甲师可以报名 CPMA 一级讲师认证。讲师认证的主要内容为沟通与管理能力培训、授课技巧培训、专业进阶技术培训等。

更多内容可咨询

报名直达链接

目录

第1章 美甲基础知识

1.1 美甲的概念
1.2 美甲的历史和发展
1.3 美甲的类别
1.4 职业前景与专业形象的打造
1.5 色彩理论
1.6 店铺服务记录

相传从古埃及时代开始，便有在指甲上着色的习惯，到了现代经过了各式各样的变化，发展了如今的技术。如今美甲越来越受到广大群众的喜爱，那么作为一名美甲师该如何打造专业形象？店铺服务记录该如何开展？希望读者通过本章的学习了解更多美甲师必备的基础知识。

1.1 美甲的概念

美甲（manicure）这个词最早出现于拉丁文，是由拉丁语中的手（manus）和护理（cure）两个词组合而成的。美甲是一门技术课程，同时又具有着丰富的文化艺术内涵。它根据顾客的手形、甲形、肤色、服饰以及审美要求，运用专业的美甲工具、设备及材料按照科学技术进行操作，对手部、脚部的指甲表面进行清理、护理、保养、修整及美化设计的工作。

1.2 美甲的历史和发展

从历史记载开始，人类就注重美容打扮。在人类历史的每个时期都会产生出现美发、护肤以及美甲的新方法。而在 21 世纪的今天，科学家和美容专家们在传统美容方法的基础上，更是突破性地创新造了更多美容产品。

1.2.1 古埃及时代

人类历史上最早的留有与化妆有关的记录就便是从古埃及这个时代开始的。据记载，作为化妆的一部分，古埃及人就已经使用矿质、昆虫和莓果作为原材料，来为眼睛、嘴唇、皮肤和指甲做美化。埃及人还使用海娜（别名指甲花）来染头发，或者将指甲染成大红色。在古埃及和罗马帝国时期，军队的指挥官在重要的战役之前，会将自己的指甲和嘴唇染成相配的红色来彰显气势。

1.2.2 中国古代

在中国，从商朝（约公元前 1600 年）开始，贵族们便开始将阿拉伯树胶、明胶、蜂蜡和鸡蛋清混在一起制成有色的混合物，在指甲上揉搓、摩擦，最终将指甲染成深红色或者乌黑色。周朝时（约公元前 1100 年前）金银制的指甲是仅供皇室成员使用的，指甲的颜色开始成为社会地位的一种重要象征，如果平民百姓被发现擅自使用了代表皇室的指甲颜色，会被处以死刑。长指甲作为古代贵族的地位标志，有些贵族甚至会佩戴用黄金和珠宝做装饰的指套护具来保护象征着大富大贵的长指甲不受毁坏。

1.2.3 古希腊

在古希腊的黄金时代（始于公元前 500 年前），古希腊人建设了设计精致又复杂的浴场，并发明了头发造型和对皮肤和指甲做保养的好方法，希腊的将军和士兵在战役开始前都会把嘴唇和指甲染成红色，以提高士气。妇女们则将白色铅粉涂抹在脸部，并在眼部涂上眼影粉。妇女们脸颊和嘴唇上的红色来源于一种绝妙的矿物质——朱砂。有趣的是，当时的这些美容产品的粉状和膏状形态，依然是我们当今现代化妆品的构成基础。

1.2.4 古罗马

为了赞扬美容能使人的外貌改变的力量之大，古罗马的哲学家柏拉图曾写道："没有对自己外貌做美化的女性，就如同没有放盐的食物，味同嚼蜡。"古罗马的妇女们用白垩和白色铅粉的混合物作为面部使用的粉末。古罗马人也会用头发的颜色来显示自己的阶级身份：贵族女性将头发染成红色、中产阶级的女性将头发弄成金色，而平民女性只能保持黑色的发色。但是无论男女都会用羊血与油脂的混合物来为指甲增添颜色。

1.2.5 中世纪

在欧洲史上，中世纪始于公元 476 年罗马帝国的灭亡，于 14 世纪古典文艺复兴时期衰落。中世纪时期保留下来的织锦、雕塑和其他手工艺品等向人们展示了当时女性们高耸的头饰、繁复的发型以及如何使用美容品来护肤和护理头发。当然她们也会在脸颊上和嘴唇上涂抹颜色，但不包括眼部和指甲。

1.2.6 文艺复兴时期

在文艺复兴时期（14 ~ 17 世纪），西方文明逐渐由中世纪向现代文明转化。这一时期的画作及记载向世人表明了当时就已经有关于梳妆打扮的训练培养了。不论男女都会穿着繁复的服饰，使用香料和美容品，会为嘴唇、脸颊和眼部画上浓重的妆容，但指甲是不被允许上色的。只有贵族才能护理他们的指甲，普通百姓是不能美化指甲的。考古学家曾经挖掘出文艺复兴时期的美容工具，其中包括用骨头或金属制成的指甲清洁工具，有些是普通耳勺的一倍大小。

1.2.7 维多利亚时期

维多利亚时期（公元 1837 ~ 1901 年），各地的社会习俗影响着人们的衣着打扮。为了保持皮肤的健康和美丽，女性会使用蜂蜜、鸡蛋、牛奶、燕麦、水果、蔬菜以及其他天然的材料所制造出的面膜来敷在脸上。比起使用腮红或者唇膏，维多利亚时期的女性们更喜欢通过掐脸颊或者咬嘴唇等方法来产生自然的红色，有时候她们也会在指甲上点上红色的油然后用仿羚羊皮棉织物来抛光指甲表面。

1.2.8 20 世纪

在 20 世纪早期，人们注意到名人们都有着完美无瑕的面容、美丽的发型以及精心修护过的指甲，于是衡量女性是否美丽的标准也开始有了变化。这个重大的变化同时也成为了美容行业化开始的预兆。在 20 世纪产生了一批值得记载的创新成就：光疗胶的诞生横扫了整个美甲产业，更新了人们对美甲的认知，美甲变得更加安全与持久。其次，美甲师遇到前所未有的就业机遇，与此同时，消费者对指甲护理服务的要求达到新的高度，这要求美甲师的美甲技术和服务技能必须同步提高。

1.2.9 21 世纪

21 世纪，美甲产业不断高速发展，美甲进入更多爱美人士的生活。顾客不断提出新的要求，为此美甲师需要拥有高级的美甲技术来满足顾客，而技法达标的美甲师在市场上相当有限，因此，美甲行业一度出现美甲技师短缺的情况。其次，光疗胶在整个行业中盛行，做出的美甲被称为“光疗甲”，光疗甲维持时间长，保持效果好，因此被整个行业广泛认可与接受。目前，更多成分天然、无毒无害的指甲护理产品随之产生，使美甲师有了更多的选择；人们对手部护理和脚部护理的消费需求也持续增长。

知识便签

1.3 美甲的类别

美甲具有色彩丰富、造型多变、表达形式多样的特征，因此，分类的标准繁多。总体上可分为实用型、观赏型及表演型美甲三大类。

实用型美甲与日常生活最为相关，适用于上班、宴会、家居等日常场合。实用型美甲不仅可以起到美化指甲提升整体魅力的作用，也能在丰满、坚固、加长自然指甲的同时起到修复残甲、矫正畸形指甲的作用。根据制作方式和材料，实用型美甲又可分为以下几类。

1.3.1 纯色美甲

纯色美甲即仅涂抹颜色、不做款式的美甲，见图 1–1。它简约而百搭，是最常见的美甲类型。

图 1–1 纯色美甲

1.3.2 彩绘美甲

彩绘美甲是指用彩绘胶或丙烯颜料在甲面上绘出图案，见图 1–2。它能展现个性，带给我们艺术的陶冶和美好的享受。

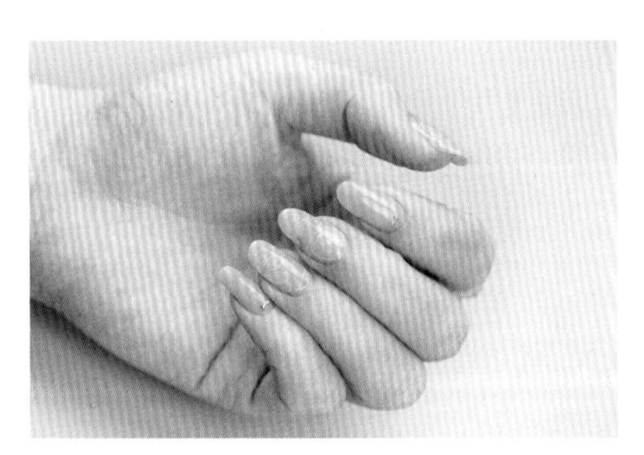

图 1–2 彩绘美甲

1.3.3 水晶美甲

水晶美甲是目前多种美甲工艺中最受欢迎的一种，其特点是能从视觉上改变手指形状，给人以修长感，从而弥补手型不美的遗憾，如图 1–3 所示。

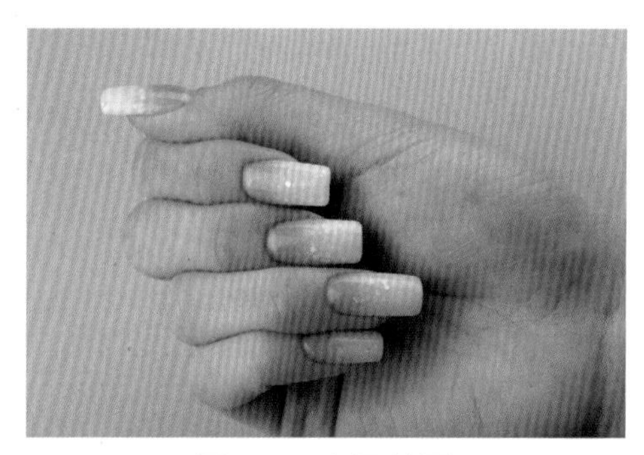

图 1–3 水晶美甲

1.3.4 光疗美甲

光疗美甲是一种通过紫外线经过光合作用而使光疗凝胶凝固的先进仿真甲技术，采用纯天然树脂材料，具有保护指甲、甲面的功能，还能有效矫正甲形，使指甲更纤透、动人，如图 1–4 所示。

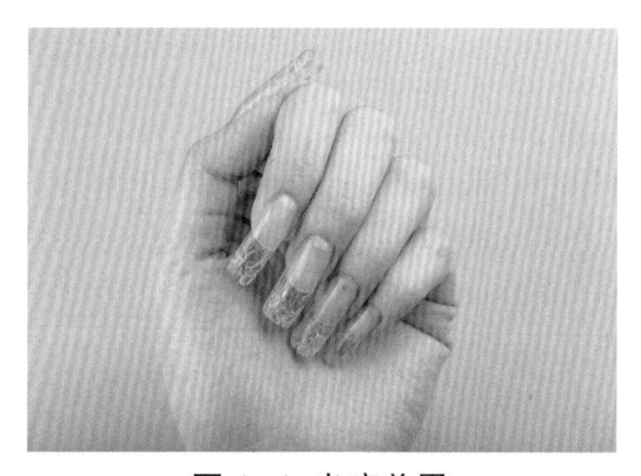

图 1–4 光疗美甲

1.3.5 贴片美甲

贴片美甲利用专业贴片胶水将甲片贴在指甲表面，从而打造修长的甲形，如图 1–5 所示，其中贴片可分为全贴、半贴和法式贴三种类型。

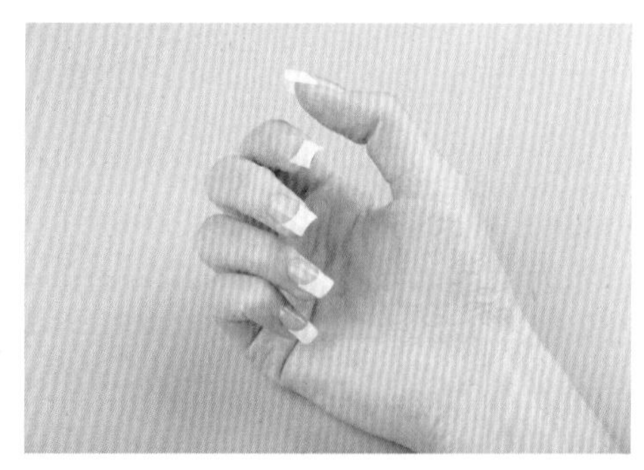

图 1–5 贴片美甲

1.4 职业前景与专业形象的打造

1.4.1 职业前景

目前，美甲行业在国内的发展日趋成熟，美甲的市场、资源、商贸、培训、科研、媒体、活动等内容都被将纳入美甲产业链条之中。行业的快速发展，造就了大批的美甲从业人员。

美甲行业呈现的特征是，投资机会大，利润空间大；投资少，见效快；投资环境多种形式，经营方式灵活；用人少，技术易掌握；产品项目多，能满足多层次消费需求等。美甲投资趋向大致有三种选择：

一是原有从属于美容院、化妆店的美甲项目将逐渐剥离出来，成为招牌项目；

二是全国各地将会出现一些中小型美甲直营店，无论直营店经营者有无行业基础；

三是大品牌提供的优惠加盟政策，以不多的投资加入到品牌连锁经营行列，分享特许经营带来的品牌效益。

美甲师是一个入行门槛较低的职业，现在我国的美甲师职业队伍参差不齐，更加需要专业美甲师的出现。由于美甲行业求材若渴，专业美甲师在市场上供不应求，因此美甲店及美容院经常会向拥有国际认可资格的专业美甲师招手，遇到新入行者也会加以培训，在短短数年间，令市场上出现很多就业机会。

国际上对专业美甲师都有一定的要求标准，众多国家已为美甲业制订了相应的职业标准，专业美甲师都会按资格鉴定等级，他们接受的培训时数、技能要求及相关知识等都有统一的标准。所以有兴趣入行者，可在各个国际的资格鉴定中多做挑选，选定目标，并努力得到认证。

目前在我国美甲师这个职业拥有非常广阔的机会。不断拓宽业务范围，不断在实践中学习专业技能，从而掌握预测和感受潮流新趋势的能力，可以实现美甲师自我价值的提升。

1.4.2 专业形象的打造

第一印象对于任何场合而言都是十分重要的，得体合宜的个人形象是获得成功的一项重要影响因素。美甲师这份职业也受到时尚潮流的影响，美甲师的指甲、衣着、妆容甚至发型都要得体且时髦，让客人感到舒适。

人格魅力和实际能力固然重要，但吸引潜在顾客的决定性要素往往是美甲师所呈现的外貌和气质，让顾客认为你有能力将她们变美，顾客才会选择你。

Tips:

- 很多顾客更倾向于选择看上去紧跟潮流、穿着打扮适宜得当的美甲师。
- 在专业美甲沙龙里工作，展现出自己的专业素养，会是推动个人事业发展的关键。
- 工作的专业性体现在美甲师对每天的日常工作是否都抱着真诚的态度，是否懂得关心身边的人，能否与经理、同事以及客人进行恰到好处的沟通。

美甲师打造个人的专业形象要从以下几方面入手。

（1）个人卫生

保持好个人卫生是打造专业美甲师个人形象的第一步。身处美容行业，美甲师每天都会与顾客近距离接触，若身上散发出令人不悦的味道会给顾客的体验带来负面影响，因此保持身上的气味清新非常重要。倘若美甲师真的散发出异味，大部分顾客不会直白地告诉你而是选择以后不再找你服务，部分顾客还很可能告诉自己的朋友这次糟糕体验，或者在社交网络上发帖子描述在这次服务中闻到的难闻味道。

如何较好地保持个人卫生？美甲师在给每位顾客服务前和结束后都应洗手消毒。可以准备一个卫生小包在工作时使用，里面可以放以下物品：牙膏和牙刷；漱口水；消毒湿巾或者消毒洗手液；牙线；除臭止汗剂。

（2）个人装扮

美甲师的衣着装扮要考虑到工作的专业形象，并且要符合美甲店面的整体风格。衣服一定要整洁，可以戴上围裙来保护衣物。佩戴饰品要得当，配合干净利落的妆容有助于展现美甲师的专业形象。在购买衣服时可以参考当季的潮流趋势，既舒适又有风格的衣服是最佳选择。应选择相对简约的配饰，确保工作时耳环不会发出叮叮当当的声音。穿着舒适的鞋子，低跟单鞋即可，注意给予脚部足够的支撑。美甲师可适当地化妆，干净利落的妆容有助于展现你的专业形象，切记妆容不要过分夸张。美甲师的手和指甲也要保持美丽整洁，一双有着美丽指甲的手当然会让顾客觉得你更专业。

（3）言行举止

美甲师的工作带有服务性质，所以言行举止一定要亲切有礼。不仅仅是对待客人，在对待同事、上司或其他人员的时候也要有礼貌。随时保持积极的工作态度，控制谈话音量避免形成噪声，不要在工作时随意地大声谈笑，坐姿端正，不要任意扭曲身体，不专业的服务姿势不仅影响顾客的体验，对美甲师自身的身体健康也有害处。

知识便签

1.5 色彩理论

1.5.1 色彩的构成

世界是绚丽多彩的，色彩的产生是自然现象，物体之所以有色彩是因为光的照射，物体反射出来的光作用于眼睛的结果，即产生色彩，也就是说光、物体及人的视觉系统是色彩形成的基本条件。

1.5.2 色彩的属性

（1）色相

色相就是色彩的相貌，区别于不同色彩的名称，如图 1-6 所示。例如红、橙、黄、绿、蓝、紫及由此而生出来的绚丽多彩的色彩世界，通过分辨每一块的特征就可以认清每个颜色，而色彩的强弱明暗没有关系。

图 1-6 色相

（2）明度

明度指色彩的明暗及深浅程度，如图 1-7 所示。在有彩色系中，黄色明度最高，蓝色明度最低；在无彩色系中，白色明度最高，黑色明度最低。在任何一种色彩中，加入白色将提高明度，加入黑色将降低明度。

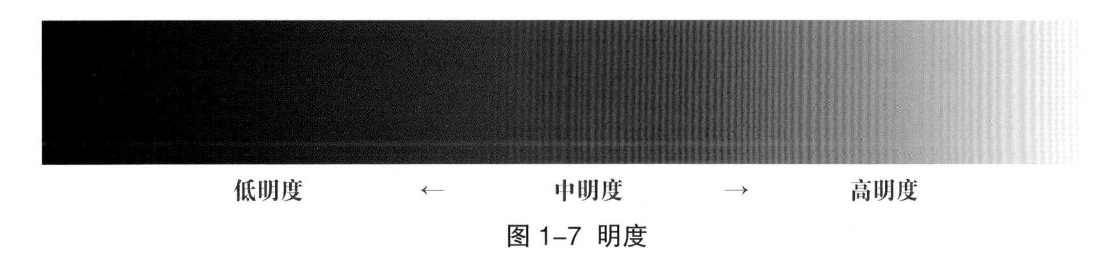

图 1-7 明度

（3）纯度

纯度指色彩的饱和程度，如图 1-8 所示，表示颜色中所含有色成分的比例。凡具饱和的色彩必有相应的色相，丝毫没有任何杂色时为纯度最高，如纯红中没有任何黑、白量等的杂色，若逐渐降低纯度，最后则会变成灰红色。

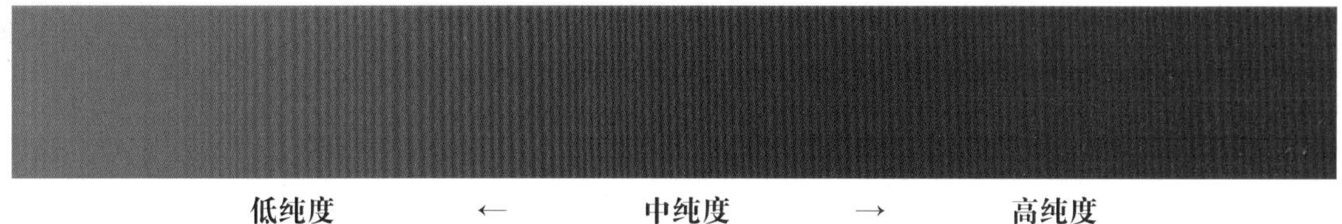

图 1–8 纯度

1.5.3 色彩的分类

色彩有成千上万种，其主要分为有彩色系（图 1–9）与无彩色系两大系列色彩。无彩色系指纯黑、纯白以及调和的各种灰色。有彩色系是指色环上的红、橙、黄、绿、蓝、紫 6 种基本色及混合色。

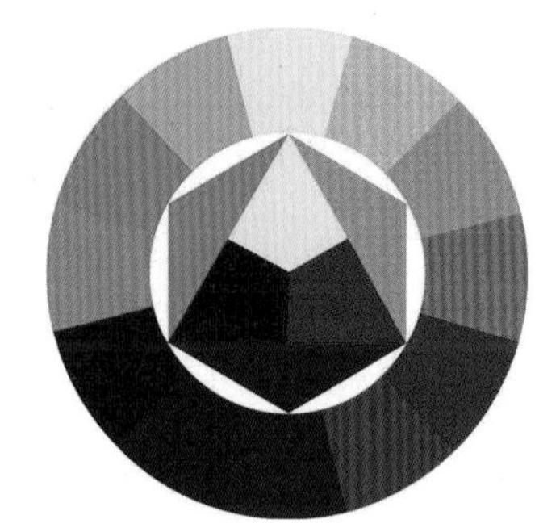

图 1–9 色相环

（1）原色

所有的色彩均由红色、黄色、蓝色三种色彩不同的比例混合而诞生。因此，红色、黄色、蓝色称为基本色或原色，这三种色彩被称为“三原色”。原色如图 1–10 所示。

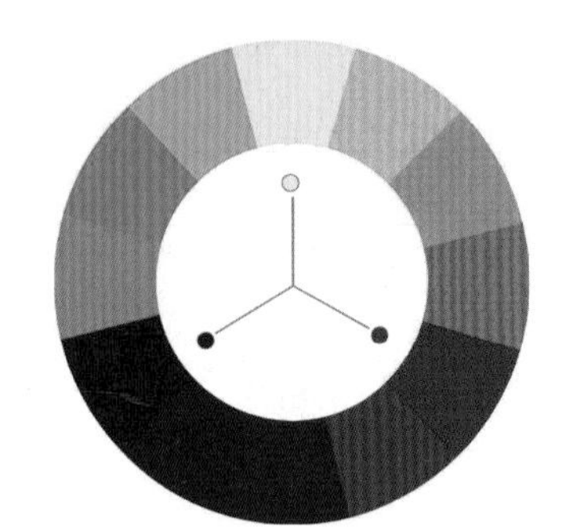

图 1–10 原色

（2）间色

两种原色等比例混合所产生的颜色叫做间色，也叫第二次色。例如，红 + 黄 = 橙；红 + 蓝 = 紫；黄 + 蓝 = 绿，所以橙、紫、绿就是间色。间色如图 1–11 所示。

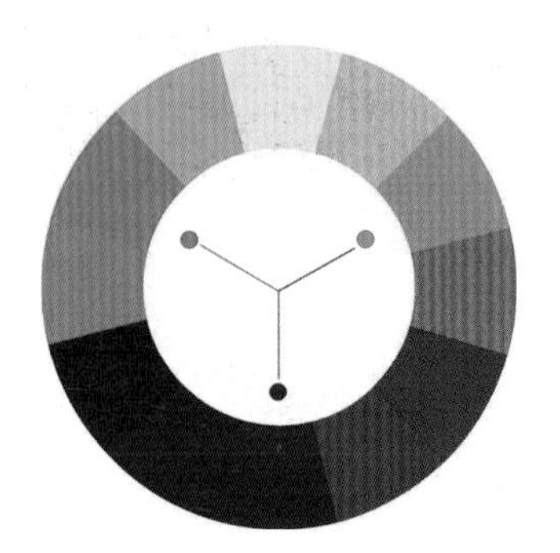

图 1–11 间色

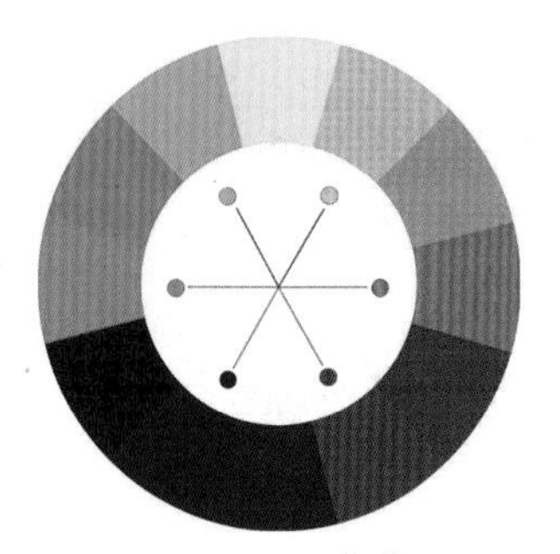
图 1-12 复色

（3）复色

由两个间色相混或间色与原色相混所形成的颜色，叫复色，也叫第三次色。它包括了除原色和间色以外的所有颜色，是最丰富的色彩家族，千变万化，丰富异常。如图 1–12 依顺时针方向为黄橙、红橙、红紫、蓝紫、蓝绿、黄绿。

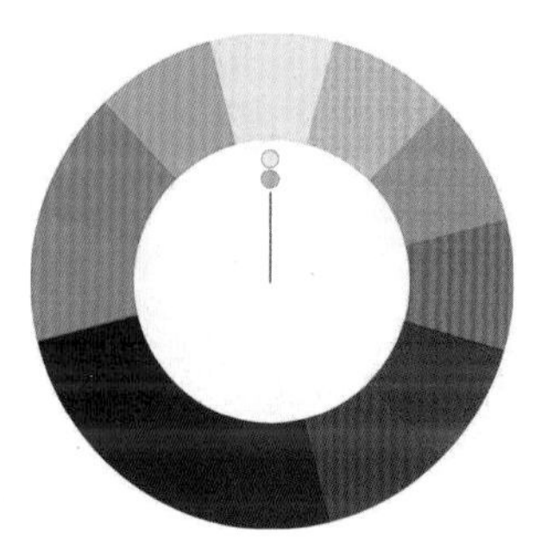
图 1-13 同色

1.5.4 色彩搭配

（1）同色

同色是指在色环上共同含有同一个颜色，色彩相近，如图 1–13 所示。

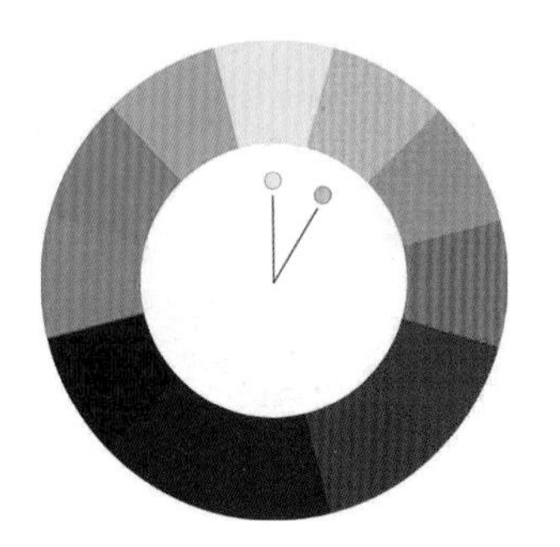
图 1-14 邻色

（2）邻色

在色环中邻近 30 度的颜色中，共同含有同一个颜色，色彩相近，就称为某几个颜色为邻色系。例如黄色与橙色，深紫色与深蓝色。图 1–14 为邻色示意。

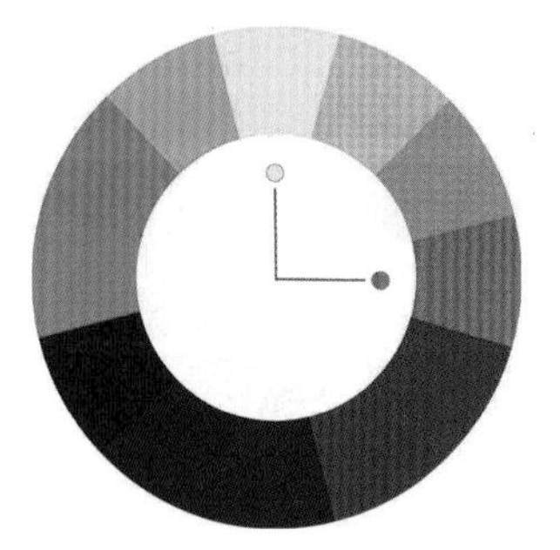
图 1-15 中差色

（3）中差色

色环中 90 度的配色，在视觉上是有很大的配色张力效果，是非常个性化的配色方式。例如黄色与橙色，紫色与深蓝色。中差色如图 1–15 所示。

（4）相对色

在色环上成 180 度相互对着的两种颜色叫做相对色，也叫补色，它们是对比最强烈的颜色。例如黄色与紫色，红色与绿色，蓝色与橙色。相对色如图 1-16 所示。

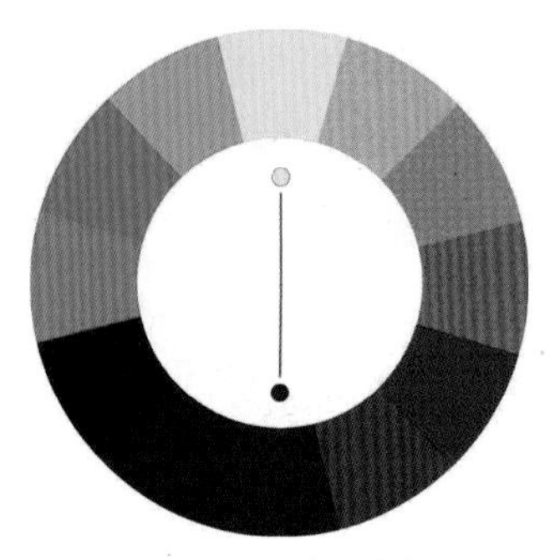

图 1-16 相对色

1.5.5 色彩的冷暖分别

冷暖色如图 1-17 所示。

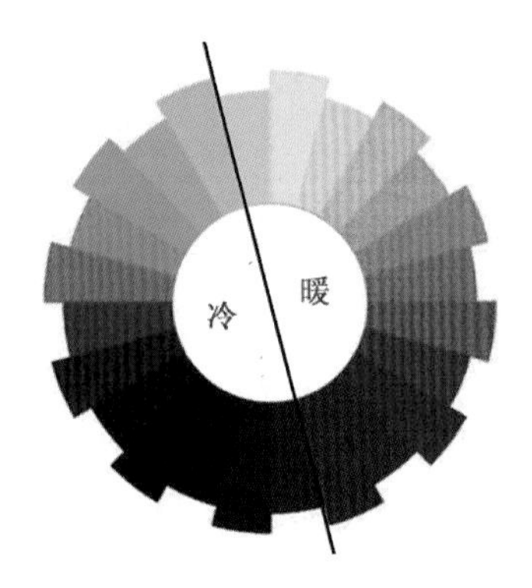

图 1-17 冷暖色

（1）暖色

暖色包含红、橙、黄以及这三种颜色的变种。它们分别是烈焰、落叶以及日出日落的颜色，它们通常象征活力、激情和积极。

（2）冷色

冷色包含紫色、蓝色和绿色。它们是夜、水和自然的代表颜色，通常给人感觉是舒缓、放松，以及有一点冷淡。在配色中使用冷色可以营造一种冷静的感觉。

（3）中性色

中性色包括黑色、灰色、白色、褐色。通常与亮色混用，不过也可单独使用，制作出经典的款式来。

1.5.6 不同肤色的手适合的美甲颜色

白皙亮丽的手：适合温柔亮丽的颜色，如象牙白、米粉色或薄荷色，这样能烘托肤色。

粉嫩红润的手：适合粉嫩淡雅的颜色，如淡蓝色、桃红色或淡紫色等。

偏黑暗沉的手：适合棕色、暗红、七彩珠光或金色系，避免偏蓝的玫瑰红色系。

肤色偏黄的手：适合灰色系或稍微偏暗的颜色，与手指的黄色相互交融，让皮肤显得不那么黄。

1.6 店铺服务记录

身为一名专业的美甲师，应当对所有到店客人的指甲负责。每个客人的指甲状况各有不同，除了为客人完成心仪的美甲款式以外，叮嘱客人美甲后的注意事项，帮助客人进行正确的养护，让指甲一直保持健康美丽的状态，也是美甲师的重要职责。

为了帮助客人的指甲恢复到健康状态，美甲师需要提醒客人美甲后 3 ~ 4 周，应再次到店进行卸甲与指部护理工作。对于指甲有损伤的客人，美甲师可以为其定制个人的指甲健康管理档案（表 1–1），将客人每次到店的时间、进行的美甲项目及指甲状态记录归档，鼓励客人养成良好的美甲习惯。通过这样，客人能够明显直观地感受指甲状态的变化，也能更加放心地将双手托付给你。

表 1–1　客人指甲健康管理档案

姓名	
居住地址	
联系电话	
邮箱	
生日	
职业	
未婚 / 已婚	未婚　　已婚
在哪里看到本店相关讯息	通过朋友 / 熟人（　　　　　）介绍 通过（　　　　　　　）平台
期望的甲型	

日期	项目	价格		款式
		¥		
美甲师		¥		
		¥		
所用产品		¥		备注
		¥		
	合计	¥		
日期	项目	价格		款式
		¥		
美甲师		¥		
		¥		
所用产品		¥		备注
		¥		
	合计	¥		
日期	项目	价格		款式
		¥		
美甲师		¥		
		¥		
所用产品		¥		备注
		¥		
	合计	¥		

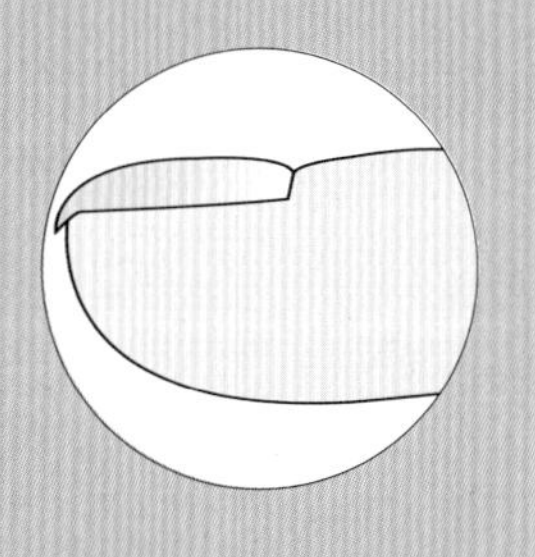

第2章
指甲的构造

2.1 指甲的结构
2.2 健康指甲的特征
2.3 指甲的颜色异常
2.4 常见的指甲失调与处理方法
2.5 常见细菌感染

指甲作为皮肤的附件之一，具有特定的功能。它能保护末节指腹免受损伤，维护其稳定性，增强手指触觉的敏感性，协助受完成抓、掐、捏等动作。同时，指甲也是手部美容的重点，漂亮的指甲有助于增添女性魅力。

面对不同的指甲失调情况，美甲师有必要了解并掌握其护理方法，学会指部消毒的正确步骤与方法，掌握基础护理的顺序。

2.1 指甲的结构

2.1.1 指甲各部位的名称

指甲是由皮肤衍生而来，其生长的健康状况取决于身体的健康情况、血液循环和体内矿物质含量。指（趾）甲分为甲板、甲床、甲壁、甲沟、甲根、甲上皮、甲下皮等部分。指甲的生长是由甲根部的甲基质细胞增生、角化并越过甲床向前移行而成。

图 2-1 是指甲解剖图，图 2-2 是侧面指甲解剖图。

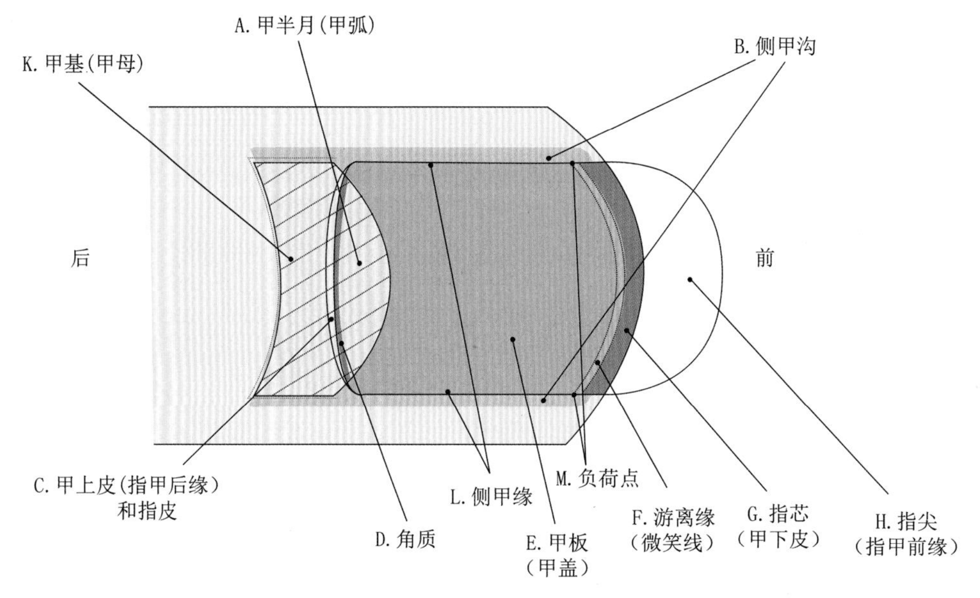

图 2-1 指甲解剖图

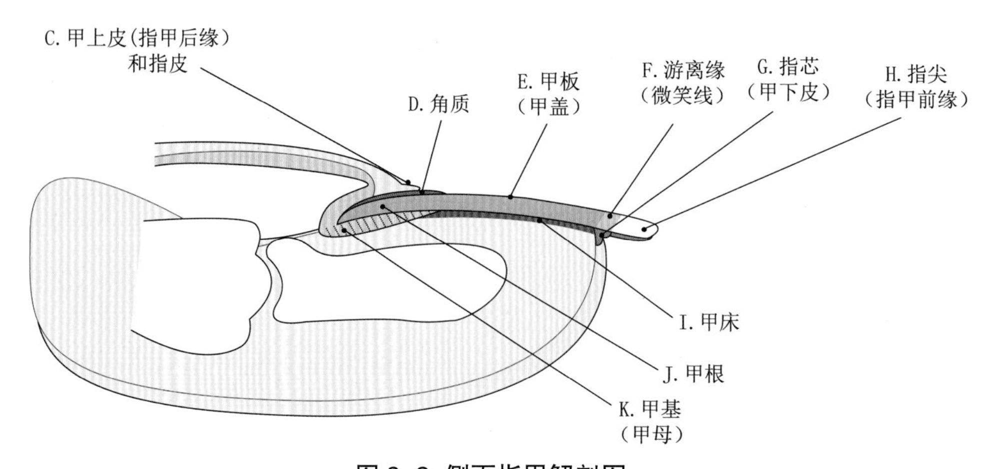

图 2-2 侧面指甲解剖图

A. 甲半月（甲弧）

甲半月位于甲根与甲床的连接处，呈白色，半月形，又称甲弧。需要注意的是，甲板并不是坚固地附着在甲基上，只是通过甲弧与之相连。

B. 侧甲沟

侧甲沟是指沿指甲周围的皮肤凹陷之处，甲壁是甲沟处的皮肤。

C. 甲上皮（指甲后缘）和指皮

指甲后缘指的是指甲伸入皮肤的边缘地带，又称甲上皮。指皮是覆盖在指根上的一层皮肤，它也覆盖着指甲后缘。

D. 角质

角质是甲上皮细胞的新陈代谢产生的。

E. 甲板（甲盖）

甲板又称甲盖，位于指皮与指甲前缘之间，附着在甲床上。由 3 层软硬间隔的角蛋白细胞组成，本身不含有神经和毛细血管。清洁指甲前缘下的污垢时不可太深入，避免伤及甲床或导致甲板从甲床上松动，甚至脱落。

F. 游离缘（微笑线）

游离缘位于甲床前端，又称微笑线。

G. 指芯（甲下皮）

指芯是指指甲前缘下的薄层皮肤，又称甲下皮。打磨指甲时注意从两边向中间打磨，切勿从中间向两边来回打磨，否则有可能使指甲断裂。

H. 指尖（指甲前缘）

指尖是指甲顶部延伸出甲床的部分，又称指甲前缘。

I. 甲床

甲床位于指甲的下面，含有大量的毛细血管和神经，由于含有毛细血管，所以甲床呈粉红色。

J. 甲根

甲根位于皮肤下面，较为薄软，其作用是以新产生的指甲细胞推动老细胞向外生长，促进指甲的更新。

K. 甲基（甲母）

甲基位于指甲根部，又称甲母，其作用是产生组成指甲的角蛋白细胞。甲基含有毛细血管、淋巴管和神经，因此极为敏感。甲基是指甲生长的源泉，甲基受损就是意味着指甲停止生长或畸形生长。做指甲时应极为小心，避免伤及甲基。

L. 侧甲缘

侧甲缘是指甲两边的边缘。

M. 负荷点（A、B 点）

负荷点是游离缘和侧甲缘的连接点，又称 A、B 点。

2.1.2 指甲的组成

表皮角质层经过特殊分化，使极薄的角质片堆积成云母状构造，从而形成指甲，如图 2-3 所示。其中表层、内层由薄角蛋白直向连接形成，中层由最厚的角蛋白纵向连接形成。也就是说这三层结构使指甲不仅强硬，且兼备柔韧性。

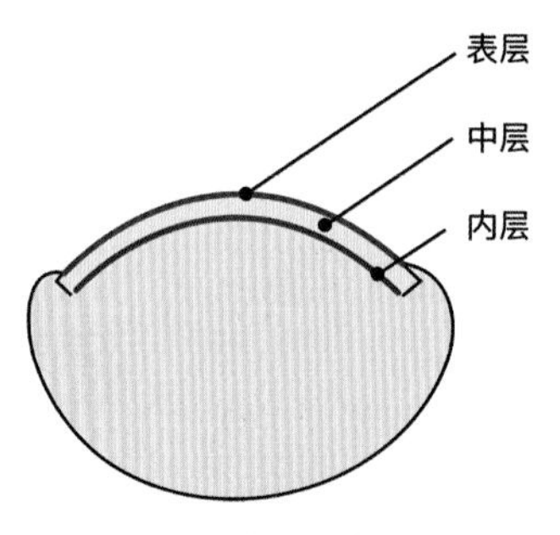

图 2-3 指甲的组成

2.1.3 指甲的成分

指甲的主要成分为纤维质的角蛋白。指甲的角蛋白聚集了氨基酸，含硫的氨基酸量多就会形成硬角蛋白，量少就会形成软角蛋白。皮肤的角质为软角蛋白，毛发及指甲为硬角蛋白。

2.1.4 指甲的形成

指甲与皮肤表皮的成分同样为角蛋白质，而它们的区别在于：皮肤表皮的角质层脱核后最终会形成皮屑或皮垢脱落，不断新陈代谢。而甲基产生的特殊角质只会不断堆积，从而形成指甲，使我们的指甲生长、变长。

2.1.5 指甲的固定点

甲盖覆盖于甲床上，指甲后缘、两侧甲缘、甲下皮四点使甲盖得以固定。图 2–4 所示是指甲的固定点。

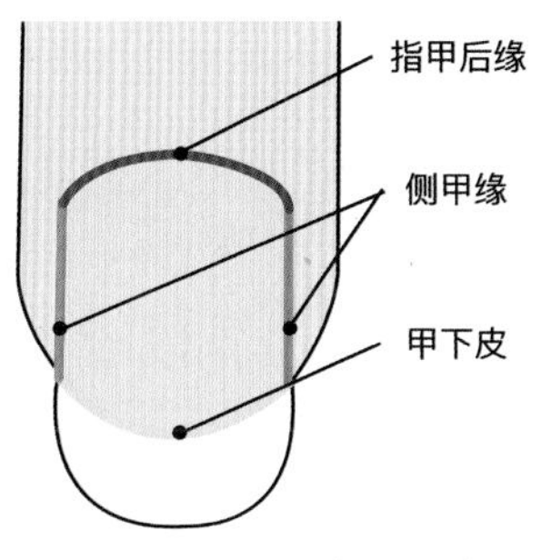

图 2–4　指甲的固定点

知识便签

2.2 健康指甲的特征

健康的指甲因血液供应充分而呈粉红色，表面光滑圆润，厚薄适度；形状平滑，甲面无纵横沟纹；指甲对称，不偏斜，无凹陷或末端向上翘起的现象。把十个指甲放在阳光下观察，手指转动，如指甲表面有闪耀的反射，那就处于极佳状态。

2.2.1 指甲类型

健康型：甲面平滑，富有弹性，呈粉红色。
干燥型：指甲边缘破损，形成薄片状，有裂开和剥落的现象。
易脆型：非常坚硬，呈一种弯曲状，如鹰嘴，无弹性，有高度损伤和破裂现象。
损伤型：薄弱、柔软、破裂、无光泽。

2.2.2 指甲的生长情况

- 指甲每天约生长 0.1 毫米，每月约生长 3 毫米，从甲母到指尖一个轮回大致需要 4 个月，夏天比冬天长得快。
- 手指甲比脚趾甲生长速度快 3 倍。
- 指甲的平均厚度为 0.35 毫米，而欧美人的指甲一般厚于亚洲人。
- 指甲是有韧性的，而且指甲含水，含水量为 7% ~ 12%。
- 指甲的硬度是 2.5 摩尔度，石膏为 2 摩尔度，所以指甲比石膏还要坚硬。
- 指甲是白色半透明的，光线可以透过，由于反射了指甲床的血管颜色，健康的指甲应是表面光滑亮泽、富有弹性、呈粉红色。

知识便签

2.3 指甲的颜色异常

指甲有丰富的微细血管和神经末梢，在一定程度上反映了全身的健康状况。健康的指甲是粉红色的,有充足的血液供应。指甲的颜色变化或异常,往往是营养缺乏或其他潜在症状造成的。

（1）指甲发白

贫血常会造成指甲发白，发灰。当顾客有贫血、心脏或肝的毛病时指甲会显得苍白而无血色，薄而软。

（2）指甲发蓝

指甲发蓝是由于肺部供氧不足所至。大多在气温低的情况下发生，也可能是全身血液循环不良或某种心肺疾病的症状。

（3）甲弧影青紫

甲弧影青紫多见于血液循环不好的心脏病患者。由于血液循环不好，肢端静脉缺氧造成。除建议去医院治疗外，还可以通过按摩促进血液循环改善状况。

（4）黄色指甲

黄色指甲的产生原因较多，可能是抽烟或接触各类化学制品所导致。如果甲质软而脆，指甲表面症状发生改变，则可能因真菌感染所造成，如果指甲生长减慢、增厚，表面又变得十分坚硬，呈现黄色、绿色，可能是由于慢性呼吸道疾病、甲状腺或淋巴疾病造成。

（5）黑色指甲

黑色指甲是由于缺乏维生素 B12,长期接触水银药剂、染发剂等,或由于真菌感染而造成的。

（6）绿色指甲

指甲上的绿色斑点是绿脓菌感染所造成的霉变点。常出现在因为在美甲操作中消毒不当或人造指甲起翘，不能及时修补使霉菌侵入而造成。

（7）棕色指甲

棕色指甲往往是由细菌或真菌感染所造成的慢性甲沟炎、灰指甲。

（8）棕褐色指甲

棕褐色指甲是长期使用含氧化剂的药膏或劣质指甲油所造成的，如小块或大片斑点地分布在大拇指和大脚趾上，也可能是恶性肿瘤的信号。

2.4 常见的指甲失调与处理方法

熟悉和了解常见的指甲失调状态，有利于我们在为顾客做美甲时做出准确判断，并采用正确的处理方法和美甲方式。

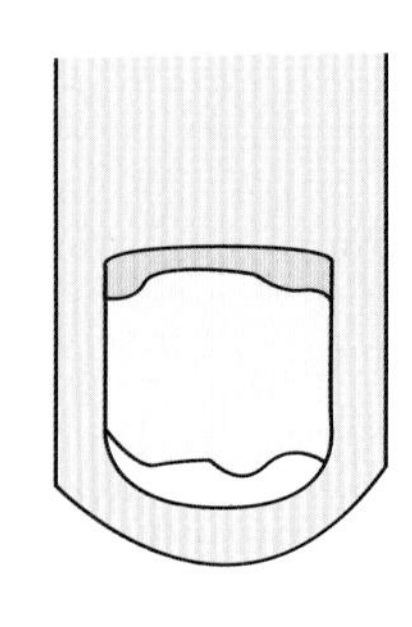

指甲萎缩

指甲萎缩是因为经常接触化学品使指芯受损、指甲失去光泽，严重时会使整个指甲剥落。

处理方法

- 指甲萎缩不严重时，可以直接制作水晶甲或光疗甲，但要注意卡上指托板的方法。
- 指甲萎缩严重时，可以采用水晶甲的残甲修补法，先制作虚拟甲床部分，然后进行水晶甲延长。
- 指甲萎缩严重（萎缩部分超过甲盖上部 1/3）并伴有炎症时，应建议顾客去医院治疗。

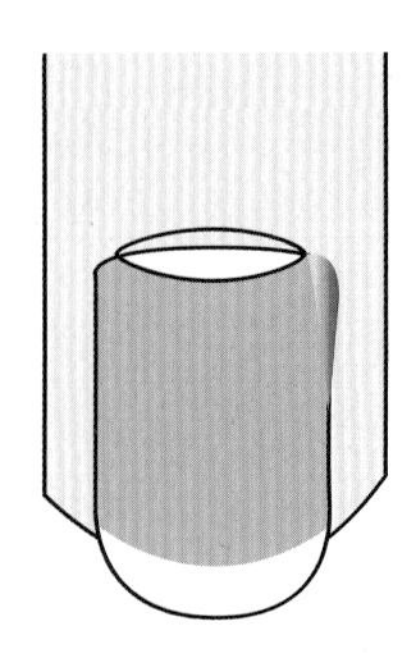

甲沟破裂

甲沟破裂是因为进入秋冬季时，气温逐渐下降，皮肤腺的分泌随之减少，手、脚暴露在外面的部分散热面大，手上的油脂迅速挥发，逐渐在甲沟处出现裂口、流血等破损现象。

处理方法

- 适当减少洗手次数，洗完后，用干软毛巾吸干水分，并擦营养油保护皮肤。
- 定期做蜜蜡手护理。
- 多食用胡萝卜、菠菜等富含维生素 A 的食物。

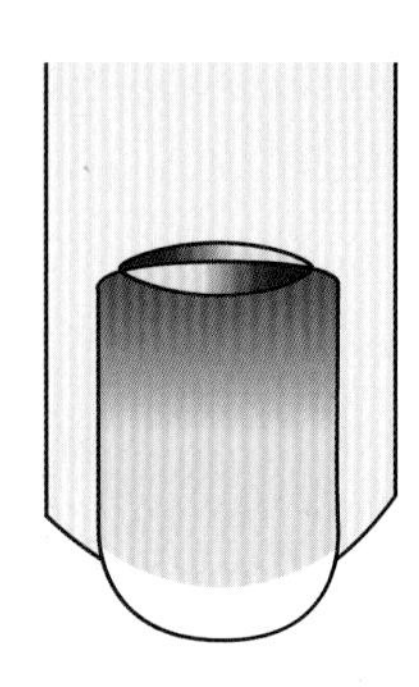

指甲淤血

指甲淤血指的是指甲下呈现血丝或出现蓝黑色的斑点，大多数由于外力撞击、挤压、碰撞而成，也有的是受猪肉中旋毛虫感染或肝病所影响造成。

处理方法

- 如果指甲未伤至甲根、甲基，则指甲会正常生长。可以进行自然指甲修护，为甲面涂抹深色甲油加以覆盖。
- 各类美甲方法均可使用，主要是要注意覆盖住斑点部分。
- 如果指甲体松动或伴有炎症，应请顾客去医院治疗。

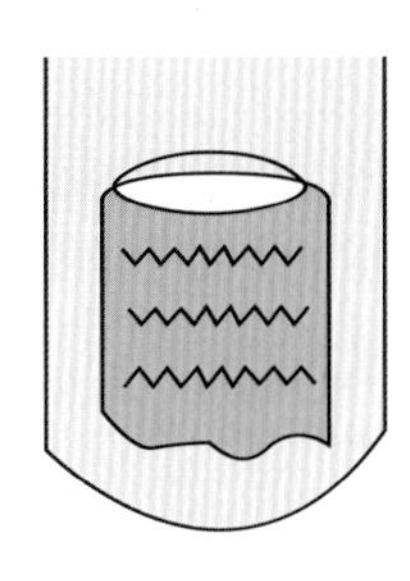

咬残指甲

咬指甲是一个不好的习惯，多为神经紧张所致。

处理方法

- 可以做水晶甲，不但可以美化指甲，还有助于改掉坏习惯。
- 细心修整指甲前缘，并进行营养美甲。
- 鼓励顾客定期修指甲和进行正确的营养调理。

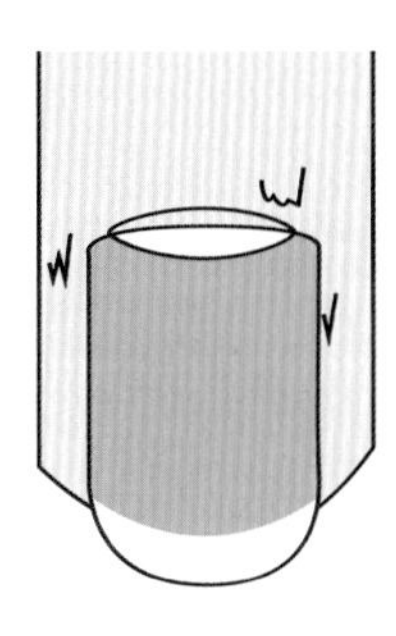

甲刺

甲刺是因为手部未保持适度滋润而使指甲根部指皮开裂，长出的多余皮肤，或由于接触强烈的甲油去除剂或清洁剂而造成。

处理方法

- 做指甲基础护理，使干燥的皮肤润泽，用死皮剪剪去多余的肉刺。注意不要拉断，避免拉伤皮肤。
- 涂抹含有油分较多的润肤剂，并用手轻轻按摩。
- 为避免指皮开裂感染而发炎，用含有杀菌剂的皂液浸泡手部，手部护理后，再涂敷抗生素软膏，效果会更理想。

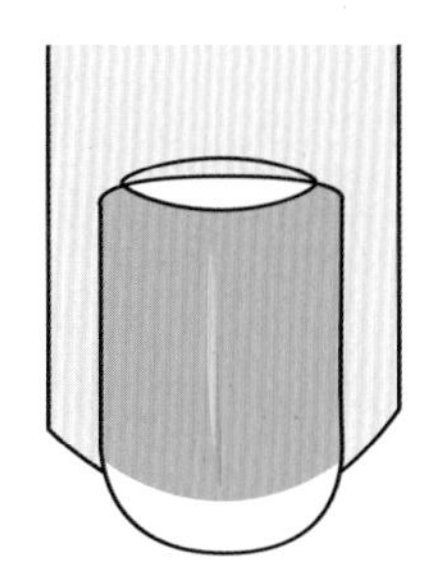

甲嵴

甲嵴由指甲疾病或者外伤造成，指甲又厚又干燥，表面有嵴状凸起，可以通过打磨使指甲完整。

处理方法

- 此种情况用砂条进行打磨或海绵锉进行抛磨即可。

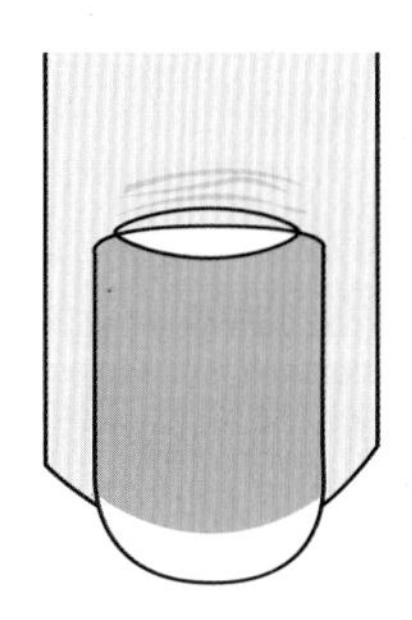

指甲软皮过长

长期没有做过指甲基础护理和保养，老化的指皮在指甲后缘过多地堆积，形成褶皱硬皮，包住甲盖，会使指甲显得短小。

处理方法

- 将指皮软化剂涂抹在死皮处，用死皮推将过长的死皮向指甲后缘推动，或用专业的死皮剪将多余的死皮剪除。
- 蜜蜡护理法，使指皮充分滋润、软化后再推剪死皮。
- 自我护理法。淋浴后，用柔软的毛巾裹住手指，轻轻将指皮向后缘推动。将按摩乳液涂抹在手指上，给予按摩。
- 建议顾客到专业美甲店进行定期的手部护理保养。

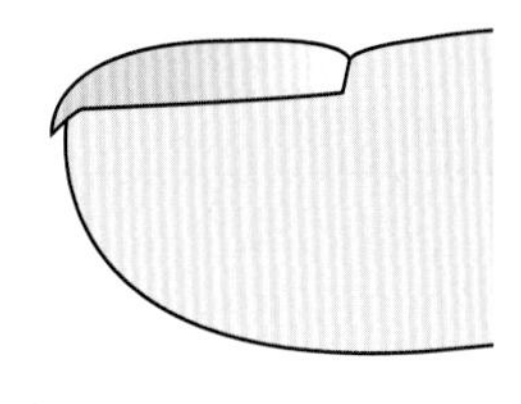

蛋壳形指甲

指甲呈白色，脆弱薄软易折断，指甲前缘常呈弯曲前勾状，并往往伴有指芯外露或萎缩的现象，指甲失去光泽。此类指甲大多数是由遗传、受伤或慢性疾病等情况所造成的。

处理方法

- 定期做指甲基础护理，加固指甲，使指甲增加营养，增加硬度。
- 因为指甲弯曲前勾，不适于贴甲片，只适合做水晶甲和光疗甲。在做水晶甲与光疗甲时应注意轻推指皮；选择细面砂条进行刻磨，避免伤害本甲；修剪指甲前缘时，应先剪两侧，后剪中间，避免指甲折断。
- 上指托板时，要适当修剪指托板，避免刺激指芯。

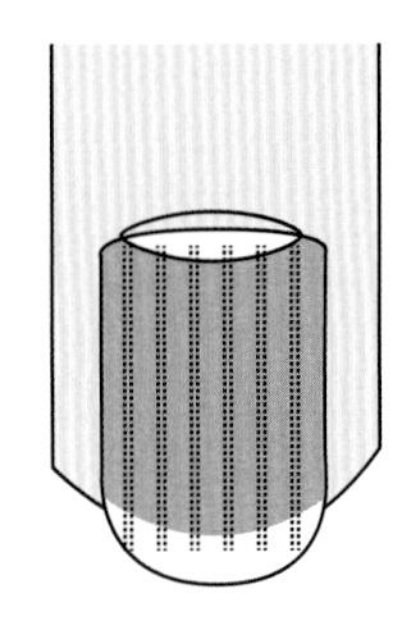

指甲起皱

指甲起皱表现为指甲表面出现纵向纹理，一般是由疾病、节食、吸烟、不规律的生活、精神紧张所造成的。

处理方法

- 一般情况下，不影响做美甲。此类指甲表面比较干燥，经常做指甲基础护理并建议顾客做合理的休息及调养，会使表面症状得到缓解。
- 美甲时，表面刻磨时凹凸不平的侧面都要刻磨到位。

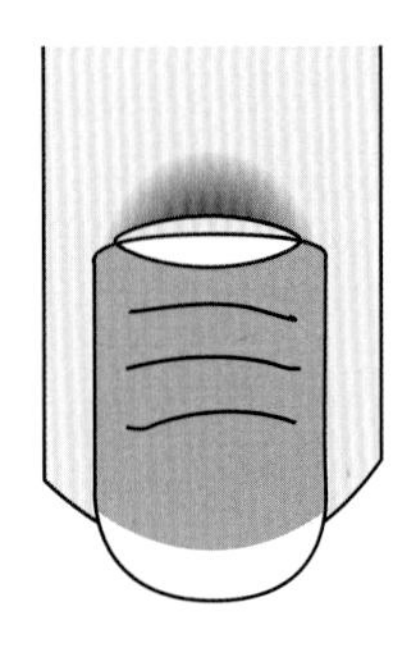

甲沟炎

甲沟炎即在甲沟部位发生的感染。多因甲沟及其附近组织刺伤、擦伤、嵌甲或拔甲刺后造成。感染一般由细菌或真菌感染所引起，特别是白色念珠菌会造成慢性感染，并有顽强的持续性。

处理方法

- 保护双手（脚），不要长时间在水中或肥皂水中浸泡，洗手（脚）后要立即擦干。
- 正确修剪指甲，将指甲修剪成方形或方圆形，不要将两侧角剪掉，否则新长出的指甲容易嵌入软组织中。
- 如果患处已化脓，应消毒后将疮刺破让脓流出，缓解疼痛，并使用抗真菌的软膏轻敷在创口处。
- 情况严重者，应尽快就医。化脓、炎症期间不能做美甲。

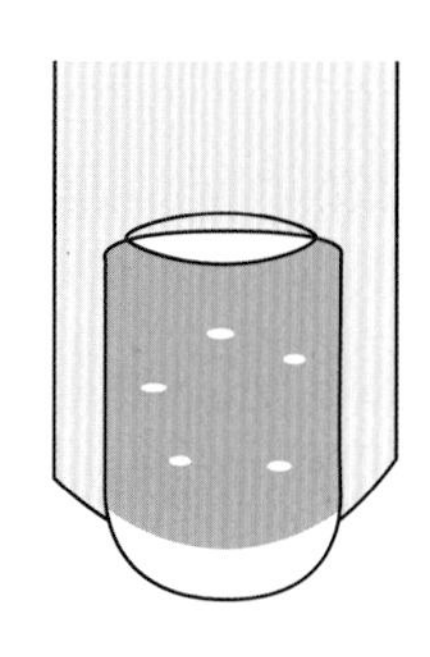

白斑甲

白斑甲是由于缺乏锌元素，或指甲受损、空气侵入所造成，也可能由于长期接触砷等重金属中毒，而使指甲表面产生白色横纹斑，另外也可能是由于指甲缺乏角质素。

处理方法

- 此种情况建议顾客定期做手部基础护理和美甲即可。

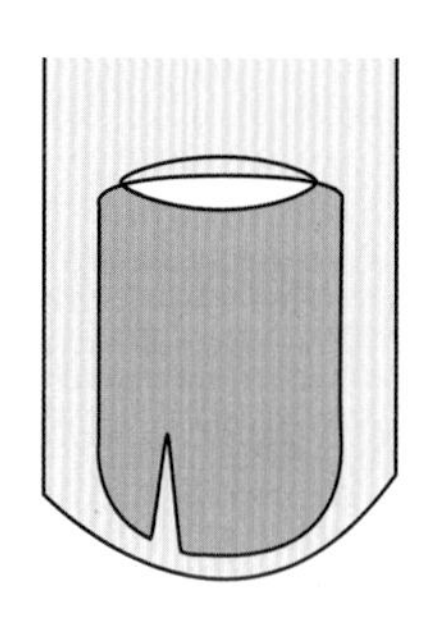

指甲破折

指甲破折主要是由长期接触强烈的清洁剂、显影剂、强碱性肥皂及化学品造成的。美甲师长期接触卸甲液、洗甲水等含有丙酮及刺激性的化学物质，或者剪锉不当，手指受伤、关节炎等身体疾病影响都会造成指甲破裂。

处理方法

- 从指甲两侧小心地剪除破裂的指尖。
- 做油式电热手护理或定期做蜜蜡手护理可以缓解。
- 工作时戴防护手套，避免长期接触化学品造成侵蚀。
- 多食用含维生素 A、维生素 C 类的蔬菜和鱼肝油。
- 做水晶甲可以改变和防止指甲破裂。

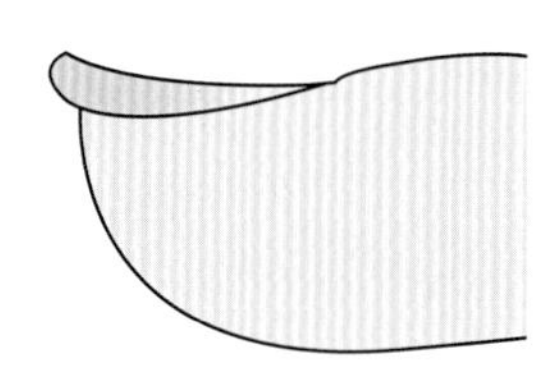

勺形指甲

勺形指甲是缺乏钙质、营养不良，尤其是缺铁性贫血的症状。

处理方法

- 定期做手部营养护理。
- 多食用绿色蔬菜、红肉、坚果（尤其是杏仁）之类富含矿物质的食物。
- 做延长甲时应修剪上翘的指甲前缘，并填补凹陷部位，注意卡指托板的方法。

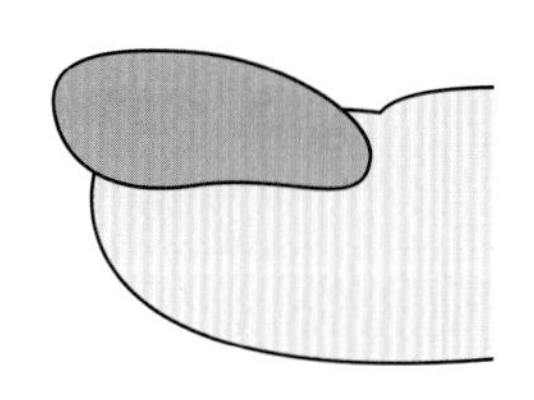

指甲过宽或过厚

指甲过宽或过厚多半发生在脚趾甲上，主要由于缺乏修整或鞋子过紧造成。遗传、细菌感染或体内疾病都会影响指甲的生长。

处理方法

- 做足部基础护理。
- 用细面砂条打磨过厚部分。

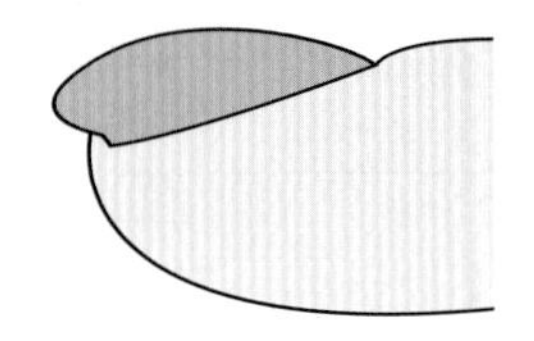

指芯外露

经常接触碱性强的肥皂和化学品，或清理指尖时过深地探入，损伤指芯，都容易造成指芯明显向甲床萎缩，指尖出现参差不齐的现象，严重时会导致指甲完全脱落。

处理方法

- 避免刺激指芯。
- 平时接触化学品后，应用清水清洗干净，并定期做手部护理，在指甲表面涂上营养油，促使指甲迅速恢复正常。
- 稍有指芯外露现象，可以做美甲服务。做延长甲时，应注意纸托板的上法。
- 如果指芯外露有受损的情况并伴有炎症时，不能做美甲服务，应该去医院治疗。

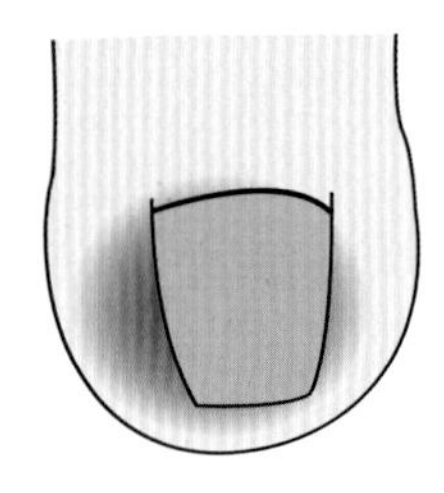

嵌甲

嵌甲是甲沟炎的前期，大多数发生在脚趾甲上，主要是穿鞋过紧或修剪不当所造成。女性长期穿高跟鞋，给脚部增加压力，会造成指甲畸形生长。

处理方法

- 此种情况应建议顾客及时就医。

知识便签

2.5 常见细菌感染

2.5.1 代表性的皮肤疾病

表 2–1 是代表性的皮肤病及症状。

表 2–1 代表性皮肤病及症状

皮肤病	症状
接触性皮肤炎	因外部刺激而引发的发炎症状，大略分为刺激性和过敏性两大类
湿疹	发生在皮肤表皮的发炎现象，可能的症状为发红、瘙痒、结痂
干癣	一种慢性的发炎现象，会被一种银色的结痂覆盖，呈干裂状态的皮肤疾病

2.5.2 传染性皮肤病

表 2–2 是传染性皮肤病举例。

表 2–2 传染性皮肤病举例

皮肤病	主要原因	症状	示意图
寻常疣	疣病毒（人类乳头状瘤病毒） （由病毒引起）	由人类乳头状瘤病毒感染所引起。角质过厚的部分能看到点状的褐色	
单纯性疱疹	疱疹病毒 （由病毒引起）	由单纯疱疹病毒感染所引起。免疫力低下时会反复发作。唇部（口唇疱疹）以及皮肤上出现簇集性小水疱及小脓疱	
传染性脓痂疹	黄色葡萄球菌或链球菌 （由细菌引起）	小水泡、脓疱、糜烂（湿黏发红的症状）。会出现水泡性脓痂疹和痂皮性脓痂疹，通常会出现在成人身上的痂皮性脓痂疹，也有可能因季节关系出现	

皮肤病	主要原因	症状	示意图
手部白癣	白癣菌 （由真菌引起）	手部白癣会出现小水泡、鳞屑、糜烂等情况。指甲白癣则是在指甲的地方会呈现浊白色或黄白色的变化，由白癣菌感染发生	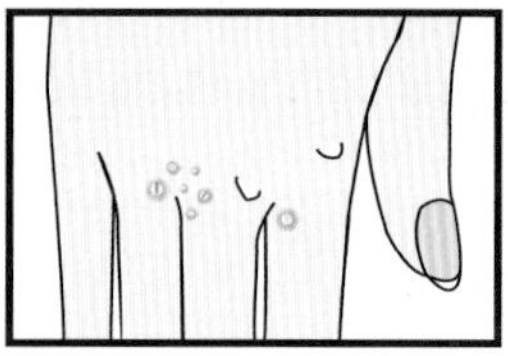
绿指甲	绿脓杆菌 （由细菌引起）	绿脓杆菌经常分布在家中用水的地方（如浴室、厨房、洗漱台等）、土壤以及人类的大肠中。绿脓杆菌病原性较低，因此如果能够保持健康，就不易感染。但如果恶化因子不断积累，健康的人士也有可能感染绿脓杆菌	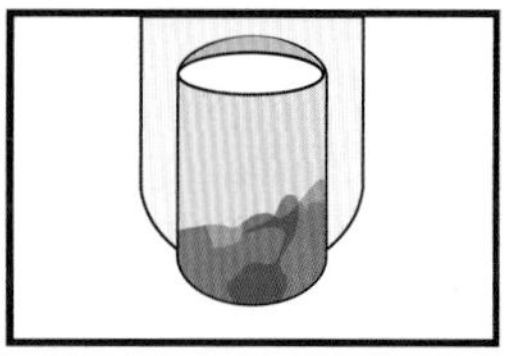
疥疮	疥螨 （由寄生虫引起）	感染后约有 2~4 周的潜伏期后发病，会伴随着非常难耐的瘙痒，由于疥螨寄生而发生	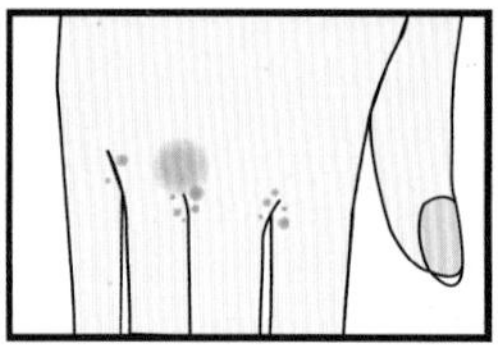

2.5.3 传染性的指甲疾病

表 2-3 为传染性指甲疾病的原因及症状。

表 2-3 传染性指甲疾病的原因及症状

指甲疾病名称	主要原因	症状
指甲下方寻常疣	疣病毒（人类乳突病毒） （因病毒引起）	特征在于指甲下方的角质增生，难以痊愈 由于指尖感染人类乳突病毒而发生
手指白癣	白癣菌（因真菌引起）	指甲呈现浊白色或黄白色的变化，出现剥离等症状。由白癣菌感染发生
手指疥疮	疥螨（因寄生虫引起）	感染后约有 2 ~ 4 周的潜伏期后发病，会伴随着非常难耐的瘙痒。由于疥螨寄生而发生。指甲下方若有疥螨卵，则会不断发病

常见的细菌感染会引发手指炎症，红肿热痛，例如甲沟炎等问题，因此，减少手部细菌的数量很重要，美甲师应该做到以下步骤：

①用洗手液或肥皂清洁手部；

②服务前用酒精或消毒液擦拭美甲师自身与顾客手部；

③美甲服务结束后应用酒精或湿纸巾对顾客双手再次清洁。

知识便签

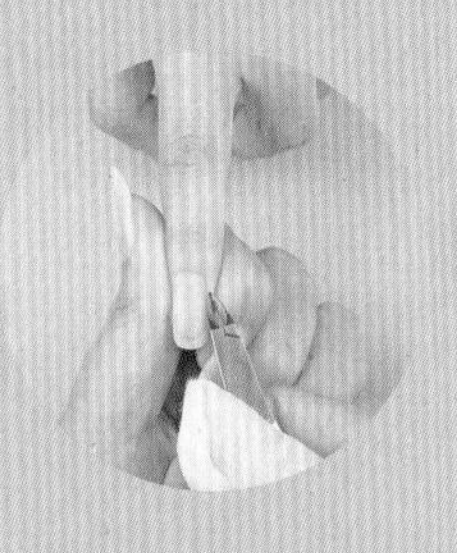

第 3 章 指甲的护理

3.1 常用工具与桌面布置
3.2 消毒法
3.3 五种基础甲形
3.4 基础护理
3.5 涂抹指甲油

美丽指甲的基本条件就是健康。保持指甲的健康，让损害的指甲恢复健康的技术就是指甲护理。指甲护理是所有美甲技术的基础，也是美甲师工作的基本。本章从常用工具入手，介绍常用工具的消毒方法，还详细剖析了各种甲形的修磨要点。希望读者通过本章的学习，了解最专业、最安全的 CPMA 护理技法。

3.1 常用工具与桌面布置

3.1.1 常用的美甲工具与材料

美甲的工具种类繁多，可以大致分为修磨工具、清洁工具、辅助工具以及甲油配套工具。

（1）修磨工具

美甲中常用的修磨工具有指甲钳、死皮推、死皮剪、U 形剪、海绵锉、厚款砂条、薄款砂条、抛光条，如图 3–1 ～图 3–8 所示。

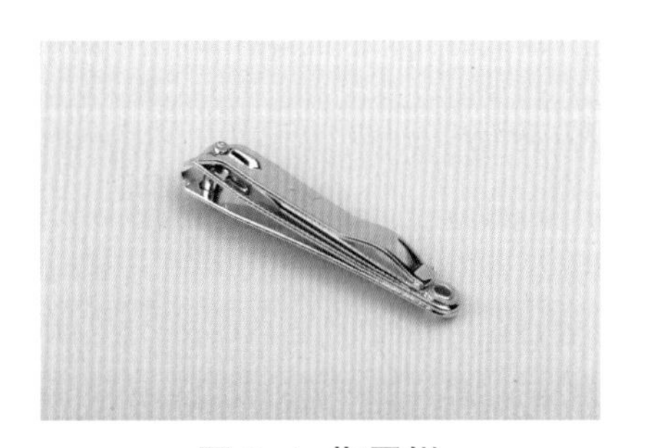

图 3–1　指甲钳

注：指甲钳用于修剪指甲前缘。

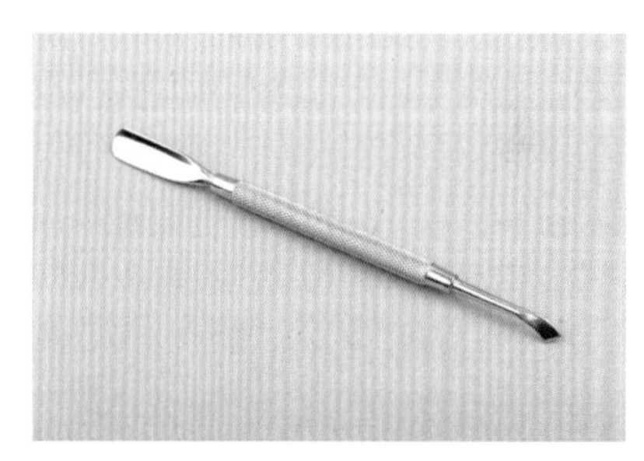

图 3–2　死皮推

注：死皮推用于推除指甲周边软化的死皮。

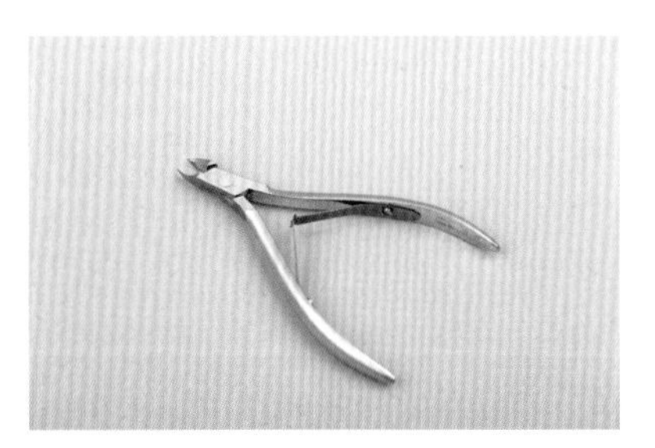

图 3–3　死皮剪

注：死皮剪用于修剪指甲两侧与后缘的死皮、甲刺。

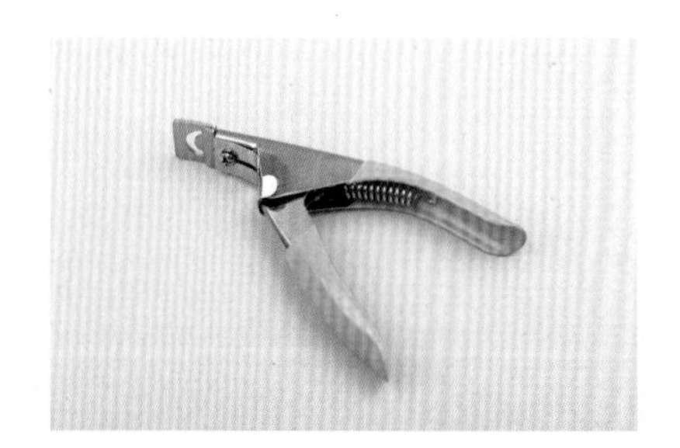

图 3–4　U 形剪

注：U 形剪用于剪除人造甲或贴片甲。

知识便签

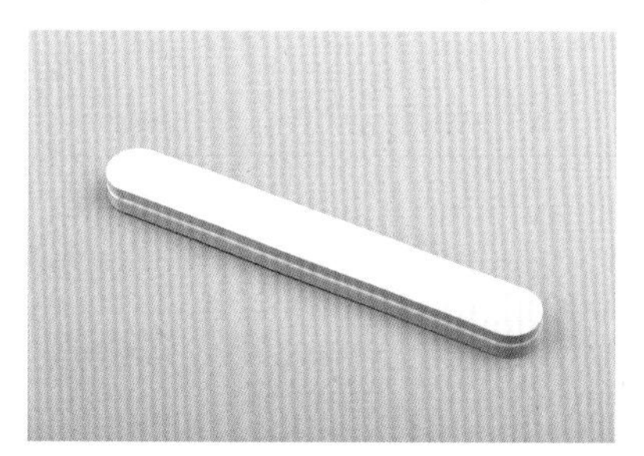

图 3-5 海绵锉

注：海绵锉表面砂砾较细，可用于修整甲面以及甲缘。

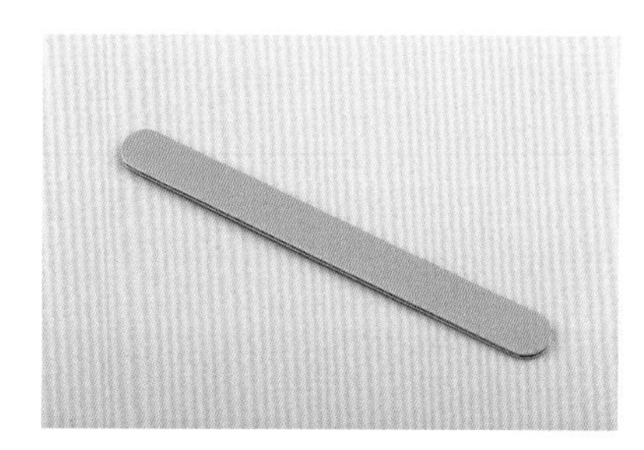

图 3-6 厚款砂条

注：厚款砂条的刻磨力度较大，用于打磨甲面，建议用于修磨人造甲。

图 3-7 薄款砂条

注：薄款砂条的圆端可用于打磨，尖端可用于精修，有利于打造精细甲形，可用于修磨本甲。

图 3-8 抛光条

注：抛光条表面光滑，可用于抛光，有粗细面之分，可来回抛磨。

知识便签

Tips:

海绵锉和砂条正反两面均有不同型号，数字越大，砂砾的颗粒越小，摩擦力度更为温和。颗粒大的一面称为粗面；反之则是细面。使用时，要单向磨甲，不可来回打磨。

举例如下。

- 100# 砂条：颗粒较粗，主要用于：①水晶、光疗甲的甲型基本打磨；②在水晶、光疗、贴甲片前。
- 180# 砂条：颗粒较细，主要用于：①水晶、光疗甲在指皮周围最后的甲型修磨；②水晶、光疗甲甲面的打磨；③自然甲甲形的修磨。
- 100# 海绵锉：颗粒较粗，主要用于水晶、光疗、贴甲片后的抛磨。
- 180# 海绵锉：颗粒较细，主要用于自然指甲甲面的抛磨。

关于砂条和海绵锉，这里还会涉及四个概念。

- 打磨：用砂条中间部分单向打磨。
- 刻磨：用砂条的一端竖向刻磨。
- 抛磨：用海绵锉的一端单向抛磨。
- 修磨：用砂条或海绵锉的边缘修磨。

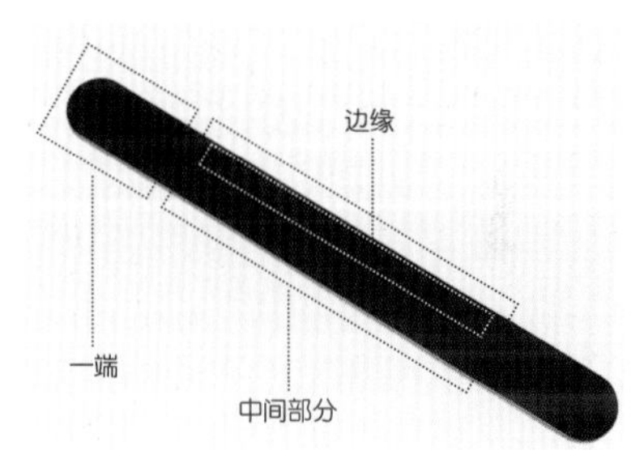

砂条解析图

（2）清洁工具和材料

美甲中常用的清洁工具有硬毛清洁刷、粉尘刷、桔木棒、棉花、棉片、95 度酒精、75 度酒精，如图 3-9 ~ 图 3-15 所示。

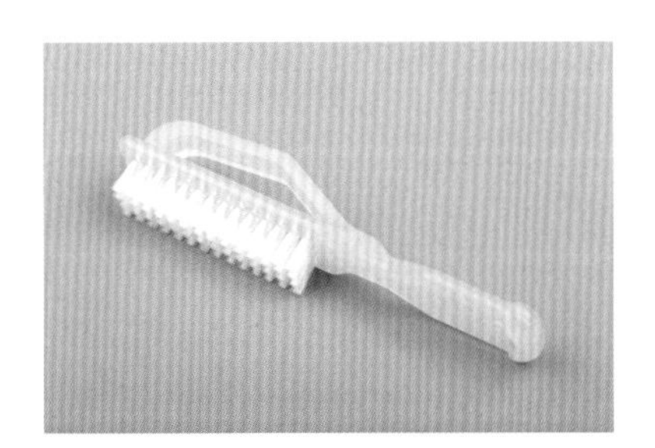

图 3-9 硬毛清洁刷

注：硬毛清洁刷用于扫除浸泡双手后甲面残余的指缘软化剂。

图 3-10 粉尘刷

注：粉尘刷毛质较软，用于扫除甲面多余粉屑。

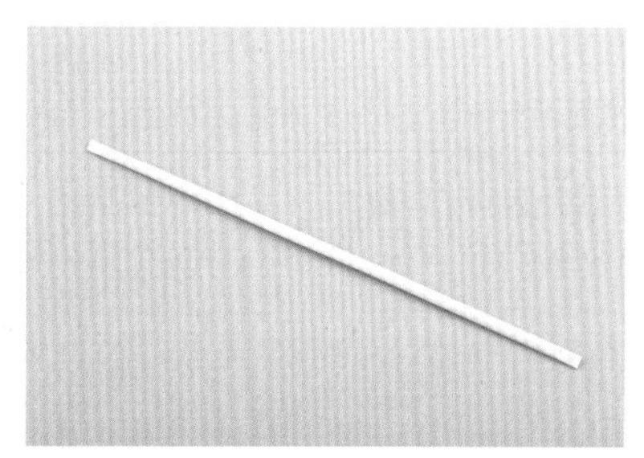

图 3–11 桔木棒

注：桔木棒可制作棉棒，用于清除侧甲沟或指甲后缘不慎沾染的指甲油或胶水。

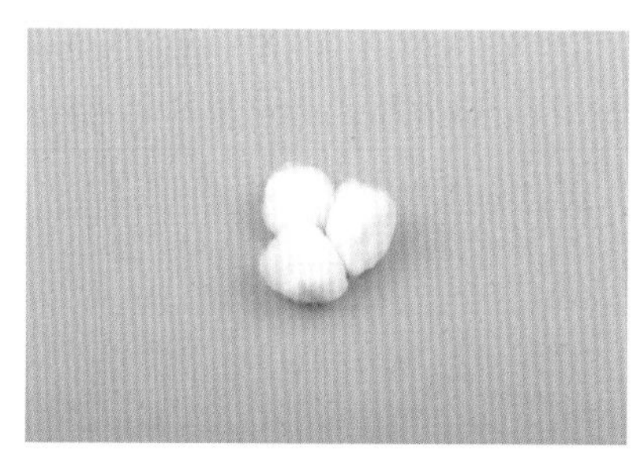

图 3–12 棉花

注：棉花可吸收酒精或清洁液，用于清洁指甲，通常与桔木棒配合使用。

图 3–13 棉片

注：棉片可吸收酒精或消毒剂，用于清洁甲面或擦拭浮胶。

图 3–14 95 度酒精

注：95% 酒精，俗称 95 度酒精或 95° 酒精，可用于擦拭甲面浮胶。盛放容器是压取瓶，便于取适当的剂量。

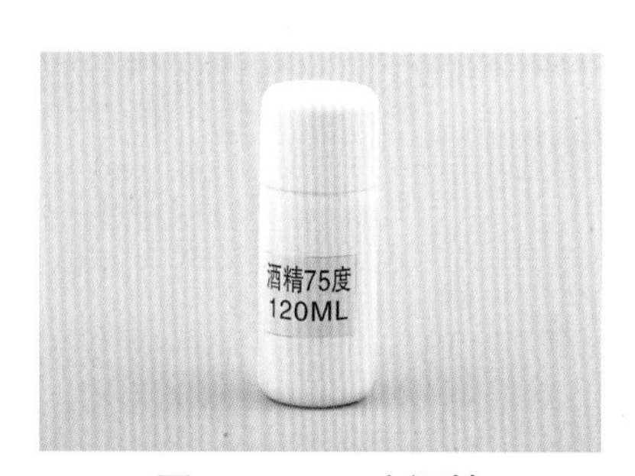

图 3–15 75 度酒精

注：75% 酒精，俗称 75 度酒精或 75° 酒精，可用于清洁甲面及消毒双手。盛放容器是压取瓶，便于取适当的剂量。

（3）辅助工具

美甲中常用的辅助工具有托盘、消毒杯、小剪刀、镊子、泡手碗、小碗、毛巾、无纺布、带盖收纳盒、锡纸，如图 3-16 ~ 图 3-25 所示。

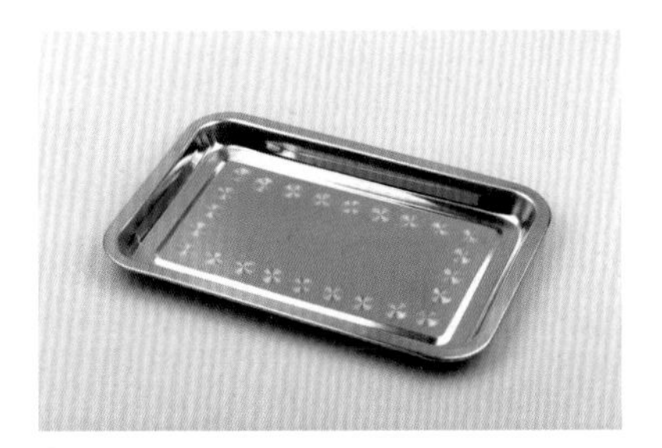

图 3-16　托盘

注：托盘用于盛放工作时所需工具和材料。

图 3-17　消毒杯

注：消毒杯用于盛放直接接触皮肤的工具，杯底需放置沾满 75 度酒精或消毒剂的棉花用于消毒。

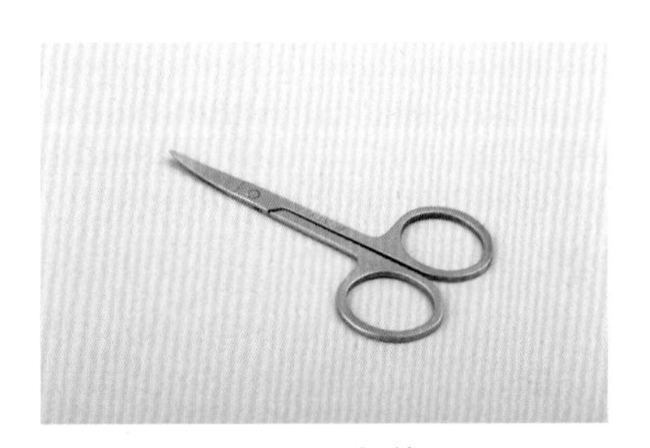

图 3-18　小剪刀

注：小剪刀用于裁剪纸托或装饰贴纸等精细处剪切。

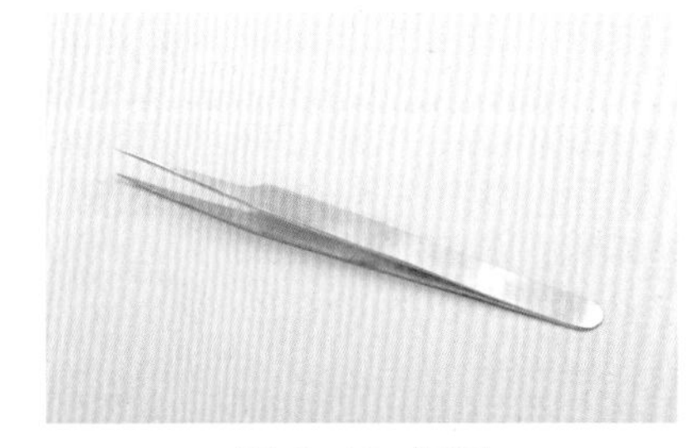

图 3-19　镊子

注：镊子用于镊取小件装饰品或夹取棉花。

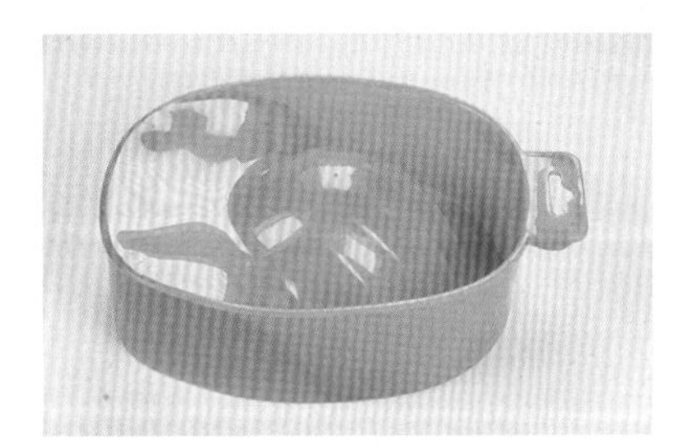

图 3-20　泡手碗

注：泡手碗内可倒入 38 ~ 42 摄氏度的适量温水，浸泡手指，软化死皮和指甲周边角质。

图 3-21　小碗

注：小碗用于装清水，便于死皮推沾水或拇指包裹无纺布后沾水，软化指部死皮与硬茧。

图 3-22 毛巾

注：毛巾可用于擦净双手水分，毛巾颜色应选择浅色系。

图 3-23 无纺布

注：无纺布可垫于手下，收集美甲过程中的粉屑和脏物。

图 3-24 带盖收纳盒

注：带盖收纳盒可用于放置干净的棉片或棉花。

图 3-25 锡纸

注：锡纸用于卸除甲油胶，与卸甲水、棉花配合使用。

知识便签

（4）甲油配套产品

甲油配套产品包括软化剂、底油、指甲油、亮油、洗甲水、营养油，如图 3-26 ~ 图 3-31 所示。

图 3-26　软化剂

注：软化剂可用于软化甲刺与硬茧，便于去除角质。

图 3-27　底油

注：底油可增强彩色指甲油的附着力，保护本甲。

图 3-28　指甲油

注：指甲油具有多种颜色，可根据喜好和需要选用。

图 3-29　亮油

注：亮油用于保护彩色指甲油，使其保持光泽。

图 3-30　洗甲水

注：洗甲水可用于卸除甲面的指甲油。

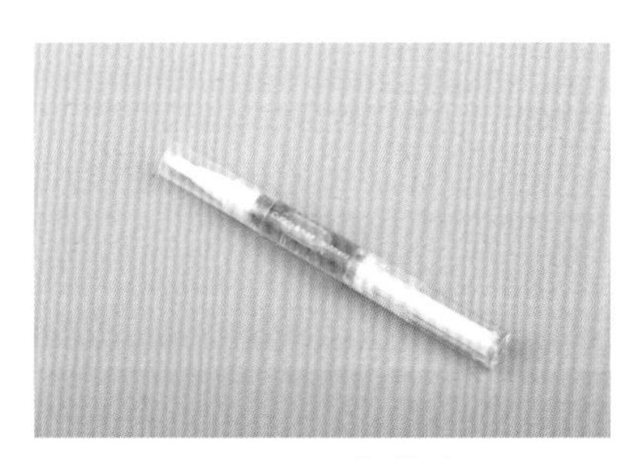

图 3-31　营养油

注：营养油用于滋润指甲周围的皮肤，防止指甲周围的皮肤产生皲裂和甲刺。

3.1.2 桌面布置

美甲师应将所用的工具、材料收纳在托盘中，并根据使用情况从高至低依次摆放，操作时也应该尽可能地保持卫生的状态。桌面的工具摆放应注意：所用工具与材料不能沾上灰尘，所有胶类产品与美甲笔不能被光源照射，保持桌面时刻处于干净整洁的状态，准备垃圾袋或带盖垃圾箱储存操作中产生的垃圾。

图 3–32 是美甲桌面布置图。桌面上需放置手枕、托盘、消毒工具等。

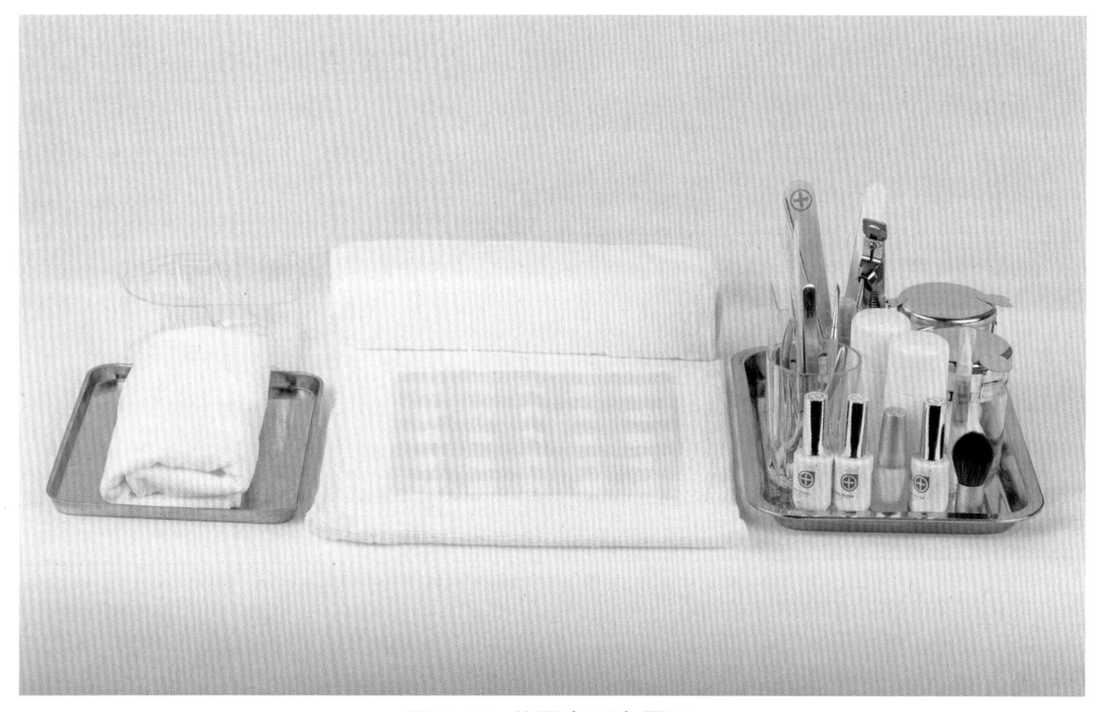

图 3–32 美甲桌面布置图

注：本图是习惯右手操作的美甲师的桌面布置，如果美甲师习惯左手操作可将位置左右调整。

（1）手枕

手枕垫于顾客手下，并用毛巾包裹起来，如图 3–33 所示。使用手枕可便于美甲，也使顾客感到舒适。

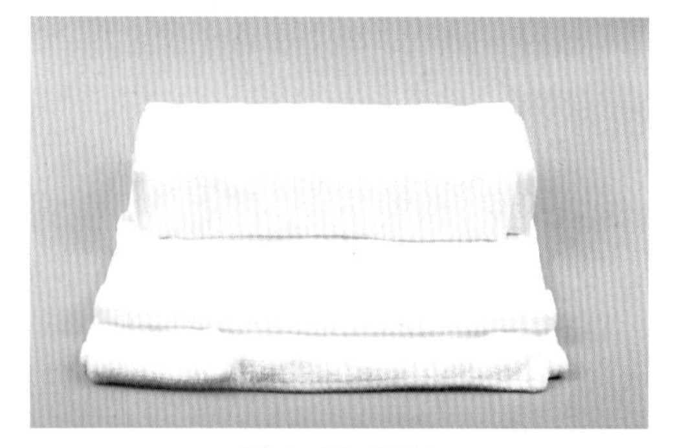

图 3–33 手枕

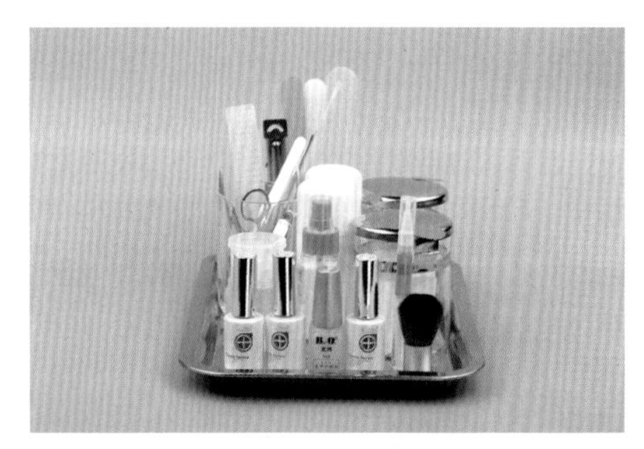
图 3–34　托盘内摆设

（2）托盘

将所用的工具、材料收纳在托盘中，并根据使用情况从高至低依次摆放，如图 3–34 所示。

图 3–35　消毒工具

（3）消毒工具

将需要直接接触皮肤的工具放入玻璃杯中，杯底需铺上至少 1cm 的厚度沾满 75 度酒精的棉花，如图 3–35 所示。

知识便签

3.2 消毒法

消毒的目的在于保持美甲店及美甲工具清洁从而促进公共卫生，预防疾病。为避免细菌通过手、指甲传播疾病，美甲师应具有消毒习惯。

3.2.1 各种消毒层面的含义

（1）洗净

洗净指洗净肉眼可见的脏物，是消毒前必要的步骤。

（2）消毒

消毒是杀死病原微生物、但不一定能杀死细菌芽孢的方法。

（3）杀菌

杀菌指指杀灭物体中的致病菌，物体中还含有芽孢、嗜热菌等非致病菌。

（4）灭菌

灭菌就是采用强烈的理化因素杀灭或者消除传播媒介上的一切微生物，包括致病微生物和非致病微生物，也包括细菌芽孢和真菌孢子。

（5）防腐

防腐是指通过采取各种手段，保护容易锈蚀的金属物品，来达到延长其使用寿命的目的。

知识便签

3.2.2 消毒工具

细菌的传播途径非常多，不干净的美甲工具也是其中之一，所以美甲师一定要做到“一客一换”，用过的工具都要消毒，用带盖容器保存棉花、棉片等用品，最好使用一次性的工具。

图 3-36 紫外线消毒柜

（1）消毒工具按消毒性质分类

物理消毒法：是直接将美甲工具煮沸，或放入蒸汽消毒柜、紫外线消毒柜（图 3-36）。

Tips: 紫外线消毒灯

- 太阳光线中，比我们可看见的光线（可见光）波长要短的光线，我们称之为紫外线。根据波长可分为 A ~ C 波三类。波长最短的 C 波具有很强的杀菌力，可用于消毒。消毒时最好使用 85 微瓦 / 平方厘米以上，照射时间为 20 分钟以上。大部分材质消毒时不会受损，受影响的器具不适用于此。
- 紫外线消毒器使用前的注意事项如下。紫外线消毒器内反射板上有雾气或是附有污渍时将无法充分进行照射。因此使用前请使用消毒用酒精进行擦拭。

化学消毒法：将美甲工具泡在 75 度酒精、消毒剂中，或放入臭氧消毒柜。

（2）消毒工具按工具材质分类

金属类工具：常规消毒可先用洗涤剂洗净，再用 75 度酒精擦拭消毒，擦净工具后放入消毒柜进行杀菌，最后放到干净的位置妥善保管。

沾血后消毒可先用洗涤剂洗净，再用 75 度酒精浸泡消毒，擦净工具后放入消毒柜中进行杀菌，最后放到干净的位置妥善保管。

非金属类工具：常规消毒可先用洗涤剂洗净，再擦干晾凉，最后放到干净的位置妥善保管。

沾血后的非金属类工具则必须丢弃。

知识便签

3.2.3 双手消毒

消毒前，手上最好不要佩戴任何物品，如手表或戒指等，因为这些物品会妨碍手指洗净、消毒，导致皮肤细菌的滋生。日常双手消毒步骤为：先用洗手液或皂液洗净双手，再用棉片沾取 75 度酒精擦拭双手，注意指缝也要消毒到位。

Tips：

- 接触过血液、液体等肉眼可辨识的脏污后，在普通擦拭消毒剂无法清除的情况下，应使用流动水源与肥皂清洗手部 15 秒以上。
- 美甲师和客人的手都必须进行同样的消毒程序。

3.2.4 指甲消毒

指甲消毒是非常必要的步骤。一旦指甲与美甲材料中沾有杂质，会导致美甲出现异常的问题。在实施清洁的时候，要注意指甲里很容易藏污纳垢，所以要用粉尘刷或棉片将灰尘完全除去，再用 75 度酒精等消毒剂来进行消毒。注意消毒过后的指甲一定不能用手指触碰，且务必给予甲面一个等待干燥的时间。日常指甲消毒步骤为：先用洗手液或皂液洗净双手，再用棉片沾取 75 度酒精擦拭整甲，注意指甲内侧也要消毒到位。

3.2.5 处理出血伤口

如果在操作中手指受伤出血了，应马上停止美甲服务，并进行擦拭消毒，再涂抹防感染药物，然后包扎。

Tips：

处理出血伤口时常用以下药物。

- 双氧水：用于刺伤、割伤及其他类型伤口的清洗消毒处理。
- 75 度酒精：用于消毒小伤口及周围皮肤。
- 云南白药：用于伤口止血。粉末状，使用时要注意说明。
- 创可贴：用于包扎已消过毒的小型伤口。

知识便签

3.2.6 消毒双手

消毒双手用到的工具和材料有：棉花或厚棉片、75 度酒精。

消毒双手的标准流程如下。

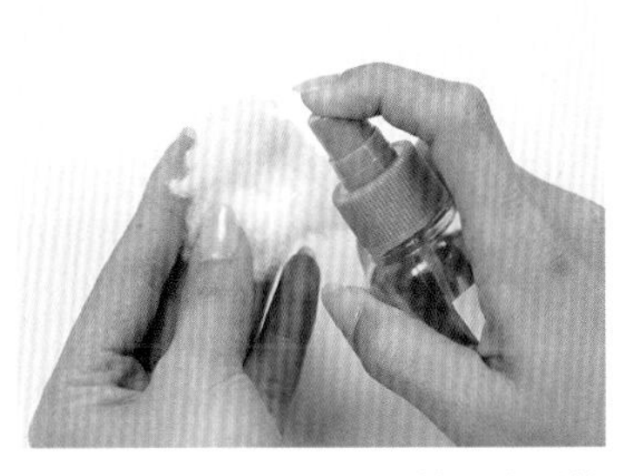

1　将适量的酒精喷到棉花或厚棉片上

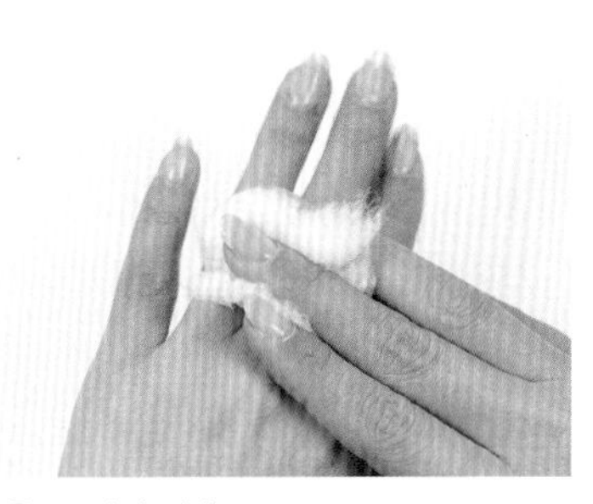

2　消毒手背

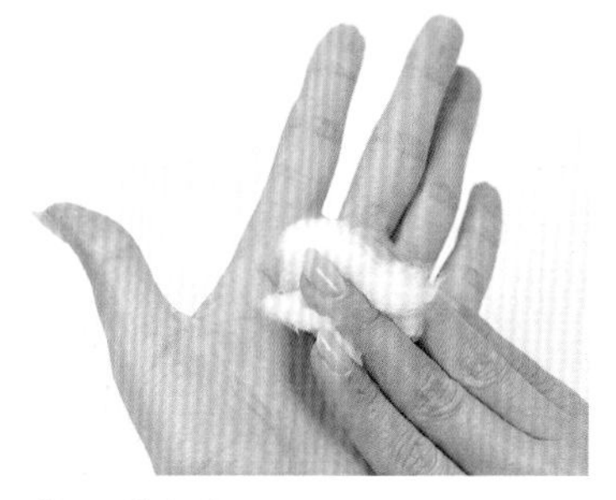

3　消毒手心

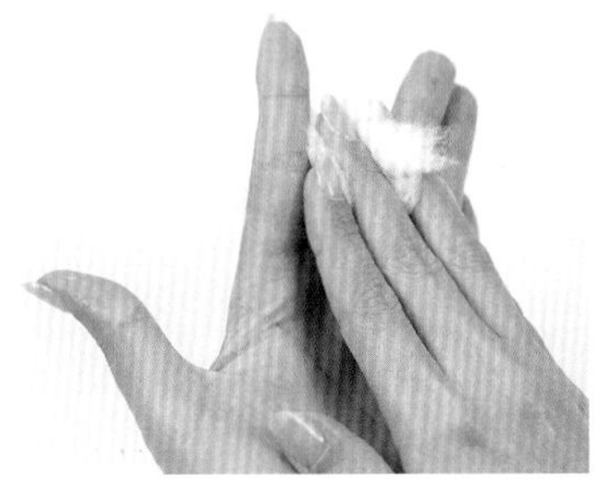

4　消毒指缝

5　消毒指甲

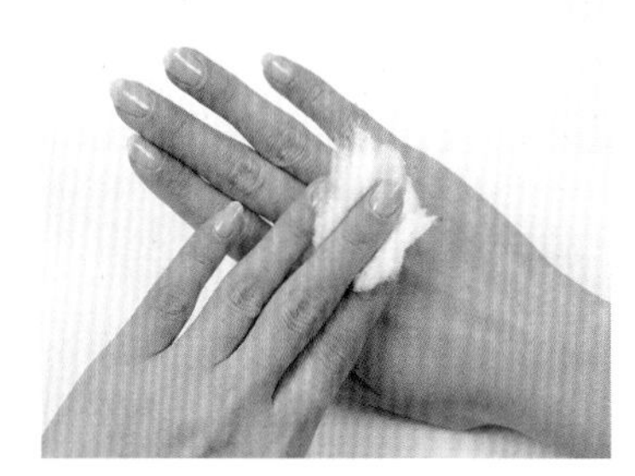

6　用同样方法消毒另一只手

7　再将酒精喷到新的棉花或厚棉片上

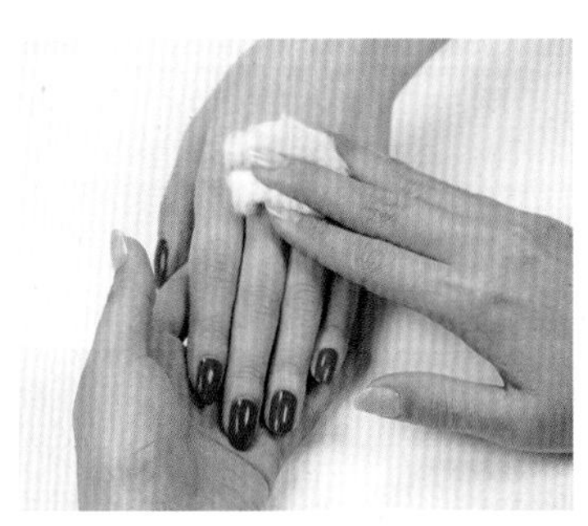

8　消毒客人双手

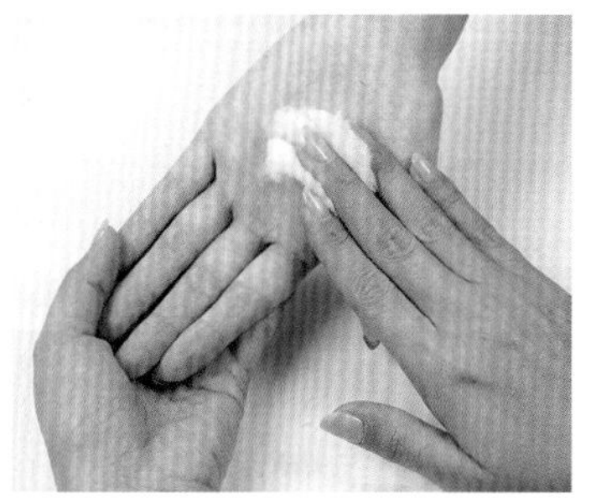

9　用同样方法消毒客人另一只手

3.3 五种基础甲形

3.3.1 基础修甲手法

基础修甲用到的工具和材料有：砂条、海绵锉、粉尘刷。

基础修甲的标准流程如下。

1 砂条，有粗细不一的两面

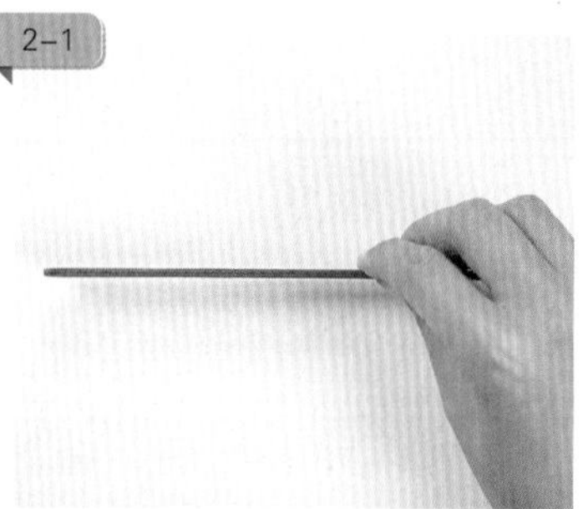

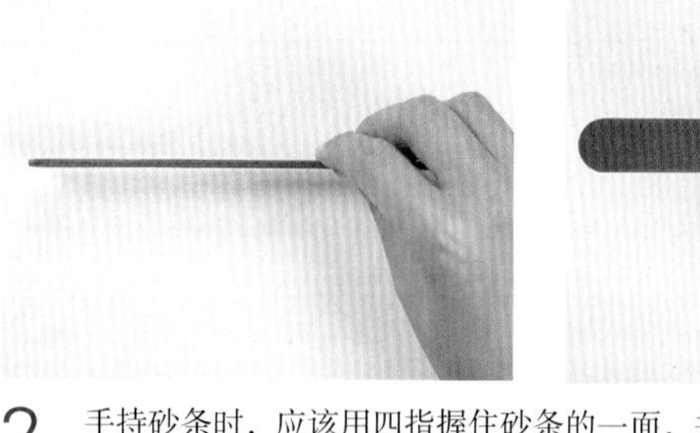

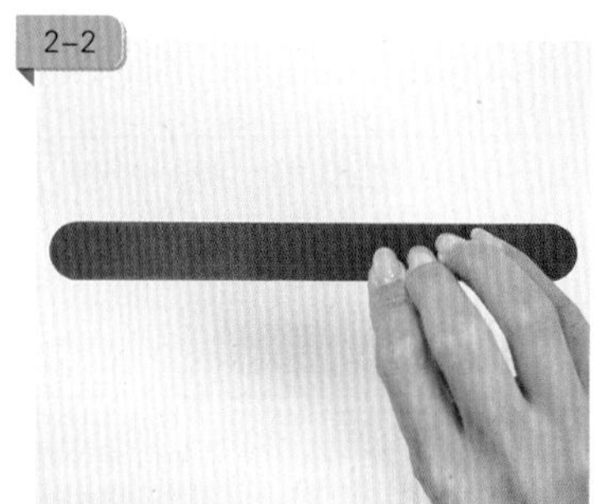

2 手持砂条时，应该用四指握住砂条的一面，并用大拇指顶住另一面，用细面修磨，注意力度的掌控

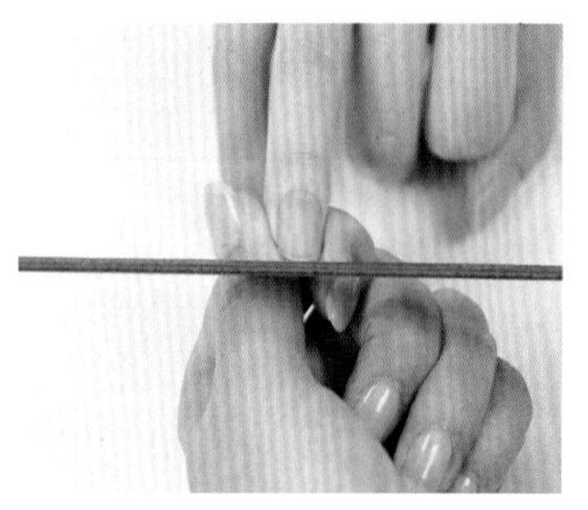

3 通常先修磨指甲前缘，砂条与甲面呈45度，单向修磨

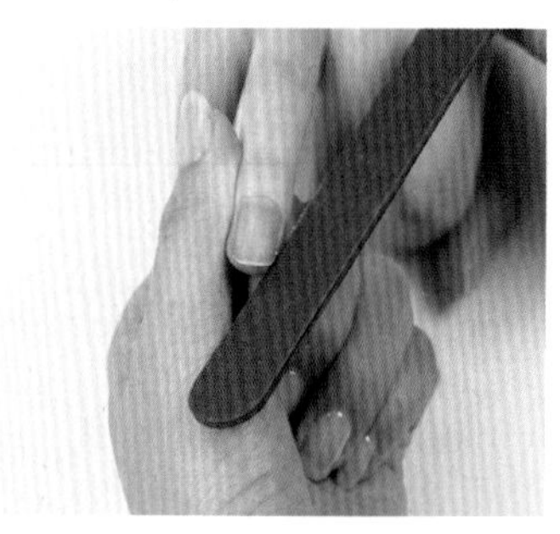

4 修磨指甲两侧，注意修磨至两侧平行，拐角弧度一致

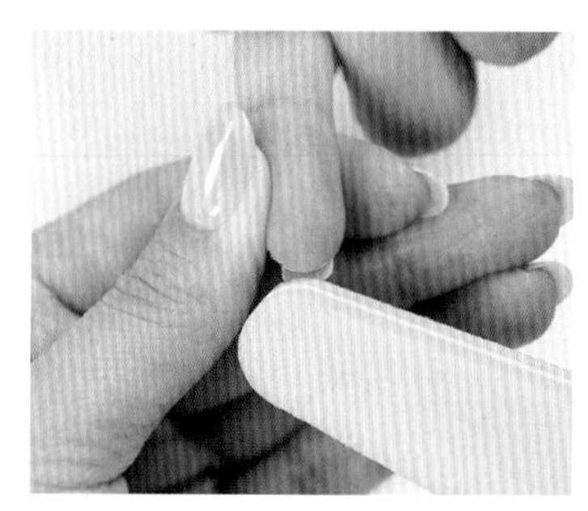

5 用海绵锉去除甲缘多余的毛屑

6 用粉尘刷扫除多余粉屑

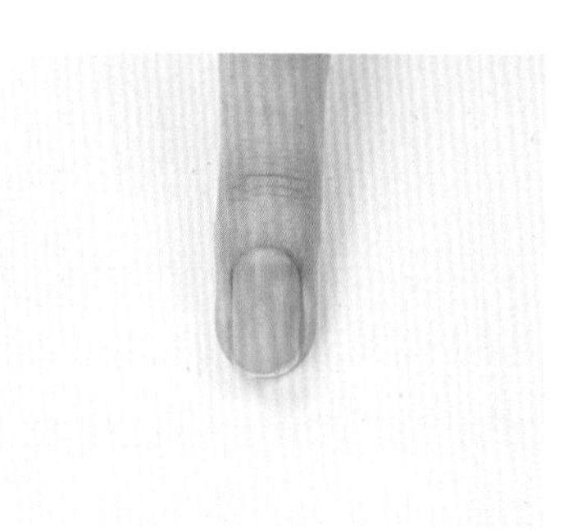

完成，指甲拐角处对称，两侧平行

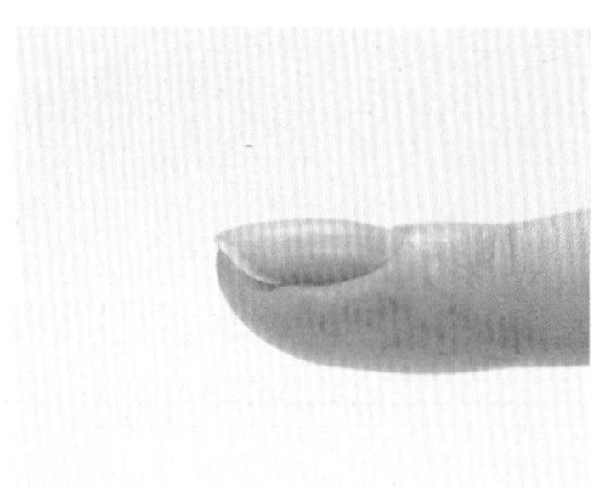

侧面弧形自然，干净无粉尘

3.3.2 五种基础甲形

（1）方形指甲

方形指甲最不易断裂，富有个性，适合笔直的手指，受职业女性和白领阶层喜爱。

修磨方形指甲的流程如下。

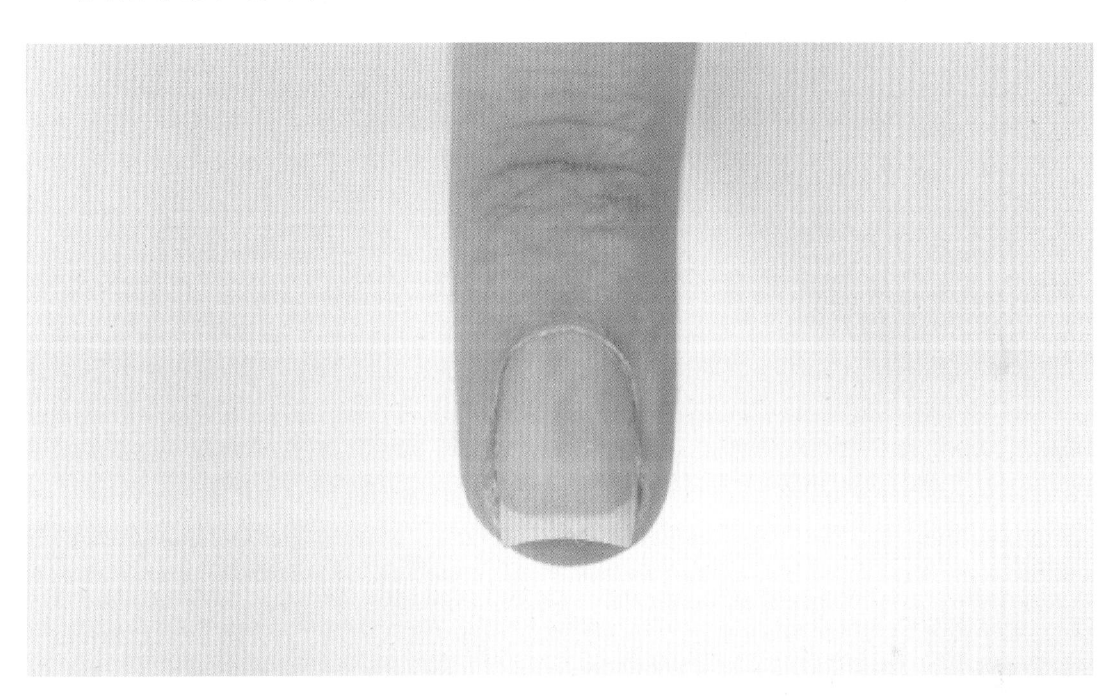

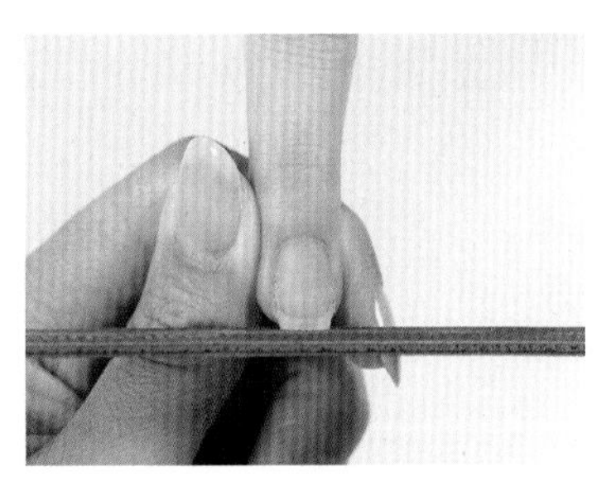

1　砂条垂直于指甲前缘，单向修磨，使其平整

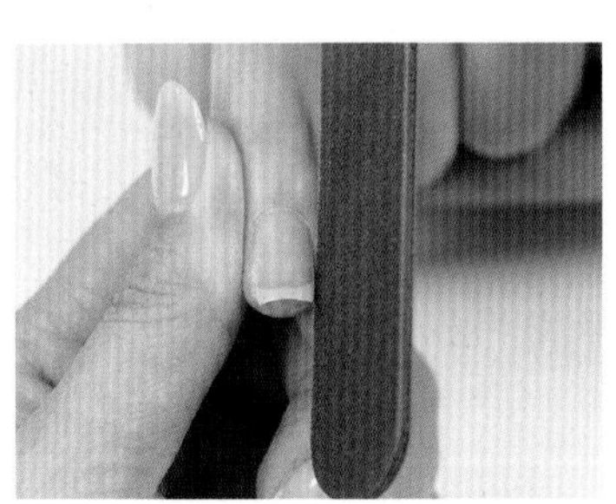

2　修整指甲两侧，使两侧平行

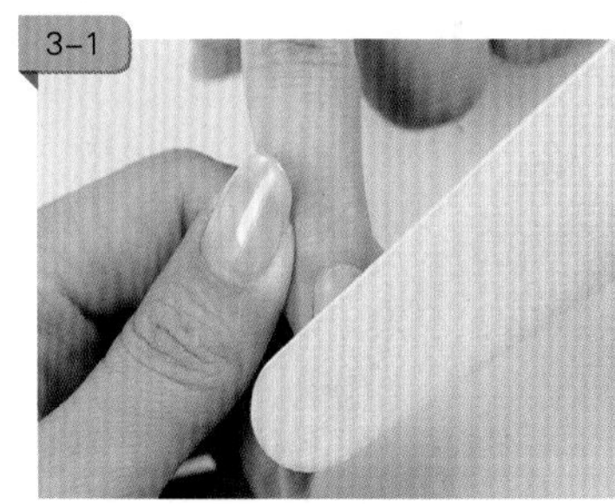

3　用海绵锉抛磨甲面和去除甲缘多余的毛屑

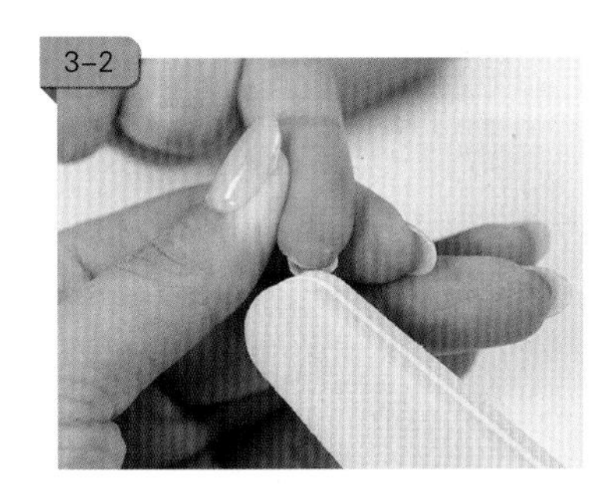

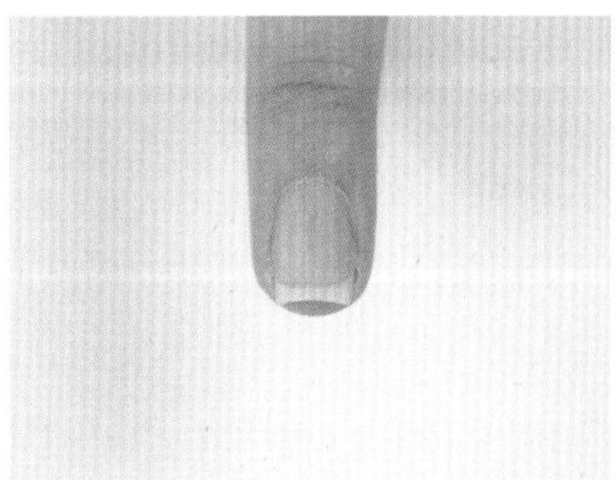

完成，指甲前缘与两侧垂直，两侧拐角呈直角

（2）方圆形指甲

方圆形指甲较不易断裂，给人柔和的感觉，适合任何手型，尤其骨关节较明显或手指瘦长的顾客。

修磨方圆形指甲的流程如下。

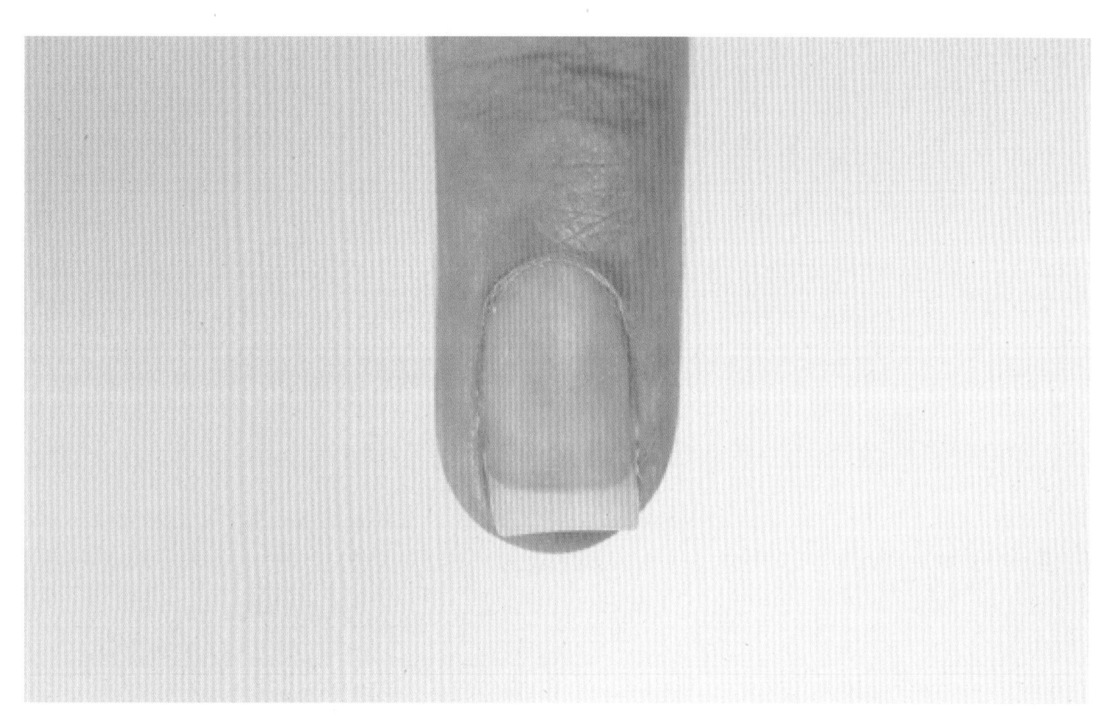

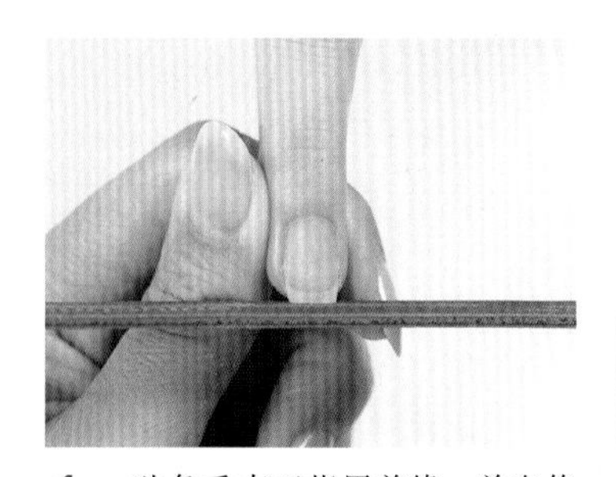

1 砂条垂直于指甲前缘，单向修磨，使其平整

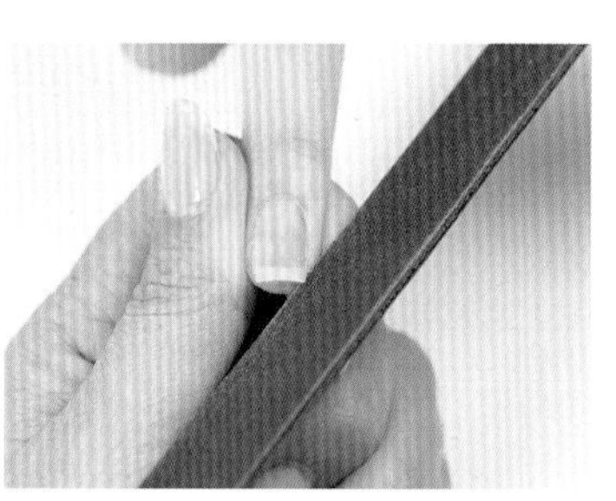

2 将两侧拐角修磨出一定弧度，两侧弧度对称

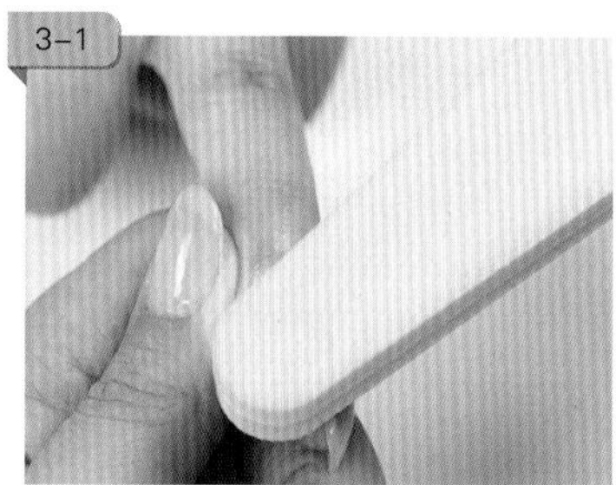

3 用海绵锉抛磨甲面和去除甲缘多余的毛屑

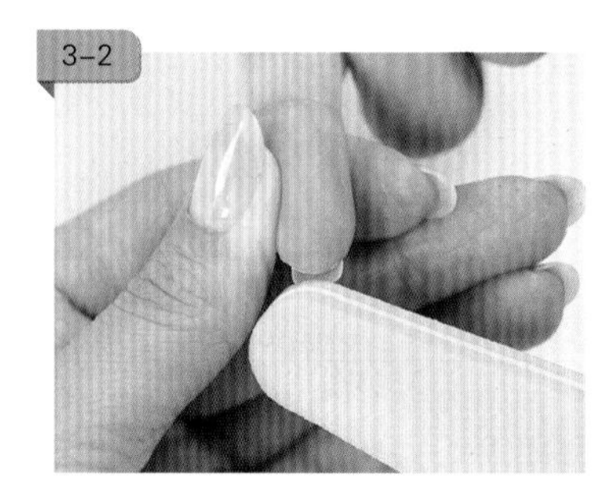

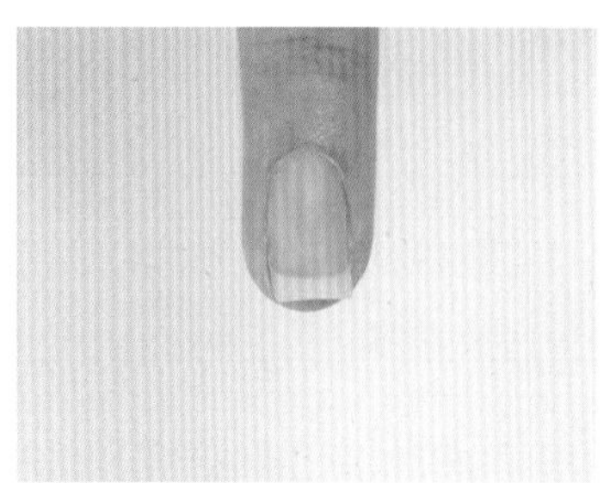

完成，指甲前缘平直，两侧拐角处有一定弧度

（3）圆形指甲

圆形指甲适合甲床较宽、手掌较小或手指微胖的顾客，可从视觉上收窄指甲。

修磨圆形指甲的流程如下。

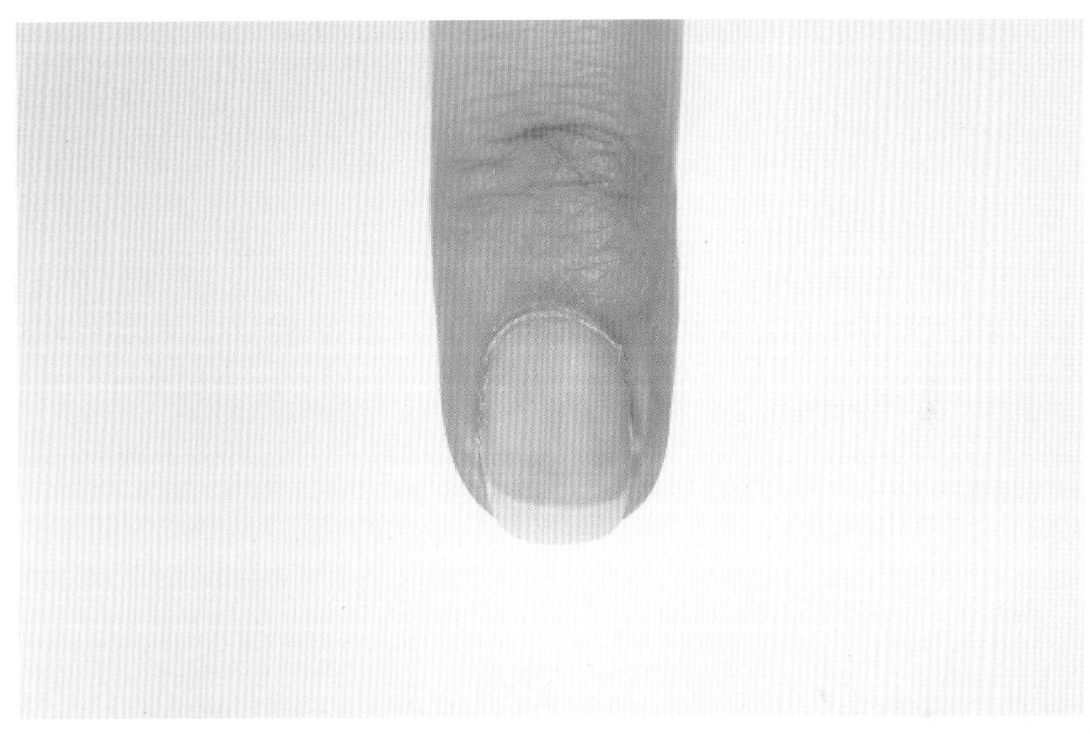

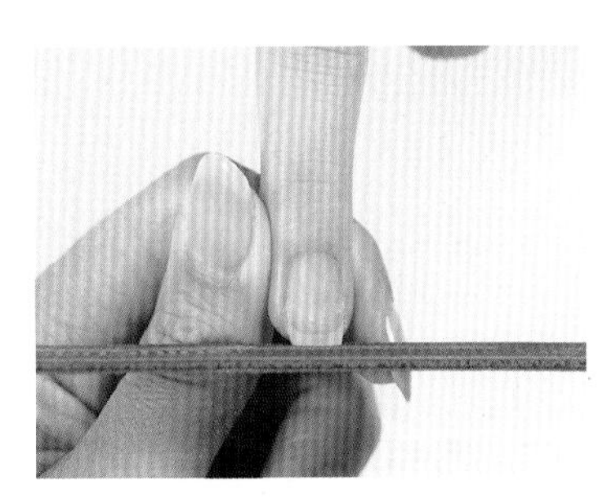

1　砂条与指甲前缘呈 45 度，单向修磨，使其平整

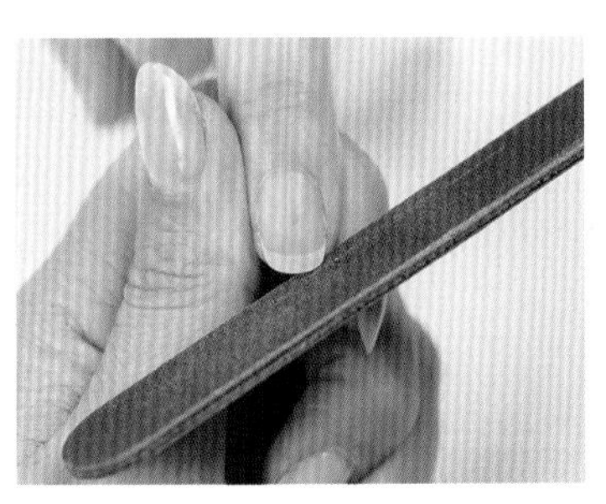

2　确定最高点，将两侧拐角往中心最高点修磨，弧度要对称

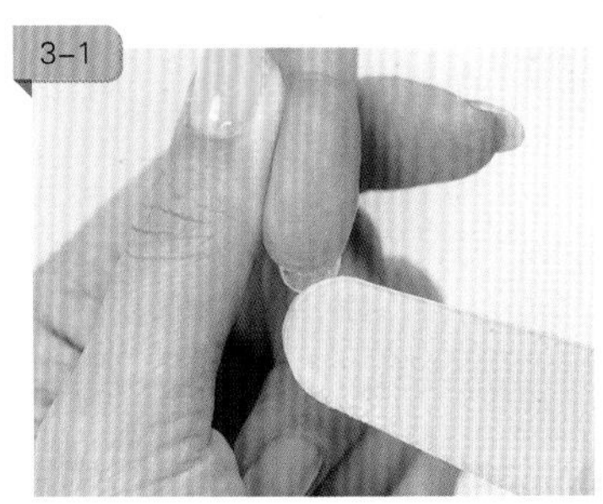

3　用海绵锉抛磨甲面和去除甲缘多余的毛屑

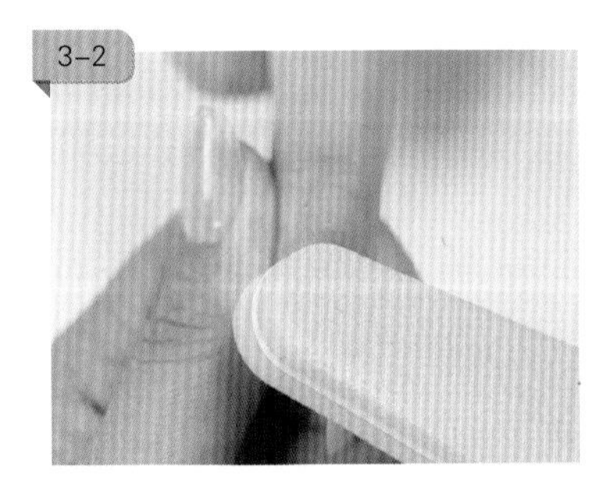

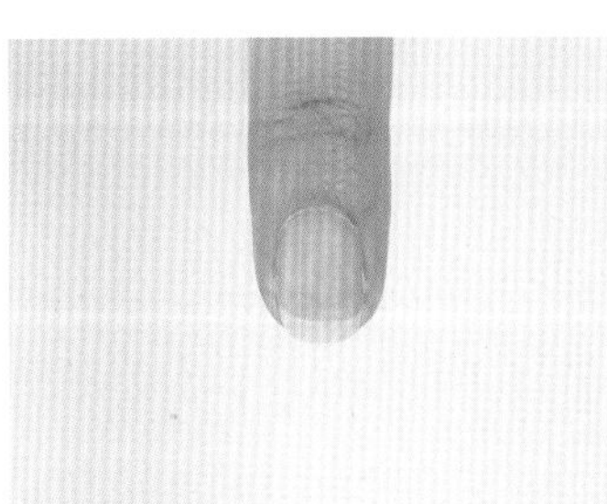

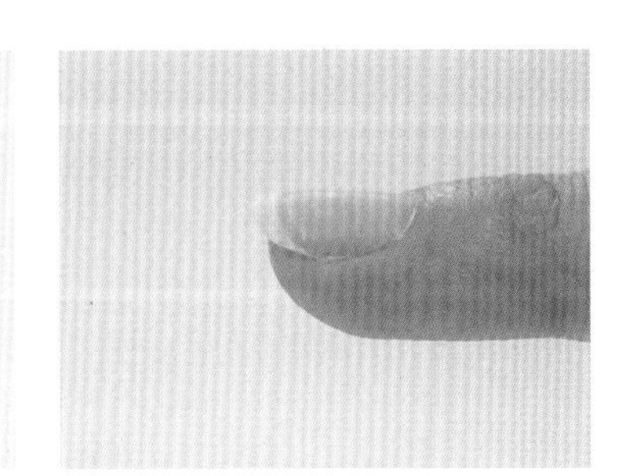

完成，指甲前缘呈半圆形，两侧拐角圆润自然

（4）椭圆形指甲

椭圆形指甲较易断裂，适合胖而美的手型，属于较为传统的东方甲形。

修磨椭圆形指甲的流程如下。

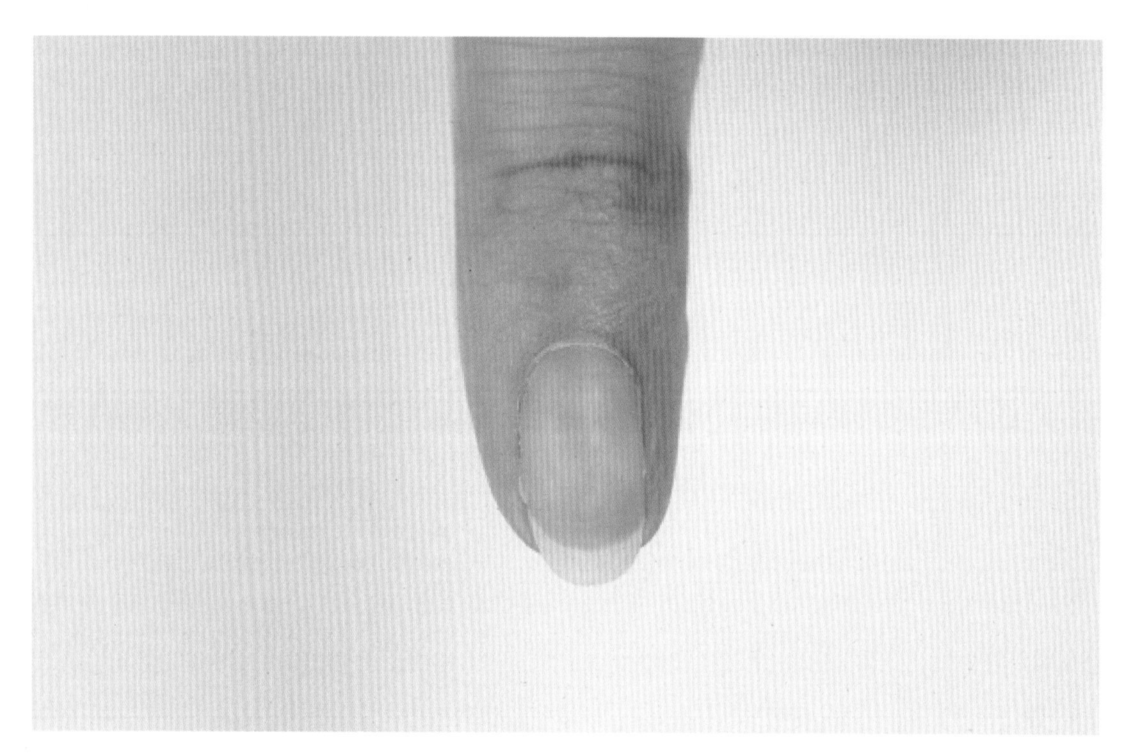

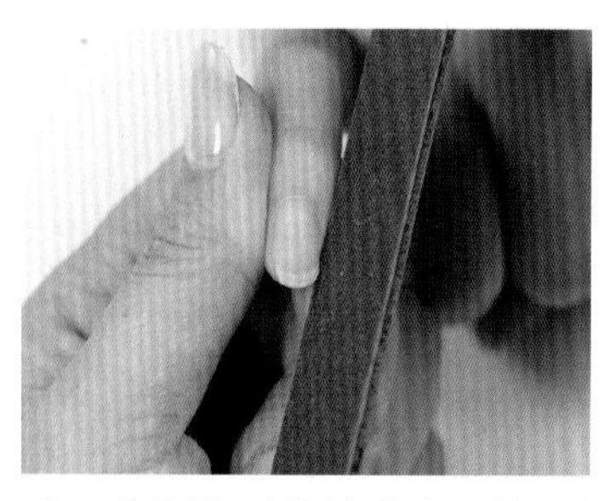

1 将指甲一侧拐角修磨至明显圆弧

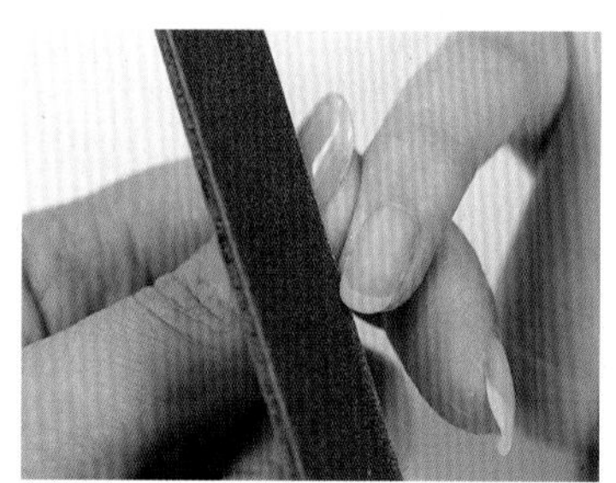

2 另一侧用同样方法修磨，注意两侧圆弧对称

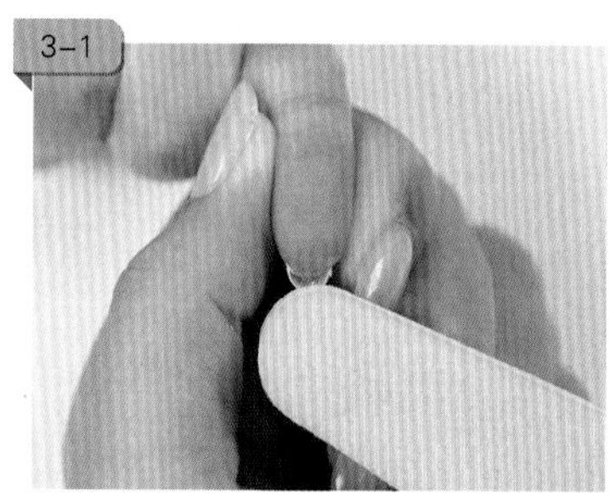

3 用海绵锉抛磨甲面和去除甲缘多余的毛屑

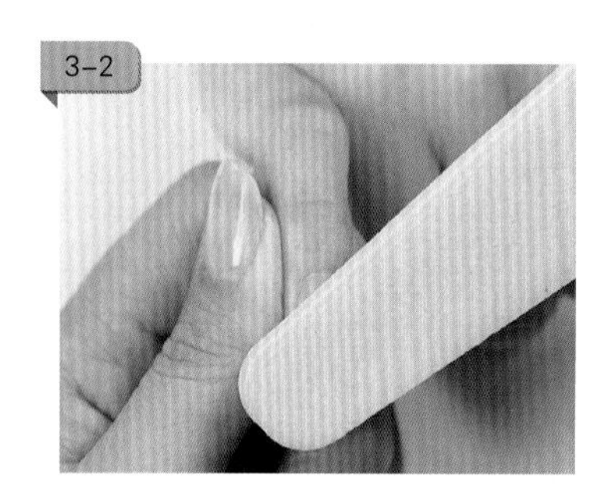

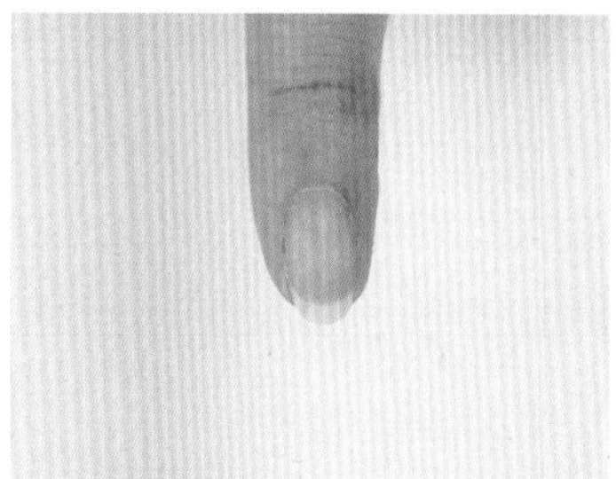

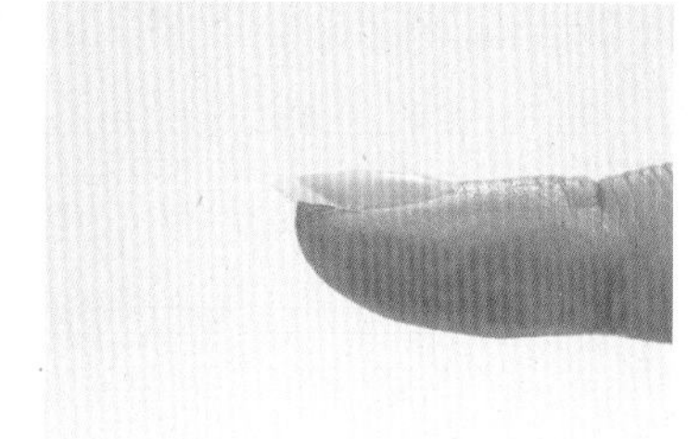

完成，整甲呈椭圆形状，两侧拐角圆弧明显

（5）尖形指甲

尖形指甲容易断裂，适合指甲较厚的顾客，由于亚洲人的甲形较薄，不建议修成尖形。

修磨尖形指甲的流程如下。

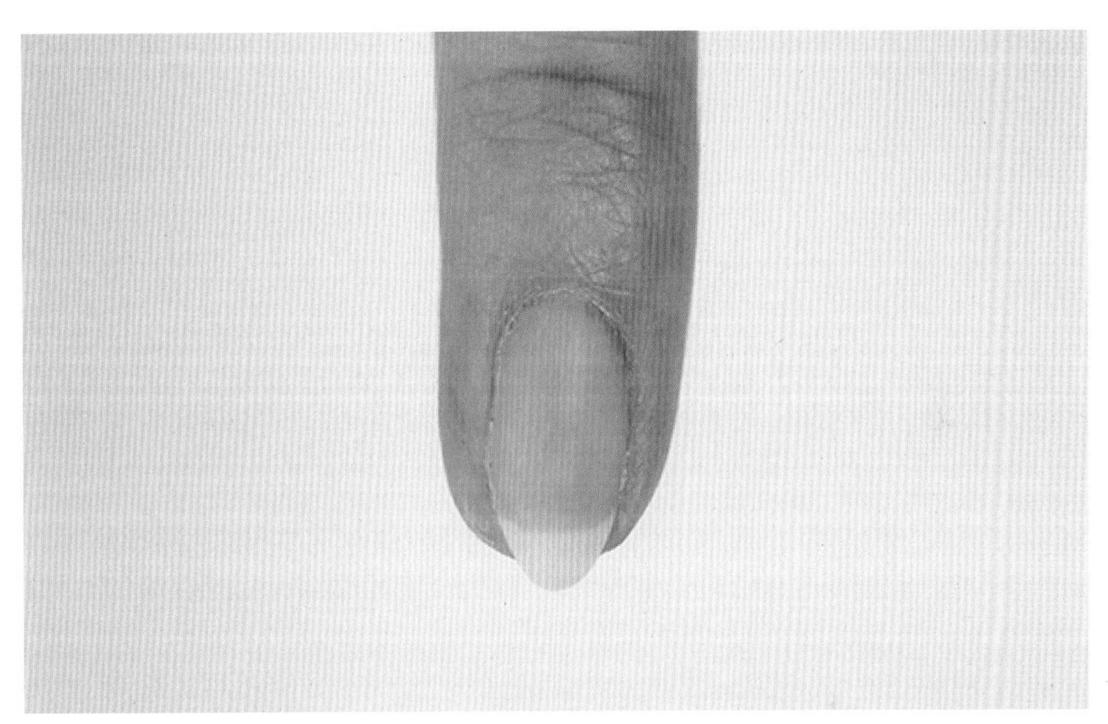

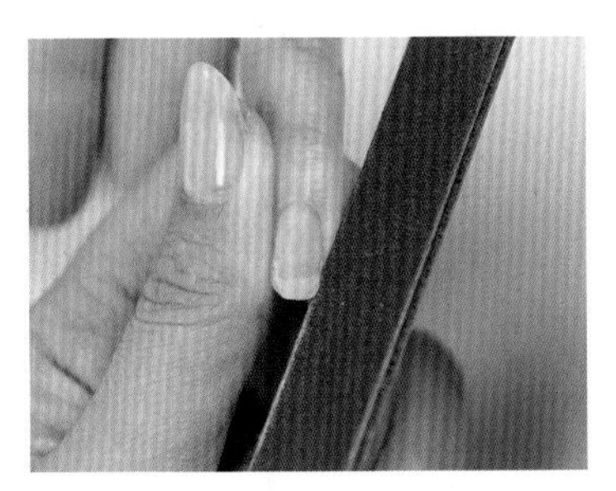

1　修磨指甲一侧直至指甲前缘呈锥形

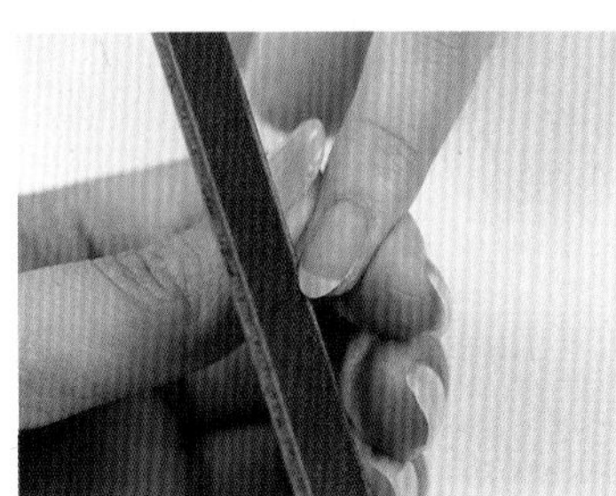

2　用同样手法修磨另一侧

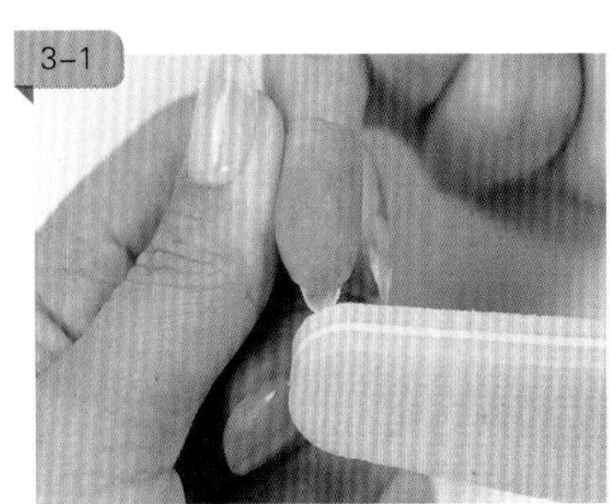

3　用海绵锉抛磨甲面和去除甲缘多余的毛屑

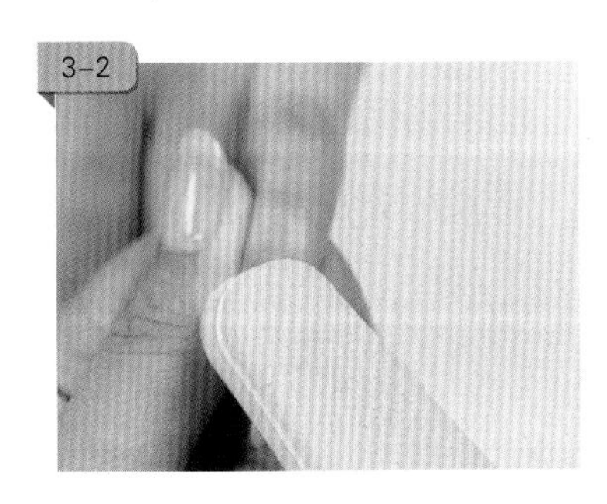

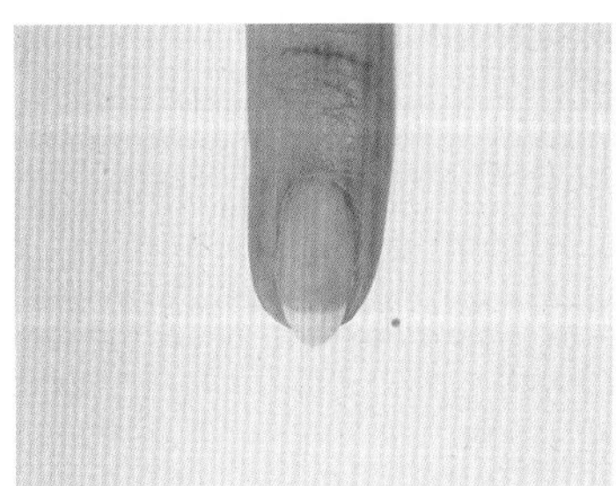

完成，指甲前缘呈尖锥形，两侧拐角弧度大

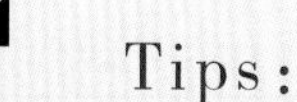

- 美甲师应该根据顾客的爱好与手型修磨适宜的甲形，脚趾甲一般修成圆形或方圆形。
- 修方形或方圆形指甲，砂条应垂直于指甲前缘；修圆形指甲，砂条应与指甲前缘呈45度。

知识便签

3.4 基础护理

基础护理需要的工具和材料有：砂条、海绵锉、粉尘刷、硬毛清洁刷、软化剂、泡手碗、小碗、毛巾、无纺布、死皮推、消毒杯、死皮剪。

基础护理的标准流程如下。

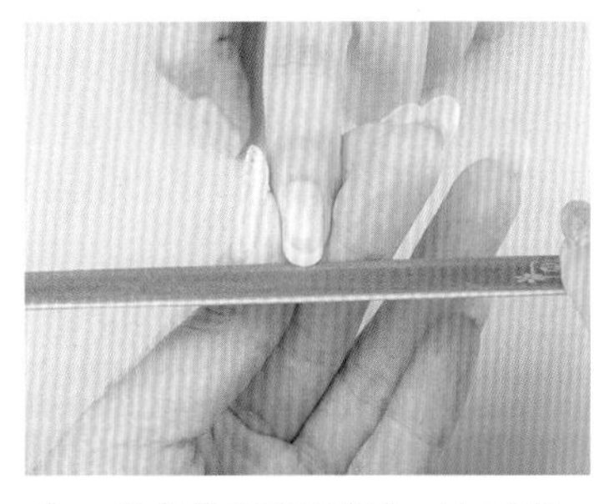

1　砂条放在指甲前端，呈 45 度，往同一方向移动修磨

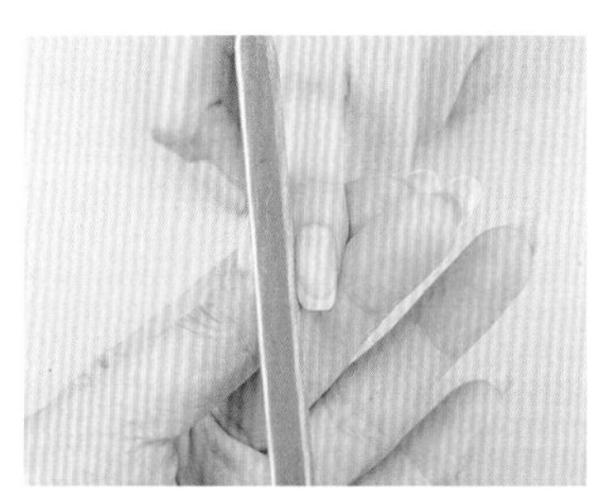

2　修整一边甲侧使之与前端垂直

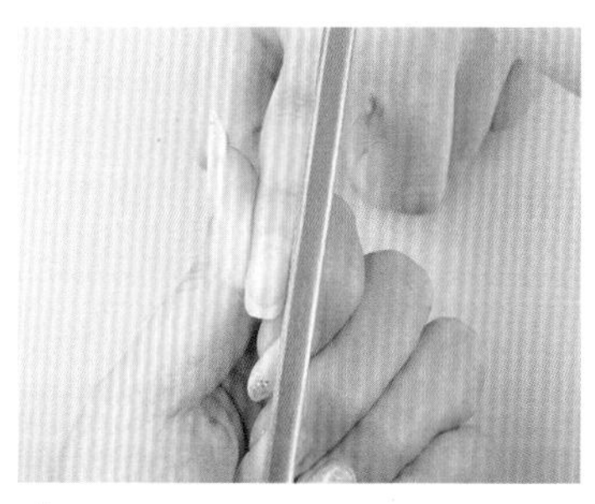

3　用同样方法，修磨另一边甲侧

4-1

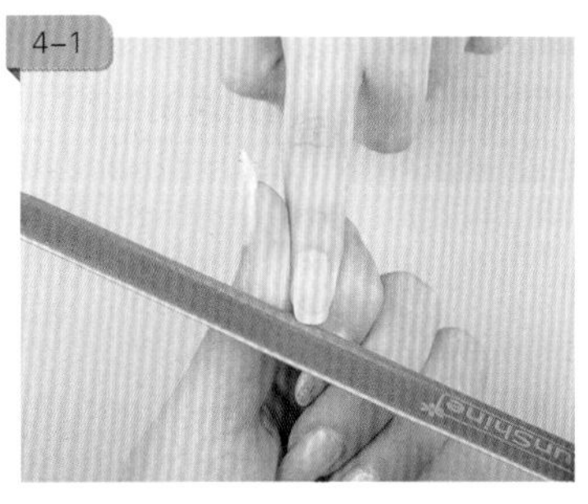

4-2

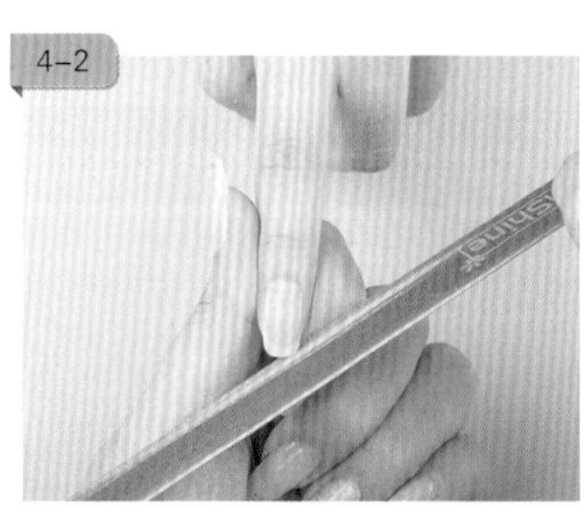

4　先确定指甲中心最高点，将两侧的拐角处往中心最高点的位置修磨，修出圆形

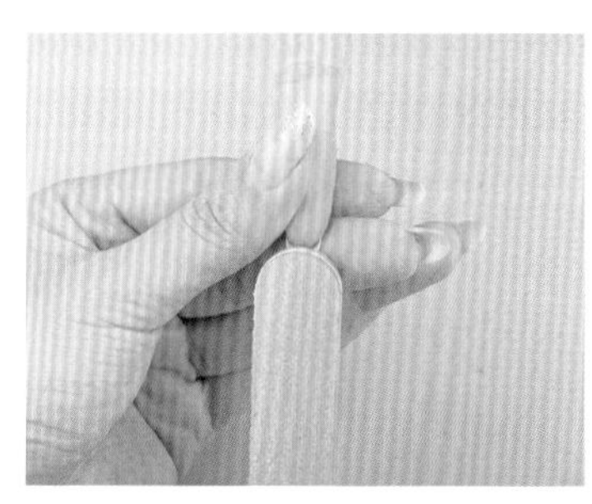

5　用海绵锉去除甲缘多余的毛屑

6-1

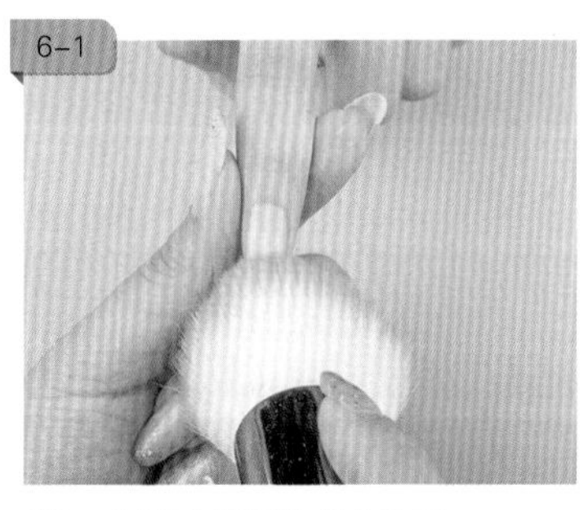

6-2

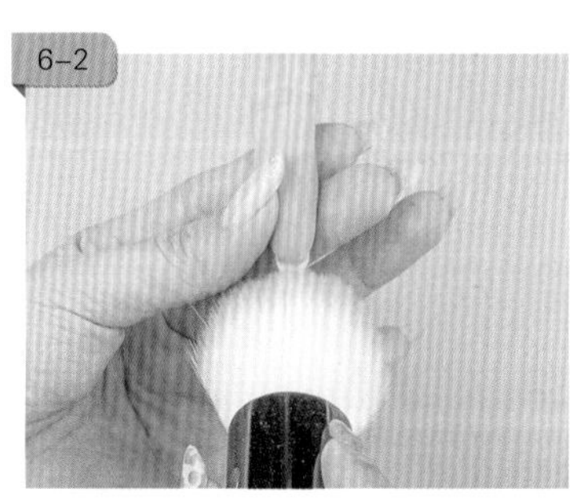

6　用粉尘刷扫除多余粉屑

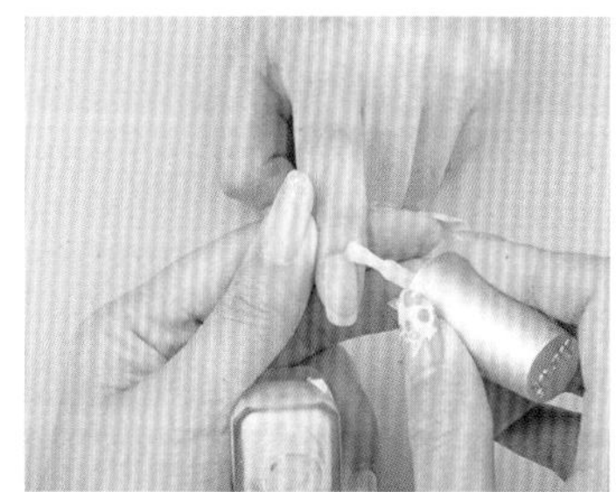

7　涂抹软化剂，需均匀涂抹在手指指皮、指甲甲缘及后缘，软化剂尽量不要涂抹到甲面上

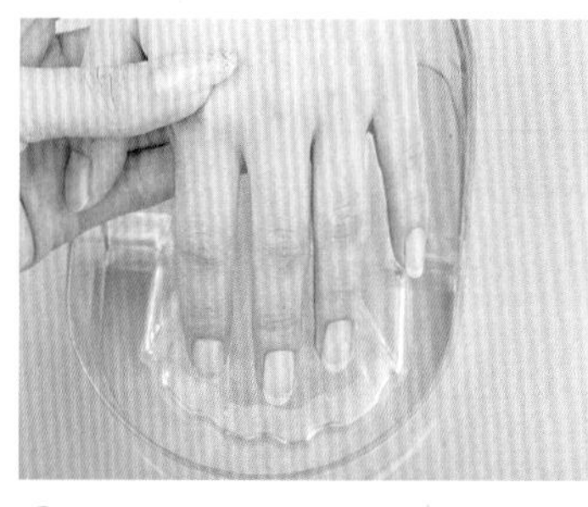

8 泡手碗里放入温度为 38 ~ 42 摄氏度的适量温水，浸泡手指，软化死皮和指甲周边的角质

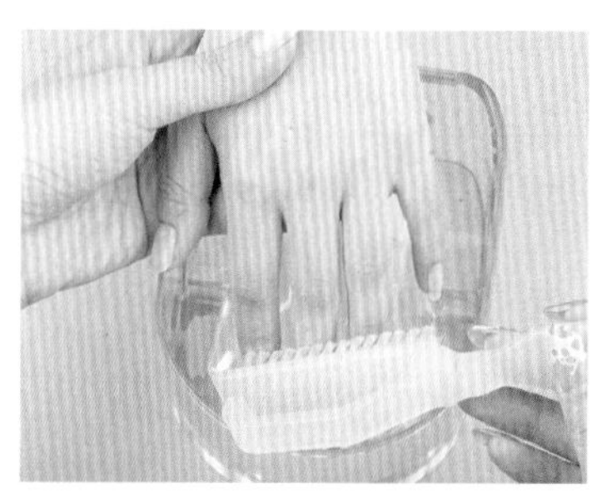

9 取出浸泡后的手指，并用硬毛清洁刷轻轻刷去指上多余的软化剂

10 用毛巾轻轻擦干多余水分

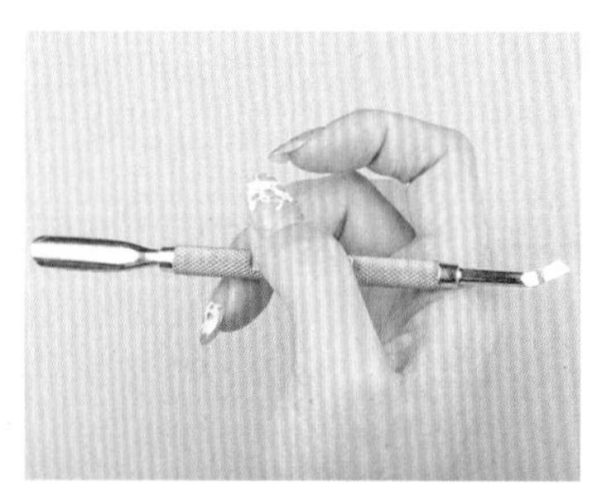

11 用拇指和中指握住死皮推，食指轻轻抬起

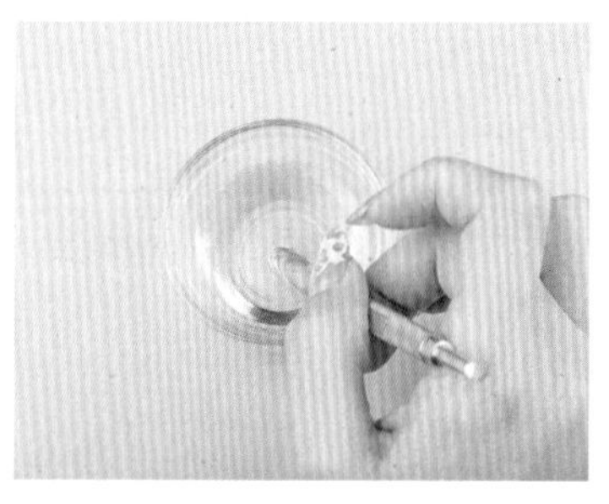

12 用死皮推沾取小碗里的清水，用于推死皮

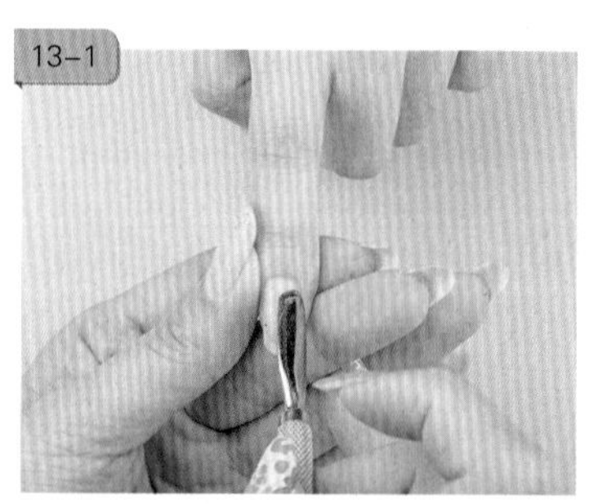

13 用死皮推轻轻推起死皮，从右侧开始向后缘和左侧呈放射状推动，死皮推与甲面应呈 45 度 ~ 60 度，避免伤及本甲

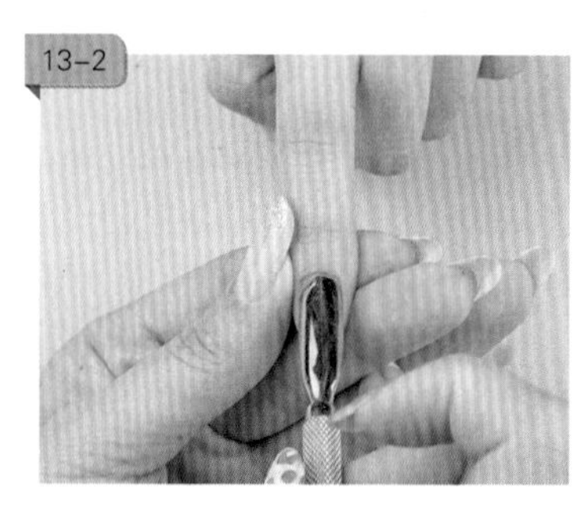

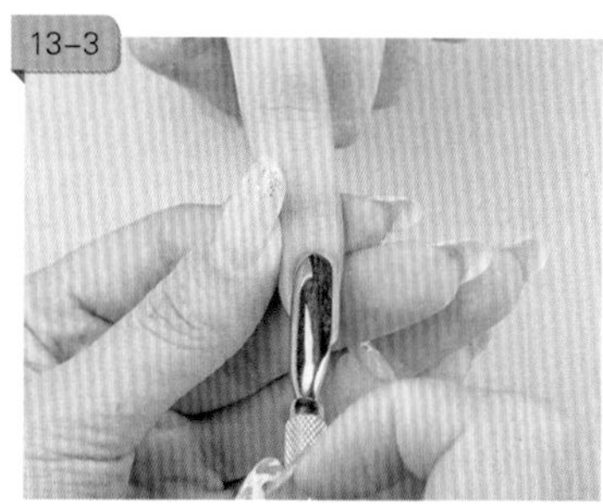

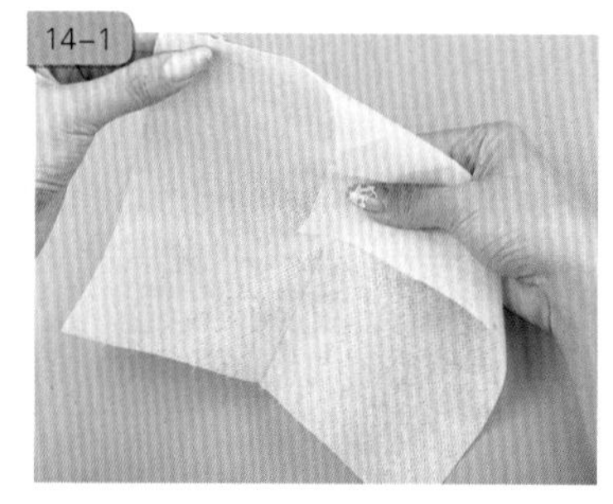

14 取一块无纺布，折叠并包裹大拇指，注意拇指不要过度用力，以防戳穿无纺布，还有应包裹结实不能松散

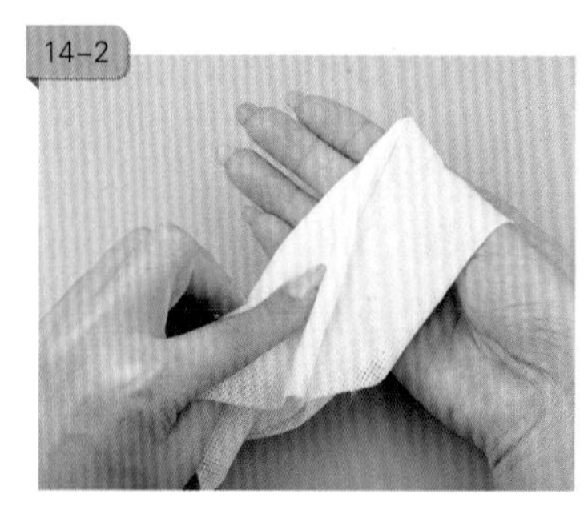

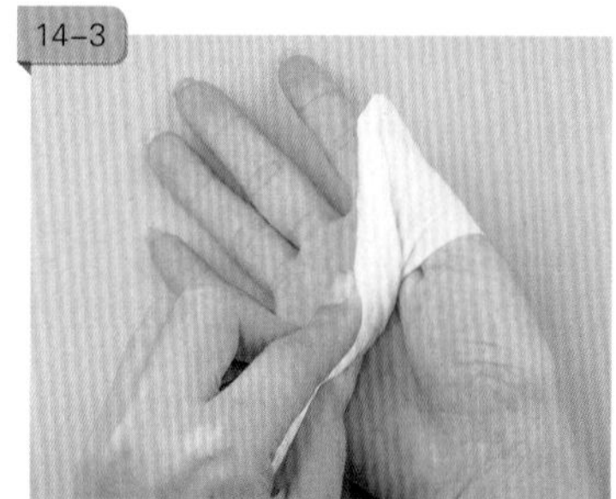

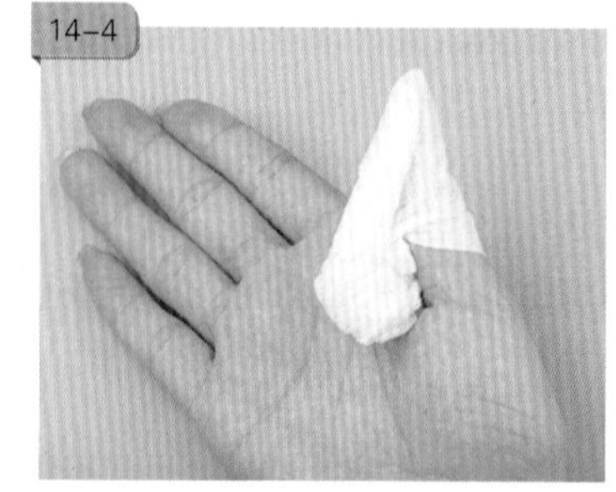

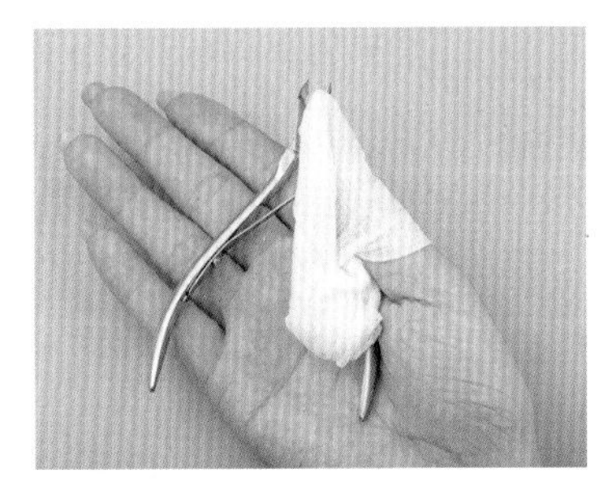

15　与死皮剪搭配使用

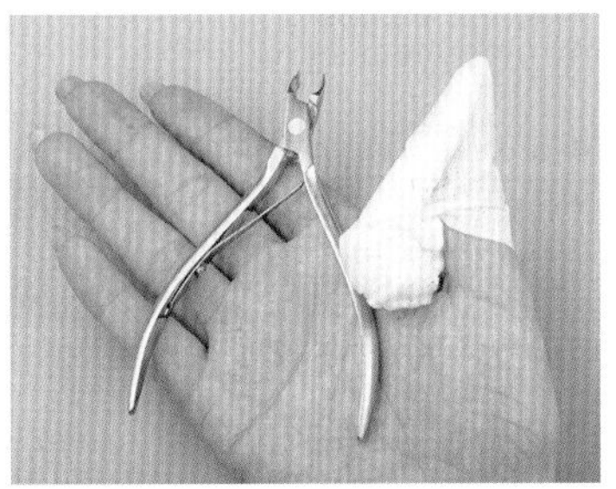

16　手心朝上抓握死皮剪

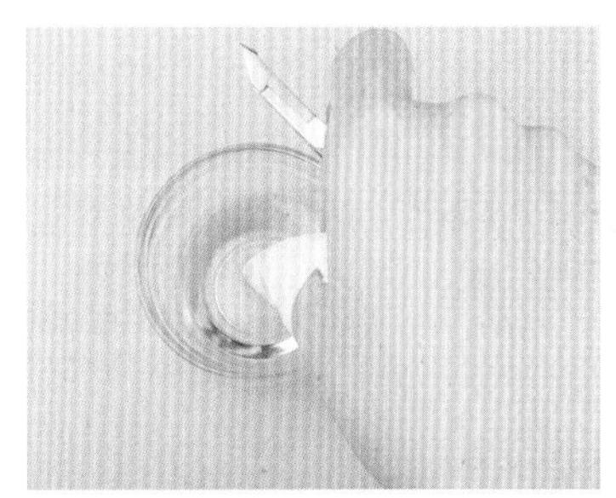

17　用包裹无纺布的拇指沾取小碗里的清水，用于滋润指甲周边的死皮

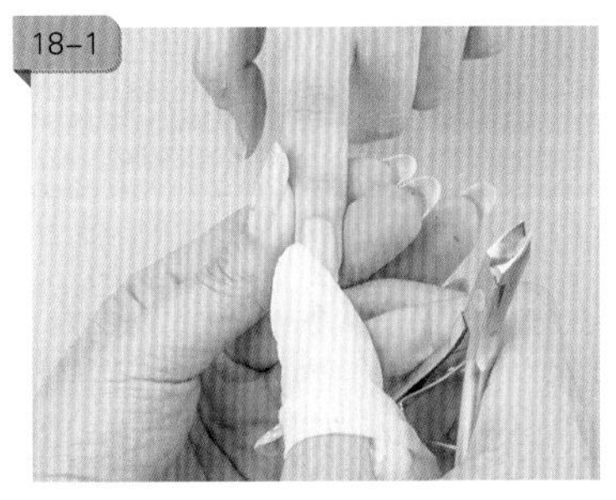

18-1

18-2

18-3

18　依次用大拇指擦拭指甲后缘、两侧

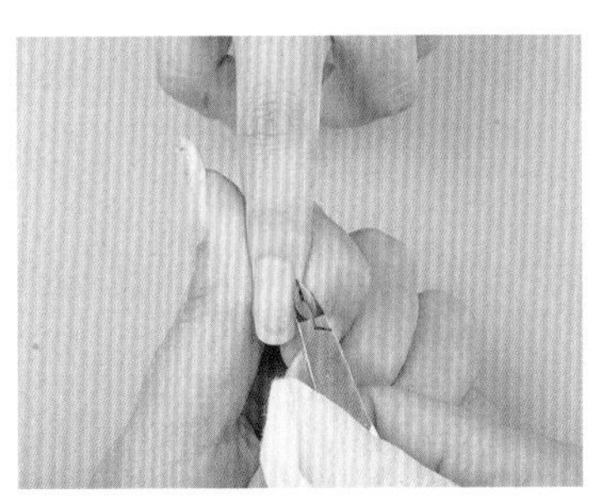

19　用死皮剪从右侧开始剪去甲侧及后缘死皮或倒刺，注意握死皮剪的手要有支撑点，这里支撑点在手掌上

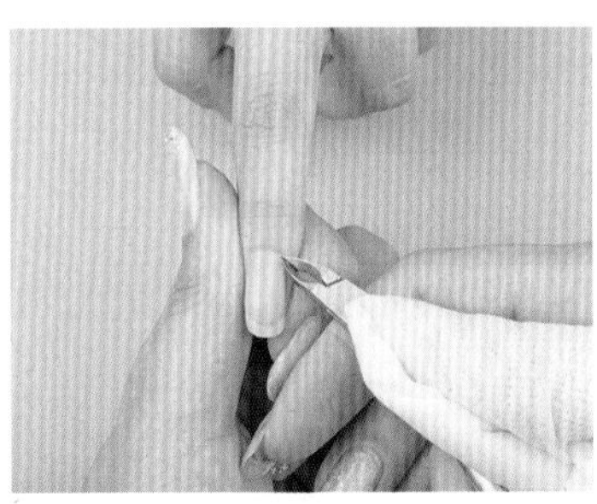

20　修剪右侧拐角处及后缘位置时，用握死皮剪的食指在左手的食指与中指中间作支撑点

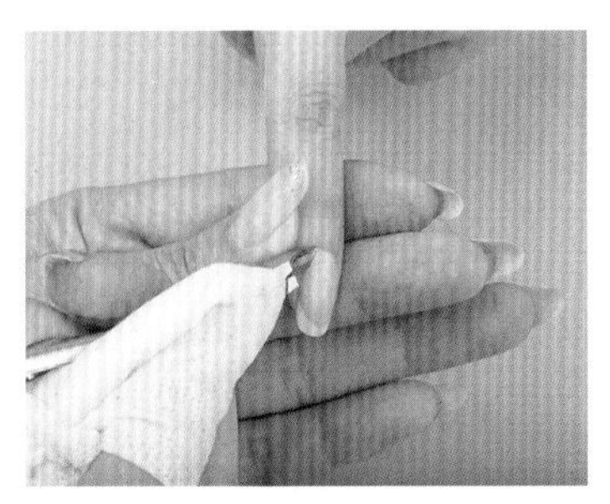

21　修剪左侧时，支撑点也是在手掌上

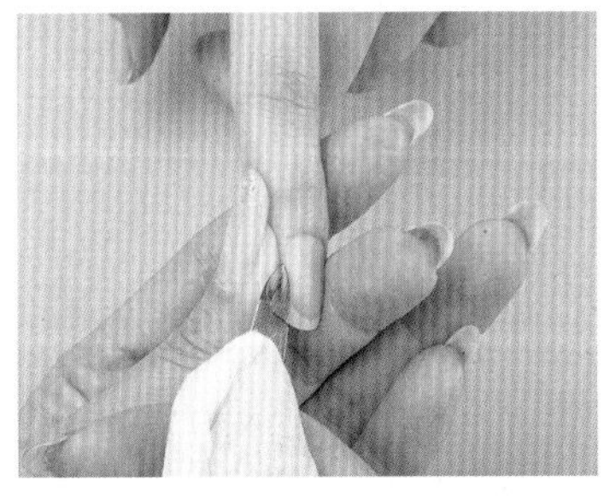

22　修剪左侧拐角处及后缘时，支撑点在左手大鱼际上

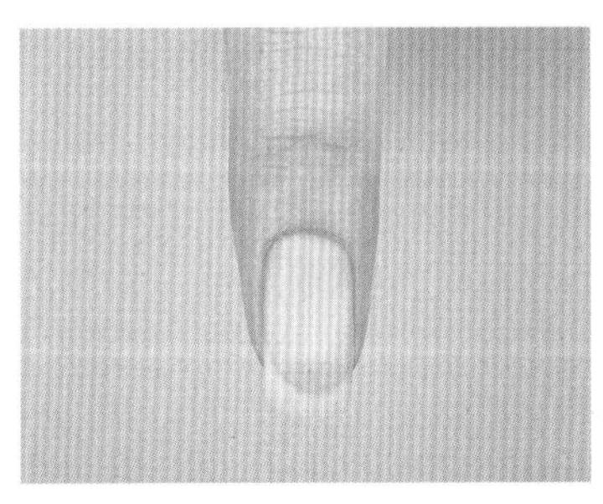

基础护理完成效果

3.5 涂抹指甲油

涂抹指甲油需要的工具和材料有：海绵锉、粉尘刷、棉片、棉花、桔木棒、75 度酒精、底油、指甲油、亮油。

涂抹指甲油的标准流程如下。

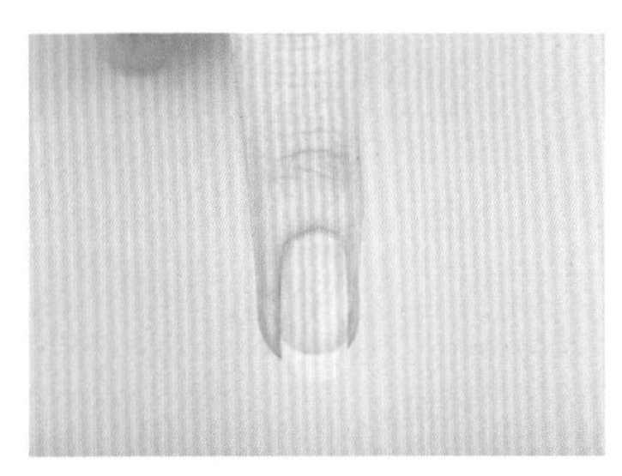

1 自然甲

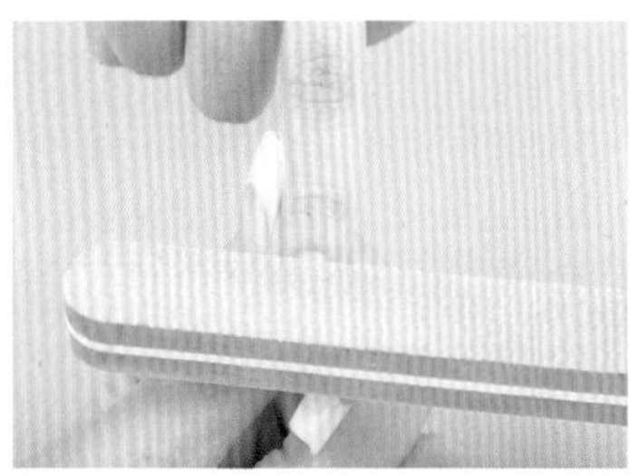

2 以侧面一正面一侧面的顺序，用海绵锉的粗面抛磨一遍，再用细面抛磨甲面。抛磨侧面时，需要用手指稍微拨开指甲外皮再做抛磨的动作

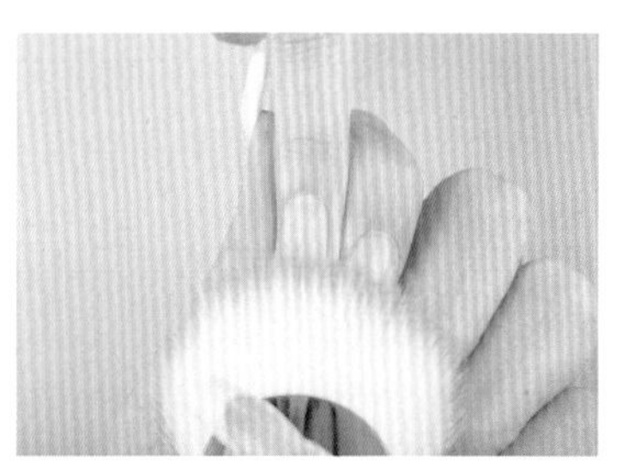

3 用粉尘刷扫除多余粉屑

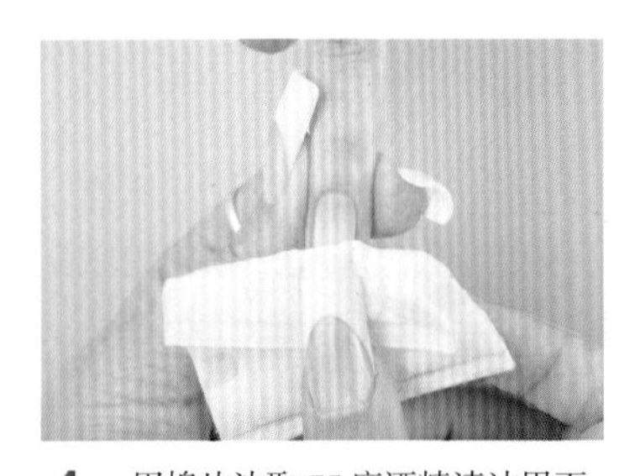

4 用棉片沾取 75 度酒精清洁甲面

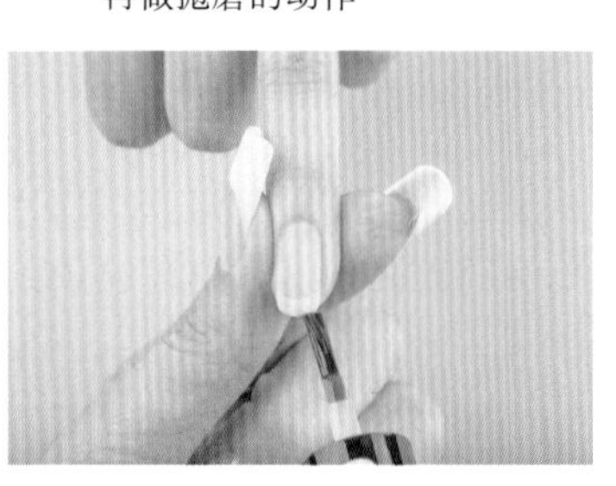

5 用底油为指甲前缘包边

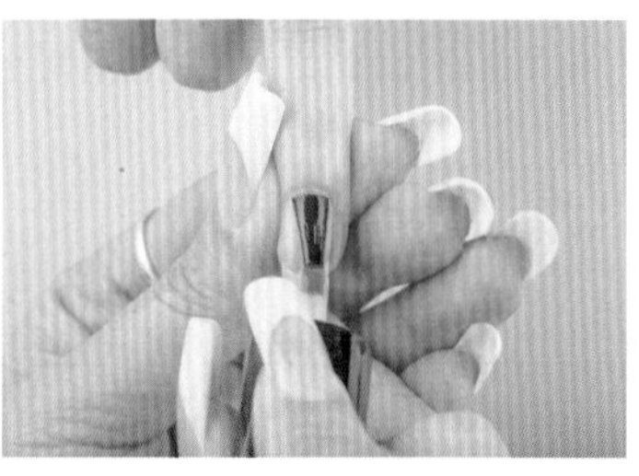

6 整甲涂抹底油，等待风干

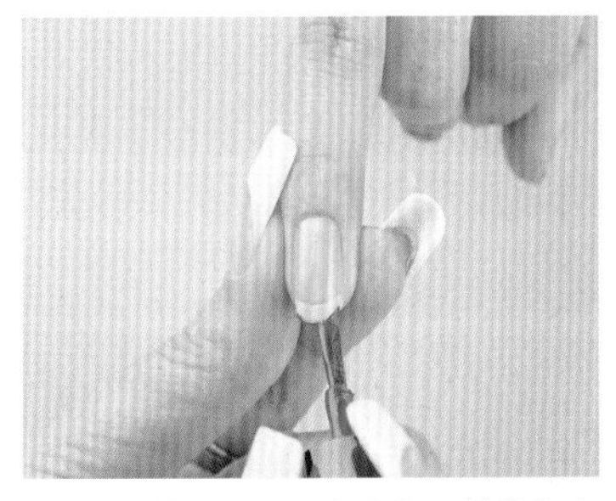

7　涂抹指甲油，先在指甲前缘包边

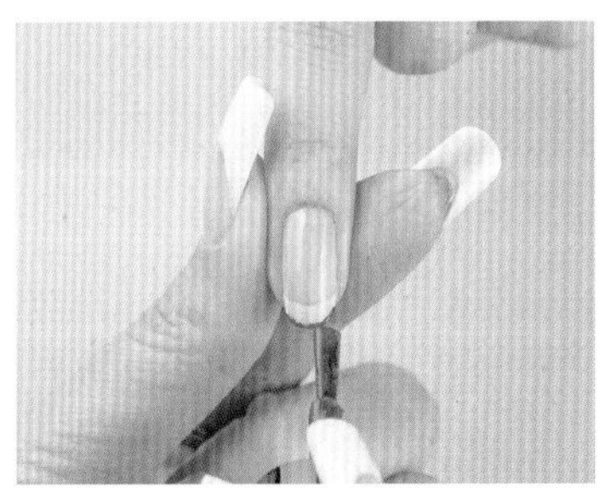

8　再反方向涂抹进行二次包边

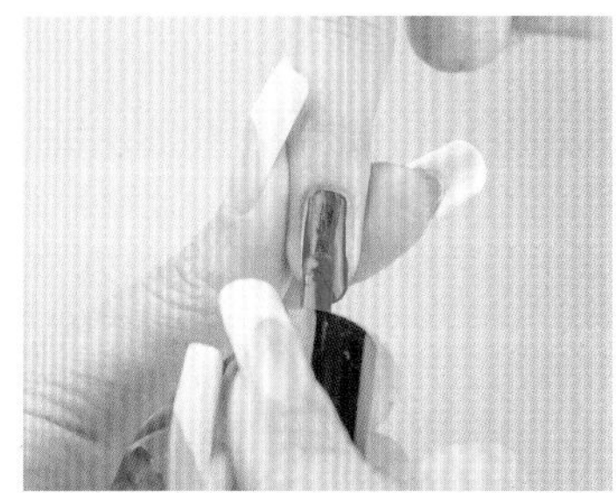

9　整甲均匀涂抹指甲油

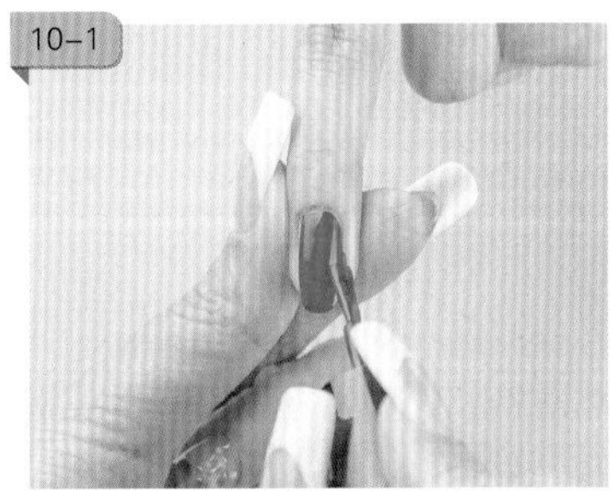

10–2

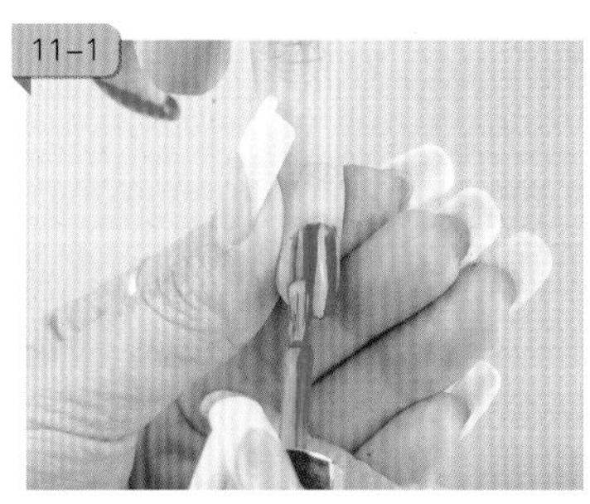

10　在刷指甲后缘时，要把刷头轻轻按在甲面上，慢慢往后缘推到 0.5 毫米的距离，再往前拉涂，最后刷两边

11　若不慎将指甲油涂到皮肤上，可用桔木棒协助清洁

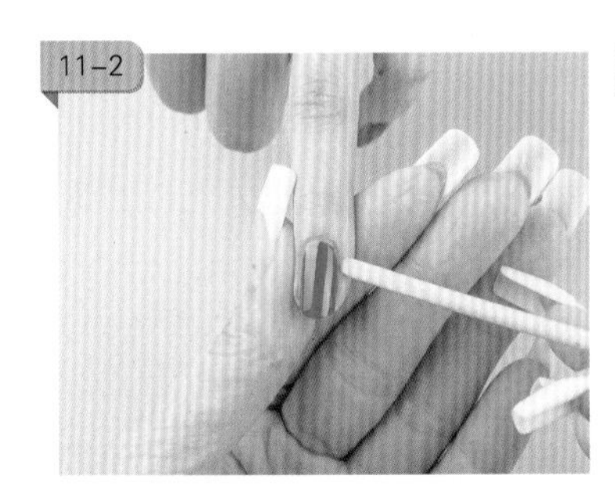

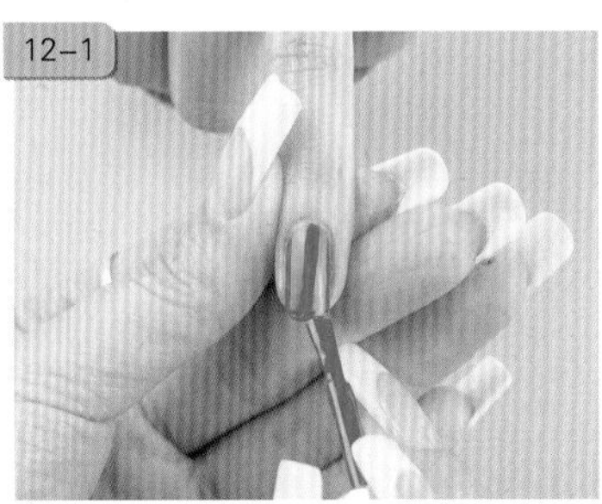

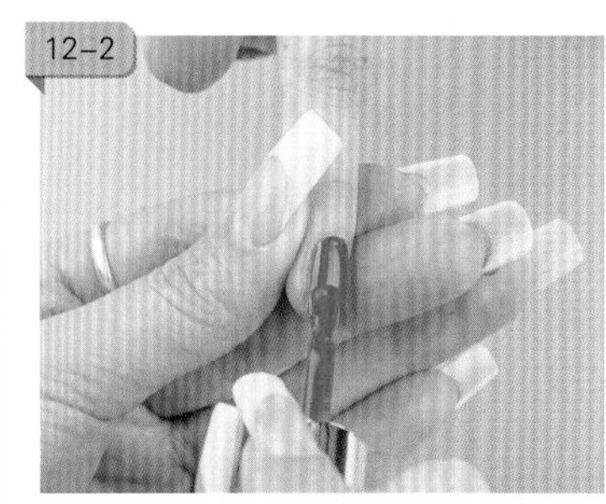

12　再用同样的方法重复上色，等待风干

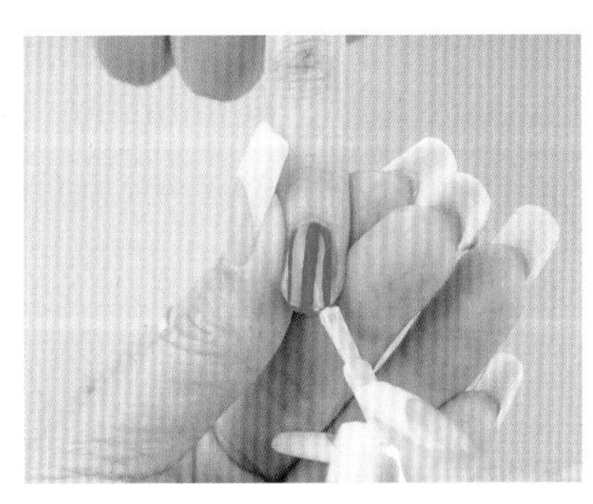

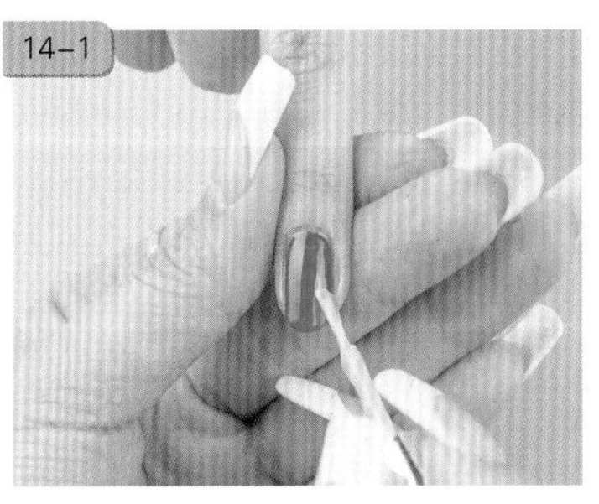

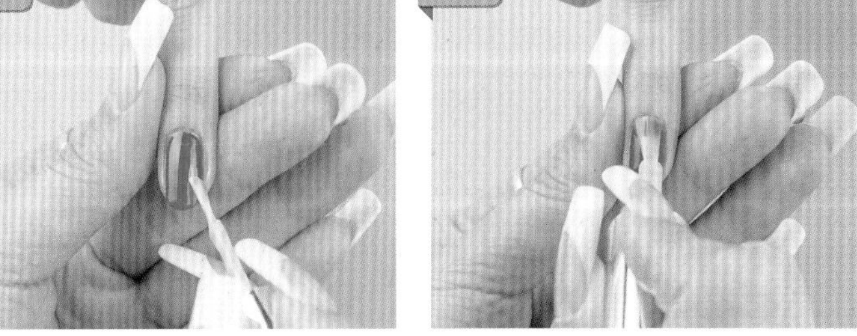

13　涂抹亮油，注意先包边

14　从指甲后缘往前缘涂抹，注意两侧也要涂抹到位

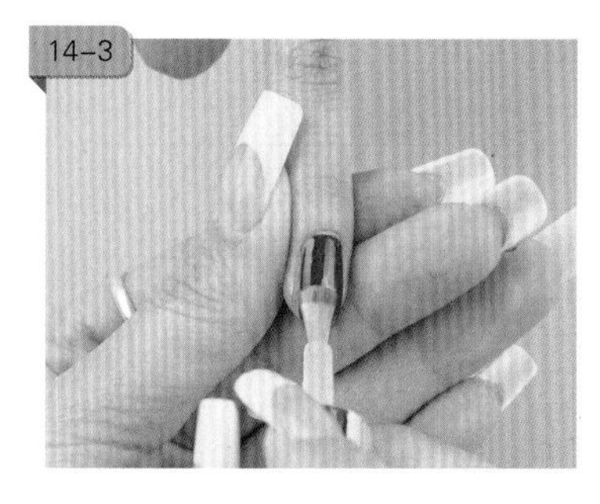

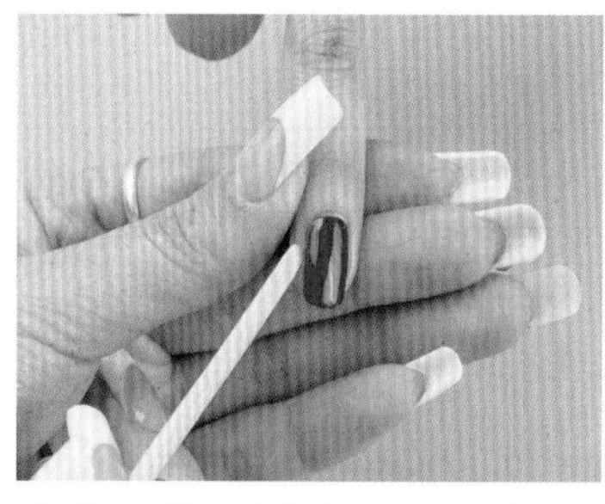

15 若不慎将亮油涂到皮肤上，可用桔木棒进行清洁

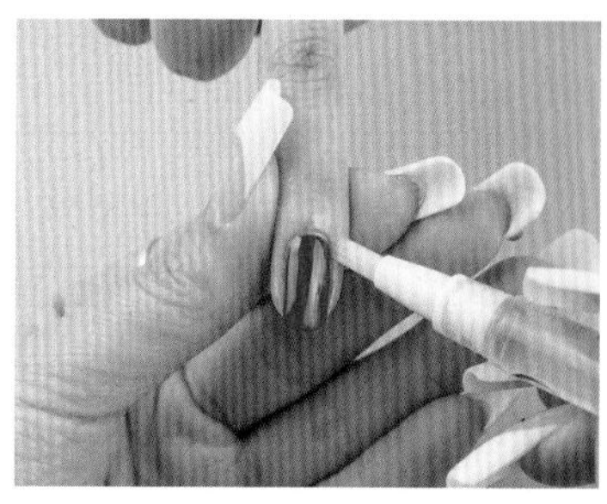

16 风干后，在甲缘处涂抹营养油

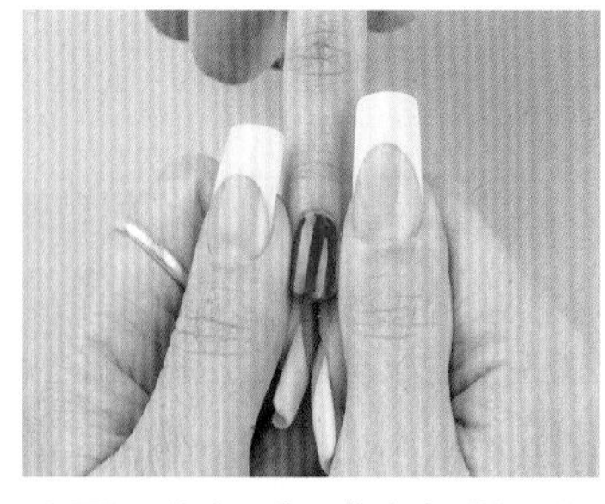

17 按摩甲缘，使皮肤更易吸收

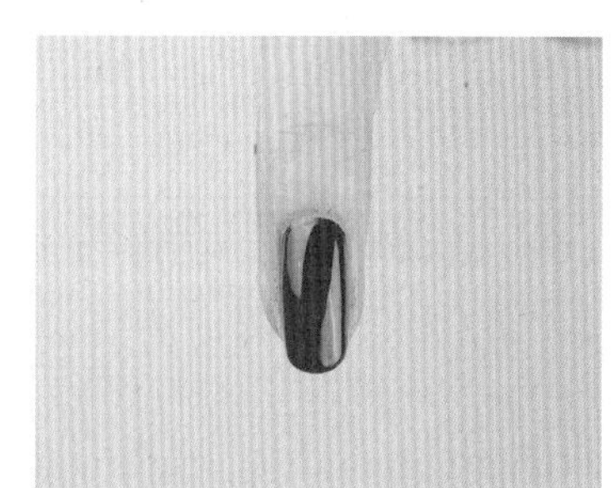

完成

知识便签

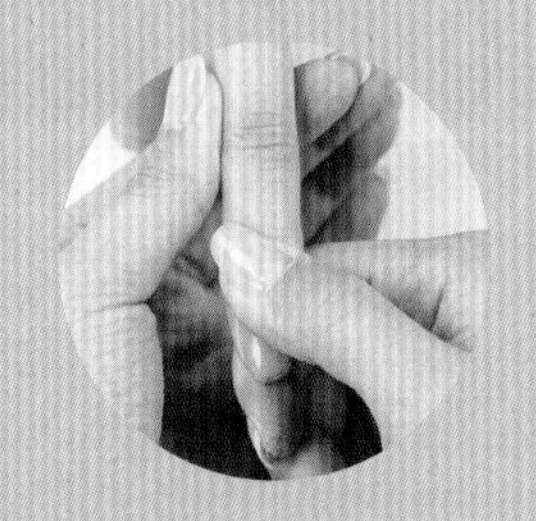

第4章 手足部的护理

4.1 皮肤的构造
4.2 手足部护理的产品和工具
4.3 标准手部护理程序
4.4 标准足部护理程序

美甲中的护理主要指手部和足部皮肤的护理，其作用原理主要是针对手足部出现的各种问题配合专业的护理产品和穴位按压，从而进行保养和治疗。正确的手足部护理有助于滋润皮肤、缓解疲劳、促进指甲健康生长。

4.1 皮肤的构造

对美甲师而言，皮肤的科学研究尤其重要。健康的皮肤应该微含水分、柔软、易弯曲、呈酸性而且没有瑕疵及疾病，而皮肤的组织无论是外观或触摸都应该是柔顺、细嫩的。

皮肤的构造是相当复杂的，每平方厘米的皮肤含有：

95 根毛发	200 条可以显示痛处的神经末端	2.5 米血管	2 个冷知觉器官
14 ~ 16 条皮脂腺	2800 个神经纤维末端的知觉细胞	9.5 条汗腺	23 个压力触觉器官
10 米神经	11 个热知觉器官	140 万个细胞	

4.1.1 皮肤的结构

皮肤是覆盖在人体外表面的重要器官。其总面积成人约为 16 平方米，厚度为 2.0 ~ 2.2 毫米，质量约为体重的 16%。皮肤由外至内可以分为三层，即表皮、真皮、皮下组织。此外，还有汗腺、皮脂腺、毛发、指甲等皮肤产生的附属器官。皮肤的构造如图 4–1 所示。

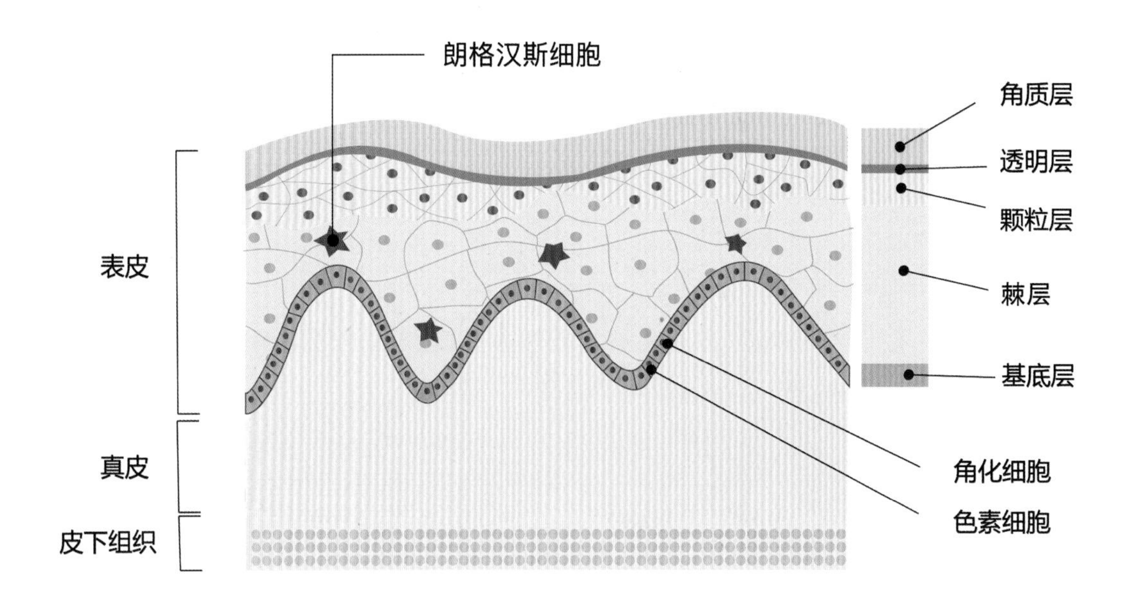

图 4–1 皮肤的构造

（1）表皮

表皮是由角质层、透明层、颗粒层、棘层、基底层、朗格罕细胞、角化细胞、色素细胞共同组成的。

①角质层。角质层是表皮最外层的部分，由脱核后的死亡细胞组成。因表皮的周期更新（角化周期）角质层会被推上来，最终形成屑跟垢脱落，平均约 4 周脱落一次。

②透明层。透明层只存在于表皮较厚的手掌及掌跖中，无法辨清细胞的界限。

③颗粒层。颗粒层细胞呈扁平状、横向形成的长纺锤形，含有大量角质透明蛋白粒。角质透明蛋白粒为玻璃质状的粒子，可折射光线，反射紫外线。

④棘层。棘层是表皮中最厚的一层。表皮上无血管、周围流动着淋巴液，起到运输营养的作用。

⑤基底层。基底层是表皮的最底层。真皮乳头层的毛细血管为其提供营养，经常进行细胞分裂，移动至上一层有棘层。基底层是一向排列的单层构造，存在数个色素细胞。

⑥朗格罕细胞。朗格罕细胞是存在于表皮内的树枝状细胞，掌管皮肤的免疫功能，负责将外部入侵的细菌、病毒、霉菌、紫外线、热等各种皮肤的情报传递给大脑。

⑦角化细胞。角化细胞占表皮细胞的 95% 左右，由基底层的角化细胞分裂而成。一边向有棘层、颗粒层移动一边变性，约两周抵达角质层，再约两周干燥，形成屑及垢后脱落。

⑧色素细胞。色素细胞是产生皮肤黑色素的细胞，紫外线照射时会由色素细胞形成黑色素。

Tips：

人类皮肤的颜色（即肤色）主要与黑色素有关。黑色素细胞一般集中在表皮基底层的细胞间。真皮层中一般没有黑色素，但具有色素时，可透过皮肤而呈青色。此外，皮肤的颜色还与毛细血管中的血液、皮肤的粗糙程度及湿润程度有关。

（2）真皮

真皮厚度为表皮厚度的数倍，由乳头层及网状层组成。真皮中血管丰富，热时扩张散热，冷时收缩防止热量流失等，起到体温调节的作用。

①乳头层。此为基底层与真皮连接的部分，有很多微血管、筋脉和神经通过。

②网状层。网状层中胶原蛋白呈一定规则排列，其中有弹性蛋白以网状交织在其连接的部分，然后在中间的缝隙中填满玻尿酸，保持皮肤的弹力润泽。

Tips：

皮肤的柔软度即皮肤的弹性取决于真皮纤维的弹性，健康的皮肤经拉长后可快速恢复原状。

（3）皮下组织

皮下组织是皮肤的最底层，也被称为皮下脂肪组织，位于皮肤及其下面筋肉骨头之间的部位，起到保湿及营养储存的作用。

Tips:

皮肤中含有下列几种神经纤维。

- 运动神经纤维：分布在附于毛囊上的立毛肌之上。
- 感觉神经纤维：对热、冷、触摸、压力及疼痛有所反应，而指尖的神经过敏端为数最多。

（4）皮肤相关联的附属器官

皮脂腺、汗腺、毛发及指甲都是皮肤的附属器官，如图 4–2 所示。指甲的甲盖由角蛋白组成，不含神经或血管。

①皮脂腺。皮脂腺成囊状，含有许多小囊，小囊的管道接到毛囊中。皮脂腺能分泌油脂，可润滑皮肤，并且有助于防止皮肤水分的蒸发。除了手掌、脚掌之外，人的全身都有皮脂腺，尤其以脸部为最多。

②汗腺。汗腺成管状，含有一形状像线圈般的基部及管道，管道直接到皮肤表面形成毛孔，人体的所有部分都有汗腺，而在手掌、脚掌、前额及腋下处为数较多。

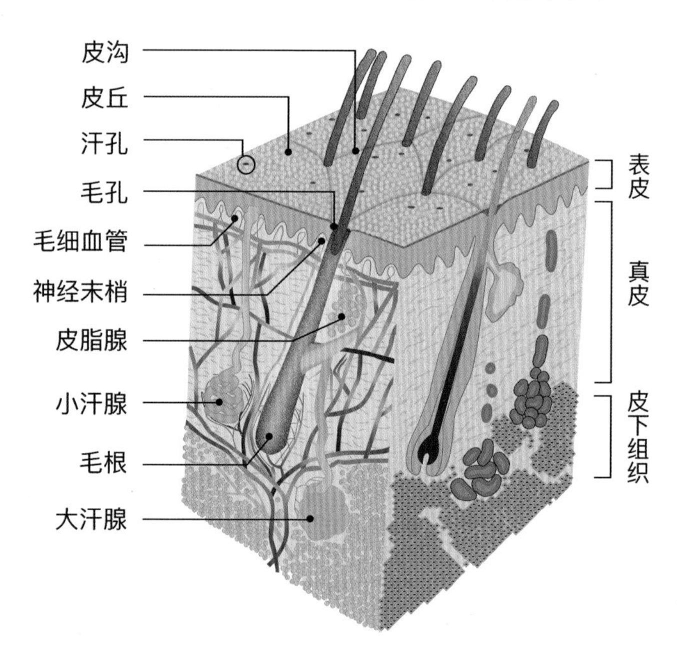

图 4–2 皮肤相关联的附属器官

Tips：皮肤如何摄取营养

血液与淋巴液供应皮肤的养分，人体的全部血液供应中有 1/2 ~ 2/3 被分配到皮肤中。皮下组织中有动脉及淋巴管所组成的网络，当血液与淋巴液在皮肤中循环的时候，可接通毛发的细小圆锥状突出物、毛囊，以及皮脂腺以及皮肤中的毛细血管，由此为毛发、皮肤输送大量的营养。

③毛发。毛发从毛囊生长出来。每一根毛发在皮肤上所产生的一个表皮凹陷，称毛孔。通常在每个毛孔或毛囊内生长一根毛发，但也有生长两三根的。毛囊向下伸入真皮约有 1 厘米深度，它是由包绕毛发与表皮相连的上皮鞘，以及皮脂腺和立毛肌所组成的一个结构比较复杂的器官附件组织。

Tips：

立毛肌是与毛囊有关的一种平滑肌，又名“竖毛肌”，是由纤细的梭形肌纤维束所构成的，其一端起自真皮的乳头层，向另一端插入毛囊中部侧面的结缔组织鞘内，与皮面形成钝角。

④指甲。指甲有着盾牌的作用，能保护末节指腹免受损伤，维护其稳定性，增强手指触觉的敏感性，协助手抓、挟、捏、挤等。甲床供血丰富，有调节末梢供血、体温的作用。

4.1.2 皮肤的功能

皮肤包裹着我们的身体，一个普通成人皮肤的面积大约有 1.5~2 平方米，其质量约占人体体重的 16%，是人体最大的器官，皮肤主要有以下几种功能。

（1）保护作用

皮肤表面被一层弱酸性的皮脂膜包覆，可消除异物、病毒、微生物的入侵、附着所带来的危害。另外，皮肤还可吸收、散射紫外线等光线，有保护身体的功能。

（2）体温调节作用

人体具有恒常性（保持内部环境相对恒定的功能），即使外界的温度发生变化，人体不会受到明显影响，能保持恒定的体温。表皮的角质层及皮肤最底部的皮下组织传热难，因此可抑制体内热量的散发，不让外界气温的变化影响到体内。此外，体温调节时，如体内温度过高则会从汗腺排除汗液（汗腺也是皮肤的附属器官）。

（3）吸收作用

皮肤干燥时，涂抹保湿霜后皮肤变湿润的原因是因为皮肤起到了经皮吸收作用。经皮吸收是指物质从皮肤表面穿透进入体内。穿透皮肤容易被吸收的物质有油性物质的霜类以及油溶性维生素如维生素 A、维生素 D、维生素 B 等。

（4）知觉

经由知觉神经末端，皮肤可以对冷、热、触摸、压力及疼痛有所反应。知觉神经末端如果遭受极大刺激，就会产生疼痛的感觉。

（5）排泄作用

人体可由汗腺将汗液排泄出体外，但是人体的水分也会随汗的排出而消失。

（6）分泌作用

皮脂腺可以分泌油脂，这样就能使皮肤中的水分蒸发量降低，同时也可以防止过多的水分进入皮肤，让皮肤一直保持 50%~70% 的含水率。

（7）免疫作用

皮肤免疫系统包括细胞免疫和免疫分子两部分，它们形成一个复杂的网络系统，并与体内其他免疫系统相互作用，共同维持着皮肤微环境和机体内环境的稳定。

知识便签

4.2 手足部护理的产品和工具

4.2.1 手足部护理的产品

手足部护理的产品大致分为以下类别：清洁类；去角质类；按摩类；手（足）膜类；蜜蜡类；润肤类；精华类。

（1）清洁类

清洁类护理产品用于清洁手部的皮肤，或清除手部的异味。主要包括洗手液、泡手球。

洗手液呈弱碱性，是日常生活中普遍使用的清洁产品。

泡手球有抗菌消毒的作用，在浸泡的过程中彻底清洁皮肤和指甲，有软化角质、美白的双重作用，气味芳香清新，无需过水，使用起来省时、省力、节约成本。

（2）去角质类

去角质类护理产品用于清除多余的老化皮肤，解除皮肤的老化、暗淡及坚硬粗糙的感觉。主要的去角质类护理产品有去角质啫喱、磨砂膏及浴盐。

去角质啫喱是化学去角质的产品，主要成分是酸性海藻胶及润滑油脂等，对角质细胞有侵蚀作用。使用方法是将皮肤清洁干净，均匀涂擦去角质啫喱，停留数分钟后，搓掉去角质啫喱，从而将被软化的角质一起带下，达到净化皮肤的作用。

磨砂膏是物理去角质的产品。磨砂膏的颗粒在皮肤上摩擦后可使老化的角质细胞剥落，除去老化细胞，保持皮肤的柔软细腻。其主要成分是白油、蜂蜡、羊毛脂、弹性颗粒等。使用方法是清洁皮肤后，在皮肤表面轻覆一层磨砂膏，用手指在皮肤上轻轻划圈按摩数分钟，用清水清洁。

浴盐（足盐）是物理兼化学去角质的产品。浴盐（足盐）遇水溶化后会产生氯化钠，对皮肤有软化的作用，同时盐的结晶有可以起到磨砂的作用，还可以杀菌抑臭。但其刺激性较强，不宜在手部使用，用于足部较多。使用时应加入足够的水，一边溶解一边按摩，数分钟后，用清水清洁。

（3）按摩类

按摩类护理产品在按摩手足的过程中，起到滋润和营养的作用。其主要成分依据各厂家的配方不同各有差异，但主要成分是羊毛油、白油、蜂蜡、乳化剂、卵磷脂、羊毛醇、抗氧剂和去离子水。因按摩膏含有丰富的油脂，用后应将皮肤充分清洁干净，保证皮肤的正常呼吸。

（4）手（足）膜类

手（足）膜类护理产品的作用是加强皮肤对营养的吸收，有膏状、啫喱状和粉状。其种类繁多，针对皮肤的情况可自由选购。主要有抗衰、美白、滋养的效果。

（5）蜜蜡类

蜜蜡类护理产品配合蜡疗机使用。主要由蜂蜡、橄榄油等组成，含有丰富的油脂，可瞬间缓解手足部的干燥现象。

（6）润肤类

润肤类护理产品有手霜、特效护肤露和营养油。

手霜可保持皮肤的水分平衡和皮肤的柔软细腻，其 pH 值在 5 ~ 5.6 之间，这是最接近皮肤的 pH 值，所以可为皮肤提供充分的保护。其主要成分是白油、橄榄油、卵磷脂、玻尿酸、润肤剂、保湿剂、柔软剂和去离子水等。

特效护肤露中不含油脂，可加速皮肤吸收，保持皮肤的水分平衡，更有角质层蛋白质，帮助指甲加强生长，使皮肤软化，也可以代替按摩膏。

营养油常涂抹于甲缘处，可软化指皮，滋润肌肤，还可减少倒刺、死皮的生长。其主要成分有维生素 C、亲肤性酪梨油、葡萄籽、芝麻、夏威夷坚果油等。

（7）精华类

精华类护理产品有精华素和精华液。

精华液是营养浓度较高的护肤产品，常在清洁后使用，配合适当地按摩能使肌肤重回光泽，使肌肤保持细腻充盈状态。

精华素含有微量元素、胶原蛋白、血清，作用有防衰老、抗皱、保湿、美白、去斑等。精华素分水剂、油剂两种，提取的都是高营养物质并将其浓缩。

4.2.2 手足部护理的工具

手足部护理的常用工具有保鲜膜、电热手套、电热脚套。

（1）保鲜膜

保鲜膜如图 4-3 所示。双手涂抹手霜、精华油等手部护理产品后，取下合适的保鲜膜长度并包裹双手，形成相对密封状态，静止 5 ~ 10 分钟，能让手部肌肤更好地吸收护理产品的营养。

图 4-3 保鲜膜

（2）电热手套、电热脚套

电热手套、电热脚套分别如图 4-4 和图 4-5 所示。电热手（脚）套的使用方法如下。先进行甲面保养及指甲前缘的修磨，避免电热手（脚）套表层受损。适量擦上乳液并用保鲜膜包好，不仅可以手（足）部肌肤更好地吸收营养，还能保持手（脚）套内侧的清洁。再根据不同的需要从低温到高温进行温度调控切换。使用完毕后用湿布将手（脚）套表面擦拭干净，切勿用水直接冲洗。

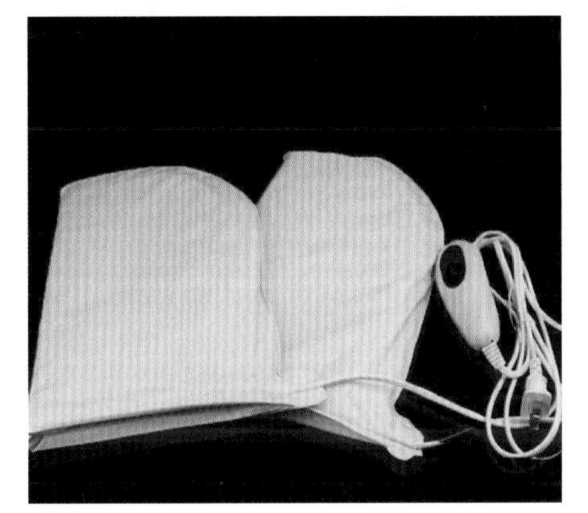

图 4-4　电热手套

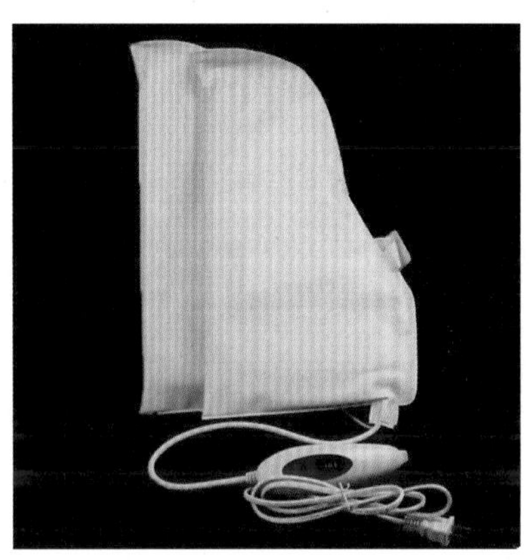

图 4-5　电热脚套

知识便签

4.3 标准手部护理程序

手部按摩时先涂抹乳霜，用轻擦、压迫、按揉等技法，消除手部紧张和疲劳，有助于恢复手部精力。手部按摩不仅可以起到治愈、舒缓身心的作用，也可使手指变得灵活美丽。

手部护理常用的工具和材料有：毛巾、按摩乳、手膜、手霜、电热手套、保鲜膜。

手部护理的标准流程如下。

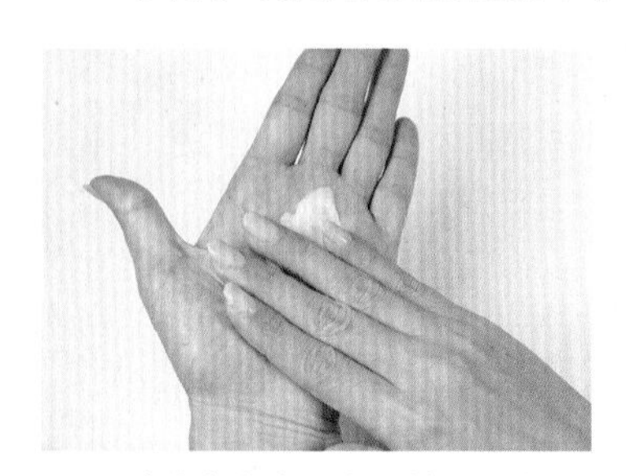

1 将按摩乳放置手心并轻柔地推开

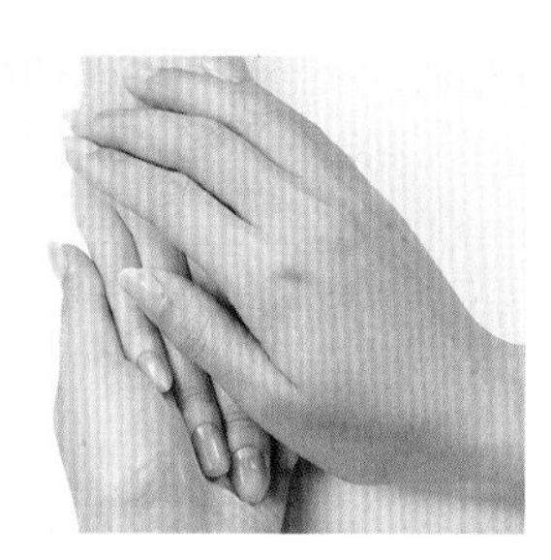

2 将按摩乳涂抹在顾客手背上

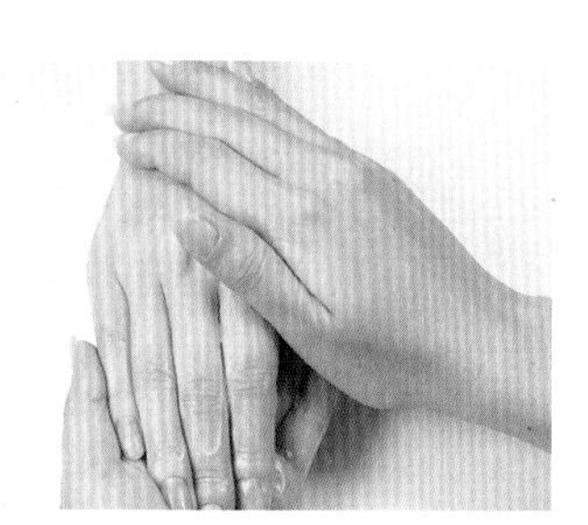

3 轻轻涂抹按摩乳

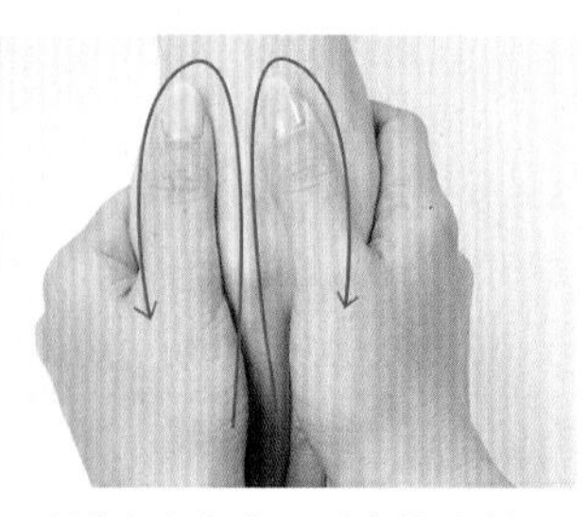

4 握住客人的手，用大拇指从中间往两边打圈按摩，注意此时要用力

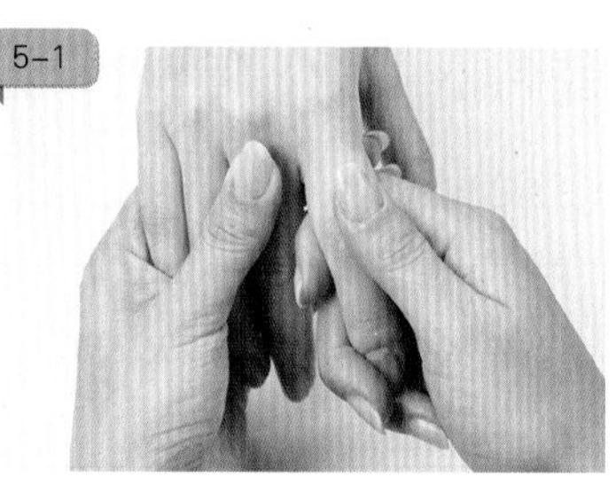

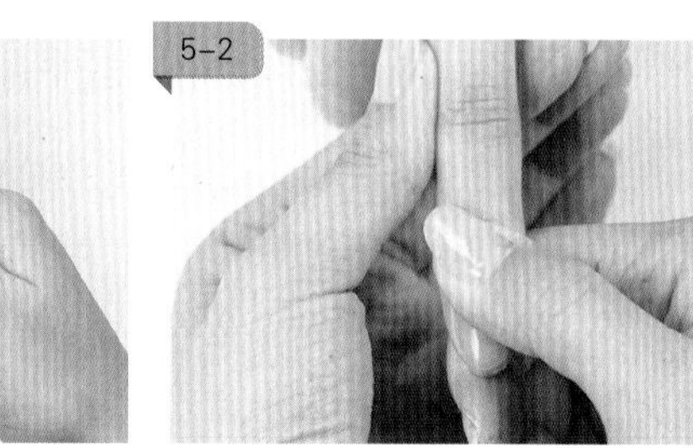

5 用打圈的方式按摩每一根手指，并用力按压指部关节

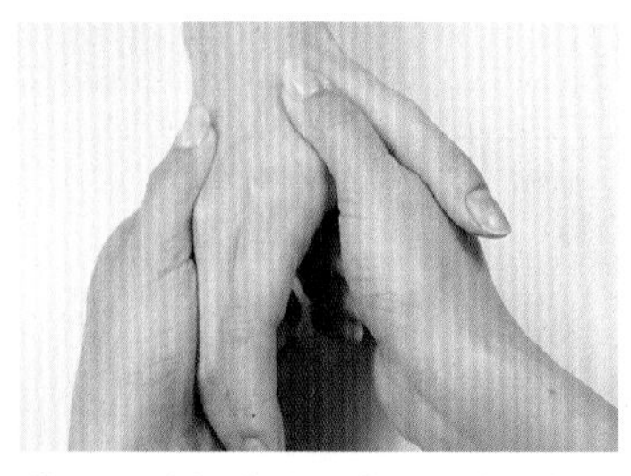

6 用大拇指按压虎口穴位，舒缓手部神经

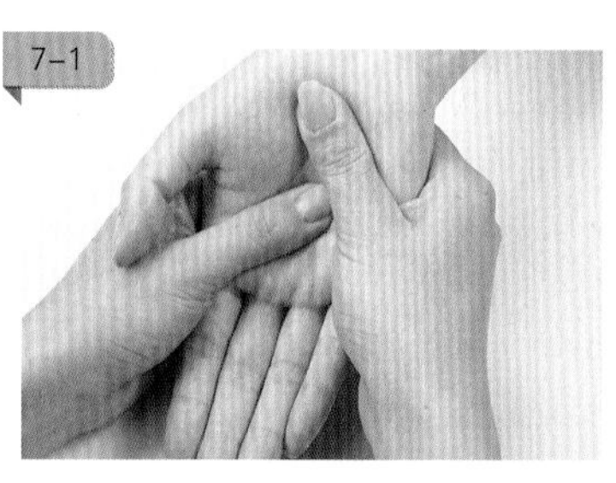

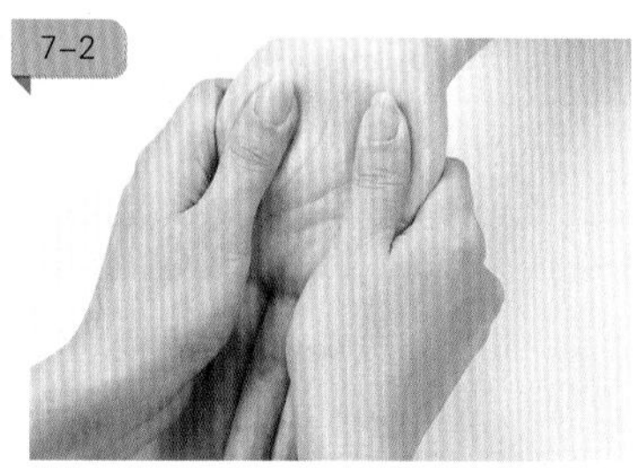

7 依次用力按压掌心的不同穴位

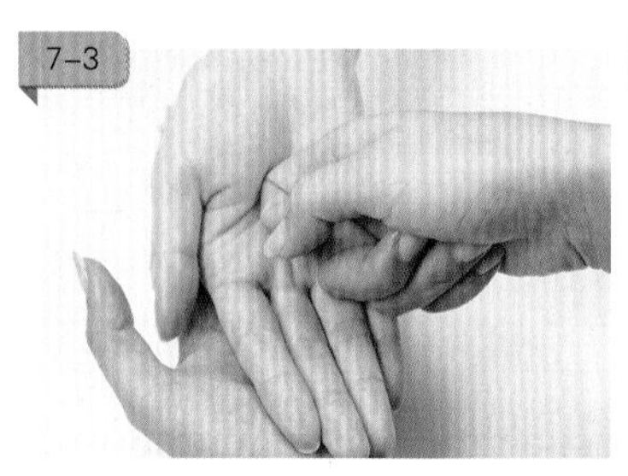

8-2

8 用手与顾客的手交错相接，并用力往前压

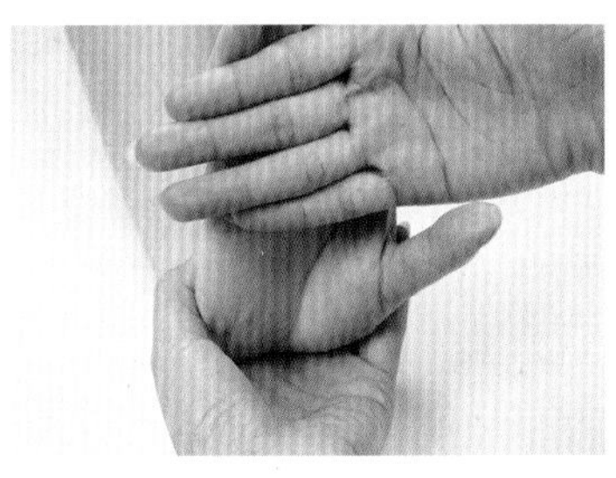

9　四指并拢，将顾客四指往手肘方向轻压

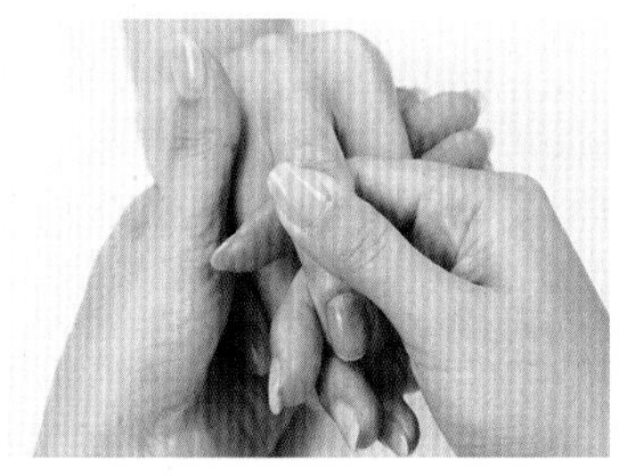

10　再次用打圈的方式按摩每一根手指

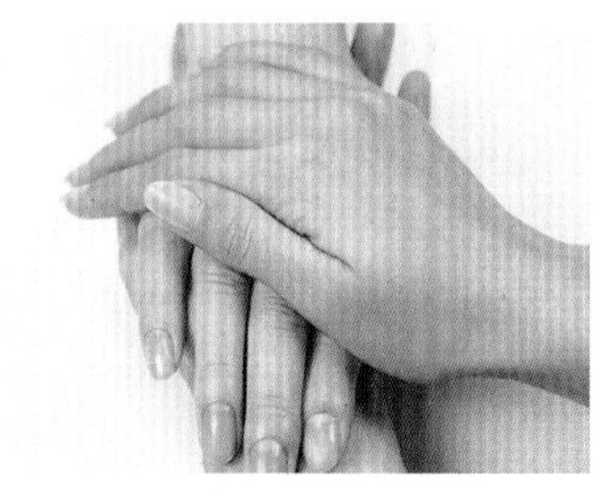

11　再次轻按顾客双手，达到放松作用

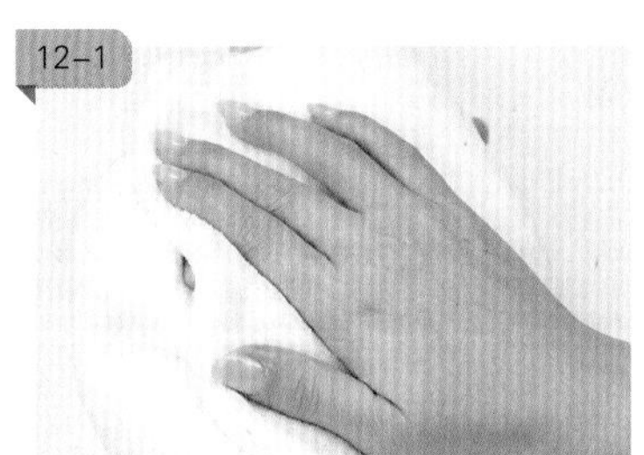

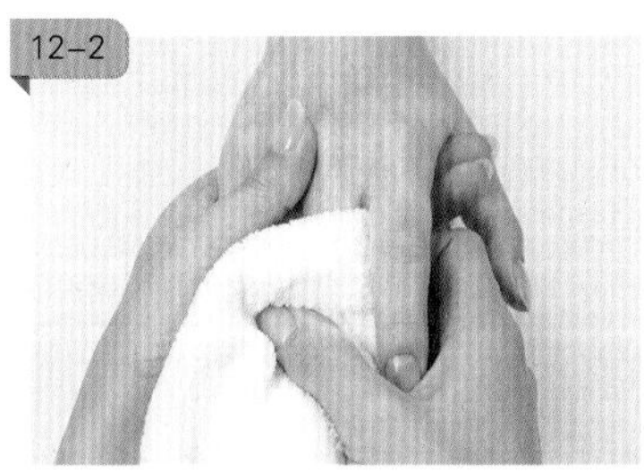

12　用毛巾包裹顾客的整只手，稍稍用力，擦净手心手背，手指也要逐根逐根依次擦净

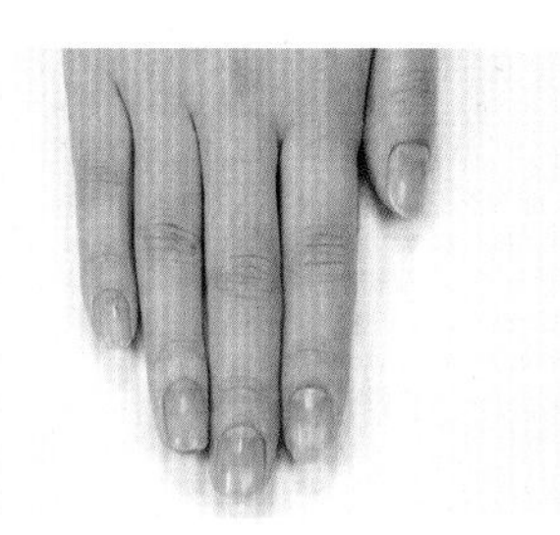

完成

Tips：手部护理的前期与后续工作

- 前期：洗净并消毒美甲师及顾客双手。
  使用去角质类产品，打圈式涂抹于双手和指缝，去除死皮后洗净。
- 后续：双手涂抹手膜并包裹保鲜膜，套上电热手套热敷 10 ~ 15 分钟。
  清洁并擦拭双手。
  双手涂抹手霜，加以按摩直至吸收。

知识便签

4.4 标准足部护理程序

足部按摩是最令足部肌肉放松的方法。足部按摩可以使足部肌肉放松，缓解足部疲劳，消除长时间站立引起的脚部浮肿，促进血液循环，使皮肤更加细腻柔嫩，还能防止脚部老茧产生，帮助脚部甲母的营养吸收，令趾甲更加健康。

足部护理常用的工具和材料有：毛巾、保鲜膜、电热脚套、去角质啫喱、按摩乳、足膜、脚霜。

足部护理的标准流程如下。

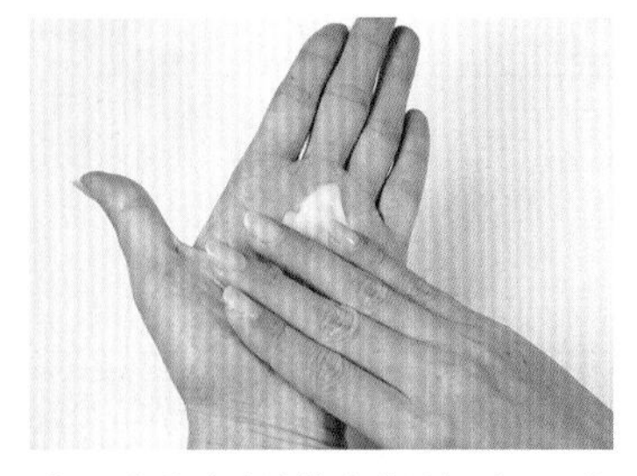

1 将按摩乳涂抹在美甲师手上，然后轻柔地推开

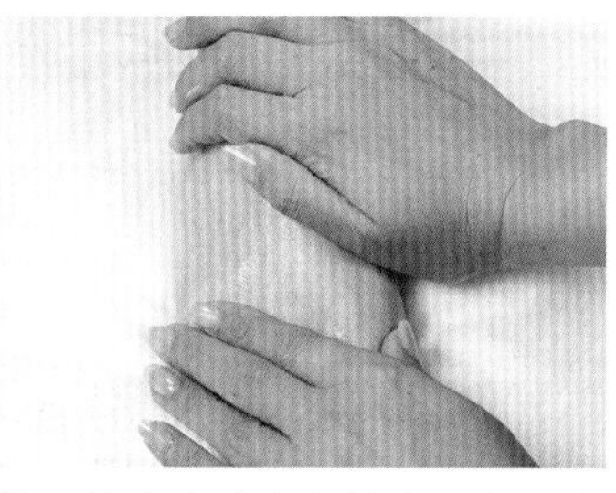

2 将按摩乳均匀抹在顾客的脚背上

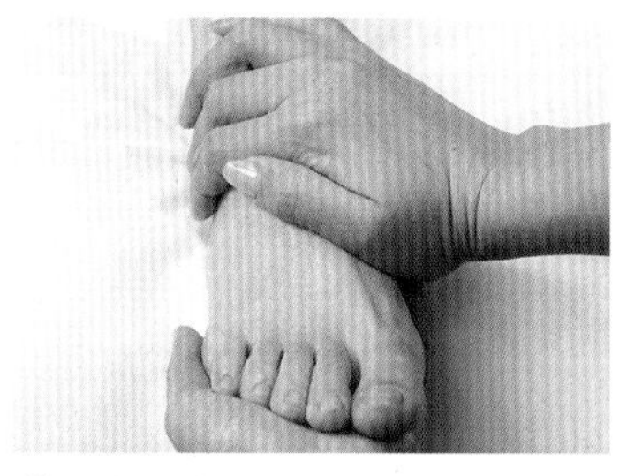

3 轻轻擦匀按摩乳

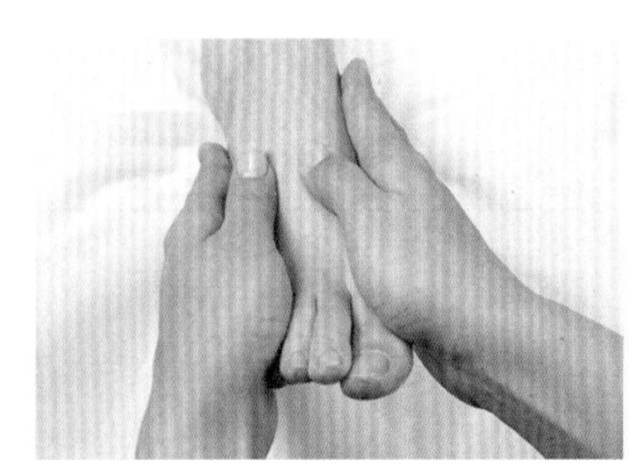

4 握住客人的脚，用大拇指从中间往两边打圈按摩，注意此时要用力

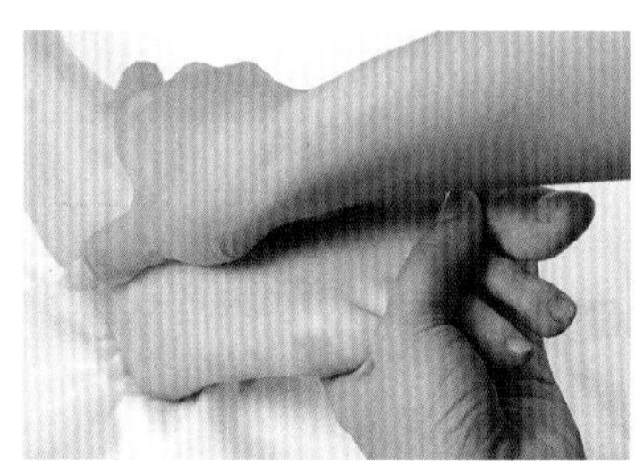

5 打圈按摩脚踝

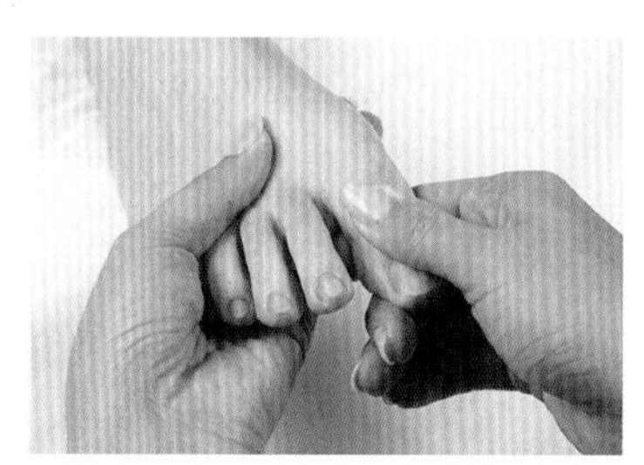

6 打圈按摩每一根脚趾，并用力按压趾甲后端

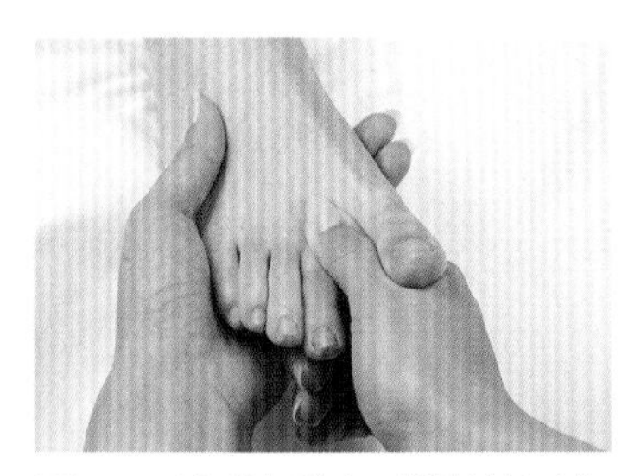

7 用大拇指握着虎口做拉筋的动作

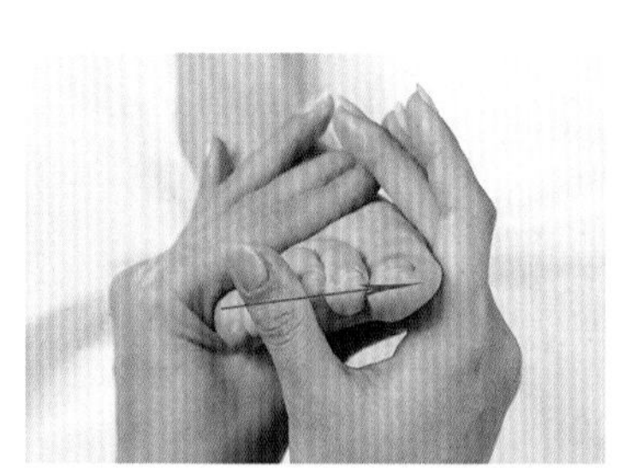

8 用大拇指从小脚趾往大脚趾方向拨动

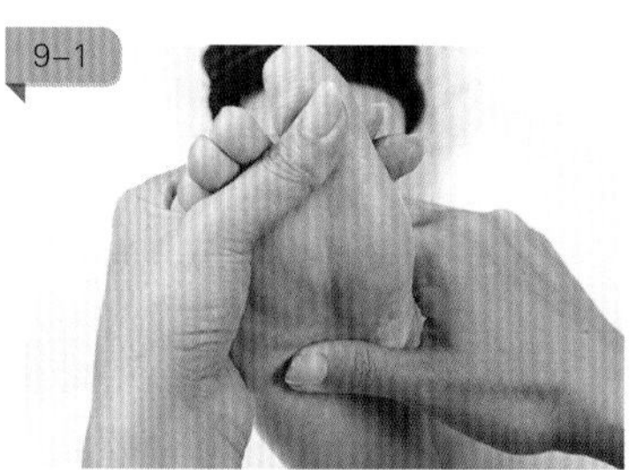

9 依次用力按压掌心的不同穴位

9-2

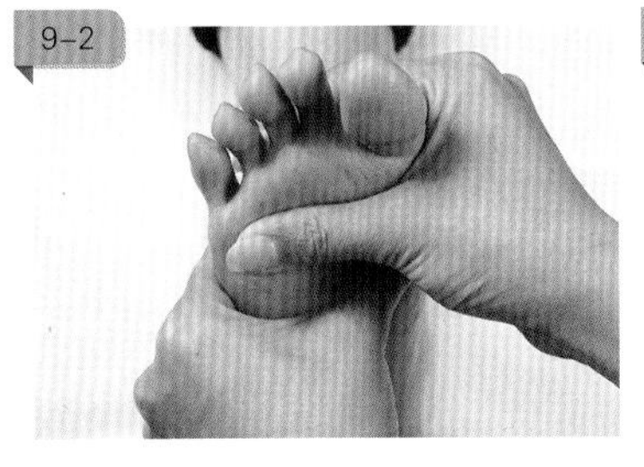

9-3

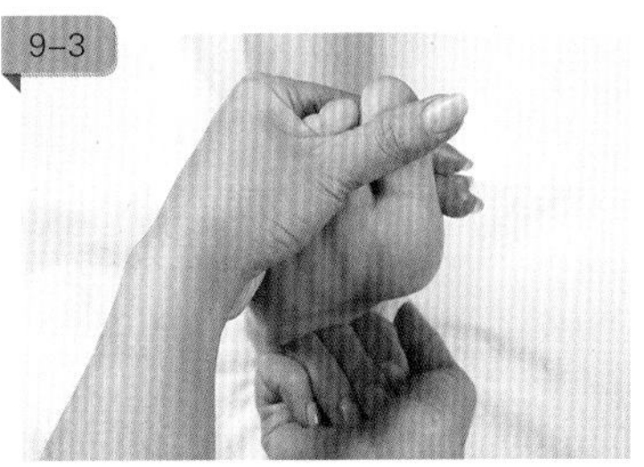

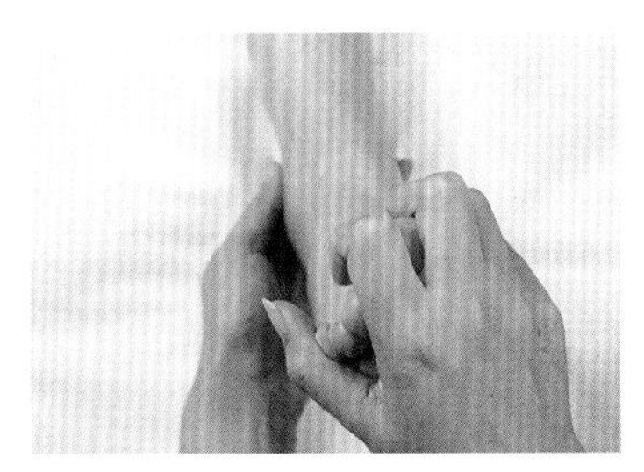

10　用手指去弯曲每一根脚趾

11-1

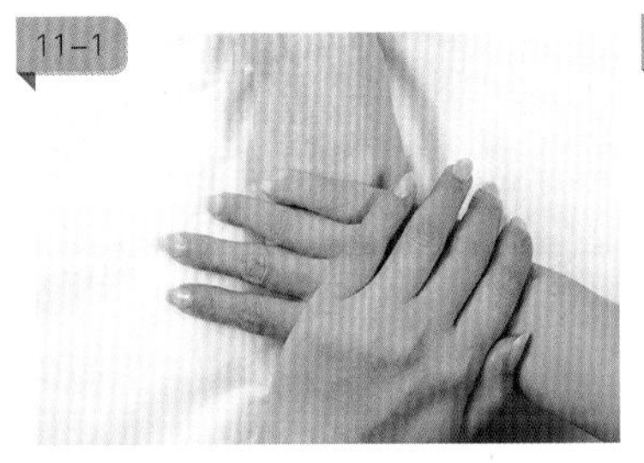

11　用力往下压整只脚，再往前压

11-2

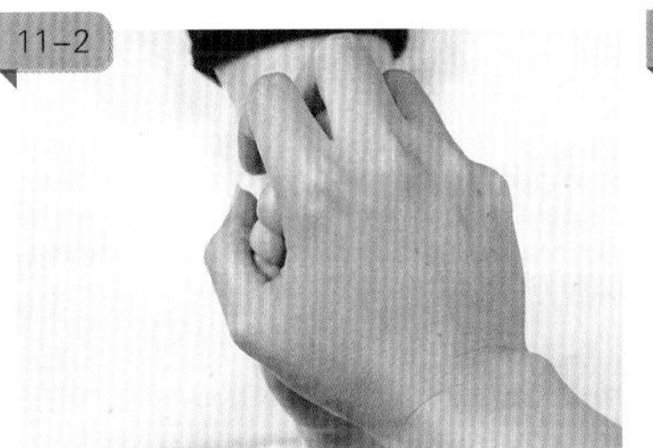

12-1

12　将整只脚按压至一侧，停顿 5 秒，再往另一侧压

12-2

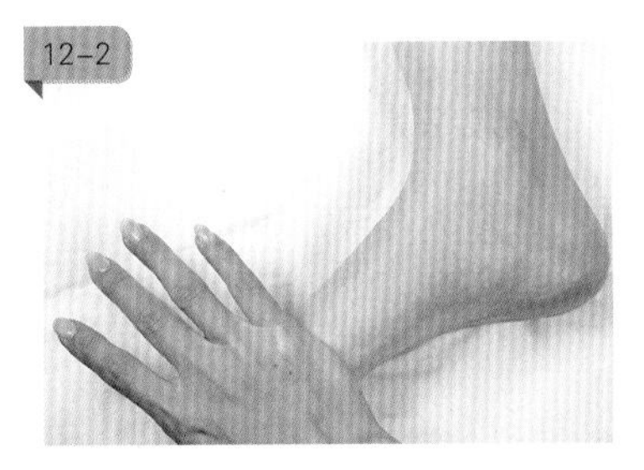

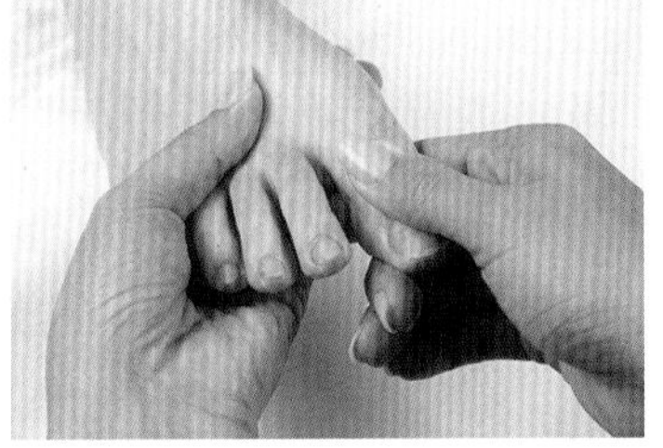

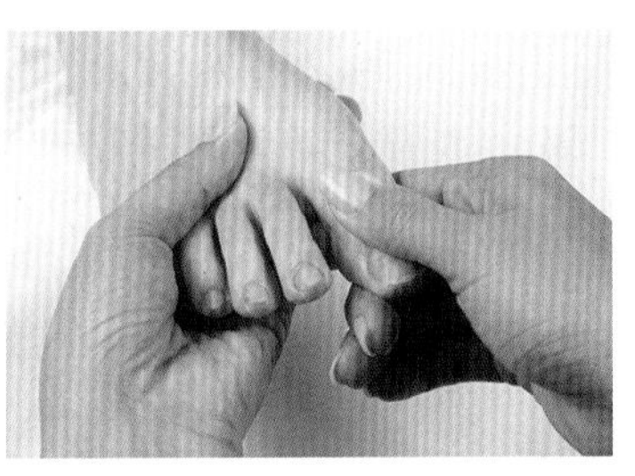

13　再次用打圈的方式按摩每一根脚趾

14　再次轻擦顾客的脚

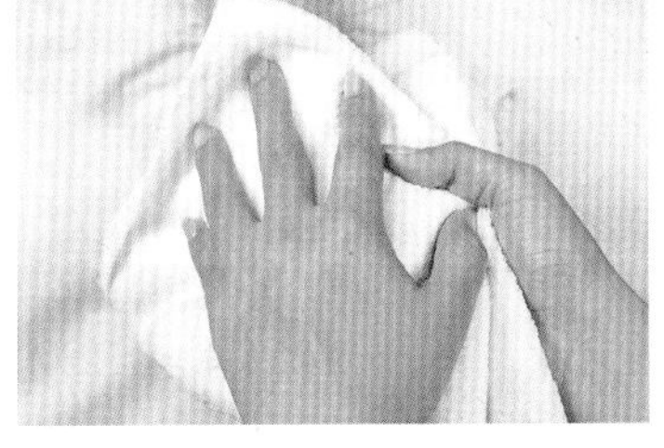

15　用毛巾包裹顾客的整只脚，稍稍用力，擦净脚掌、脚背，脚趾也要逐根依次擦净

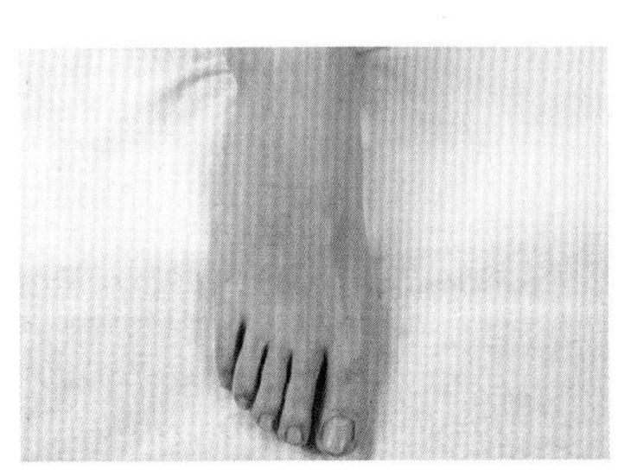

完成

Tips：足部护理的前期与后续工作

- 前期：洗净并消毒美甲师双手及顾客双脚。
  使用去角质类产品，打圈式涂抹于双脚和指间，去除死皮后洗净。
- 后续：双脚涂抹脚膜并包裹保鲜膜，套上电热脚套热敷 15 ~ 20 分钟。
  清洁并擦拭双脚。
  双脚涂抹脚霜，加以按摩直至吸收。

知识便签

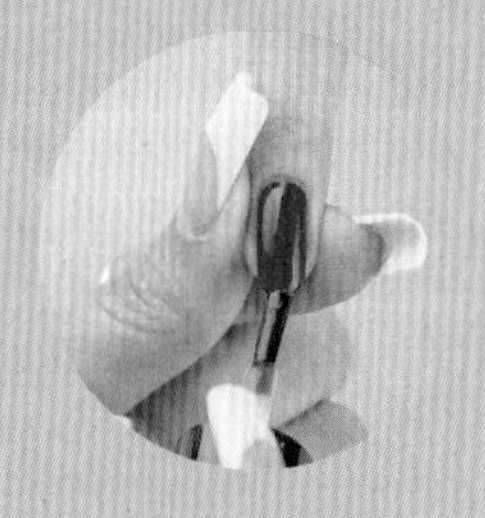

第 5 章 凝胶美甲

凝胶美甲的魅力在于其光泽度与持久力惊人，无刺激性气味且对指甲伤害低，这些优点让凝胶美甲迅速被广大消费者接受和推崇。本章详细解析凝胶美甲的基础上色步骤，以及卸甲油胶的方法等美甲师必备技法。

5.1 凝胶美甲的产品和工具

凝胶美甲是目前市面上最受欢迎的美甲方式。它的魅力不仅在于色泽持久，还具有高度光泽、自然透明感、柔软且牢固等特点。而且涂抹的过程中没有刺激性气味，对于指甲的伤害也大幅减少。

（1）底胶

底胶如图 5–1 所示，涂抹色胶前需涂抹底胶，以保护本甲。

图 5–1 底胶

（2）甲油胶

甲油胶（图 5–2）颜色繁多，固化后光泽度高。

图 5–2 甲油胶

（3）封层

封层（图 5–3）分为擦洗封层和免洗封层两种，主要起到密封和保护的作用，可以使甲面长时间保持光泽。

图 5–3 封层

（4）卸甲水

卸甲水（图 5–4）用于卸除光疗、水晶、甲片及甲油胶。

图 5–4 卸甲水

图 5–5　锡纸

（5）锡纸

锡纸（图 5–5）用于卸甲时包裹带卸甲水的棉球。

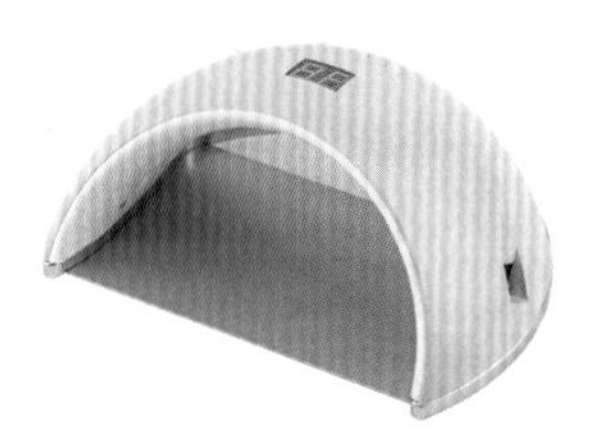
图 5–6　美甲灯

（6）美甲灯

美甲灯（图 5–6）用于固化各种凝胶产品，种类可大致分为 UV 灯、CCFL 灯、LED 灯。

Tips：

- UV 灯是紫外线灯管的简称，UV 灯属于热阴极荧光灯，其灯管发出的是 UVA，它可以使含有 UV 反应光聚合开始剂的甲油胶固化。容易受到使用环境的温度、湿度影响，必须定期更换灯管。
- CCFL 的中文译名为冷阴极荧光灯管，原理是当高压加在灯管两端后，灯管内少数电子高速撞击电极，随之产生二次电子发射，从而开始放电。它有使用寿命长、显色性好、发光均匀等优点。所以也是当前 TFT–LCD（液晶屏）理想的光源，同时广泛应用于广告灯箱、扫描仪和美甲灯上。
- 发光二极体的简称是 LED，是一种能够将电能转化为可见光的固态的半导体器件，它可以直接把电转化为光。LED 为单波长光源，因此可配合紫外线或红外线的用途来发光，市面上就可以看到 UV+LED 双用灯。

知识便签

5.2 基础上色

5.2.1 工具和材料

基础上色常用的工具和材料有：海绵锉、粉尘刷、棉片、75 度酒精、底胶、红色甲油胶、免洗封层。

5.2.2 制作步骤

基础上色的步骤如下。

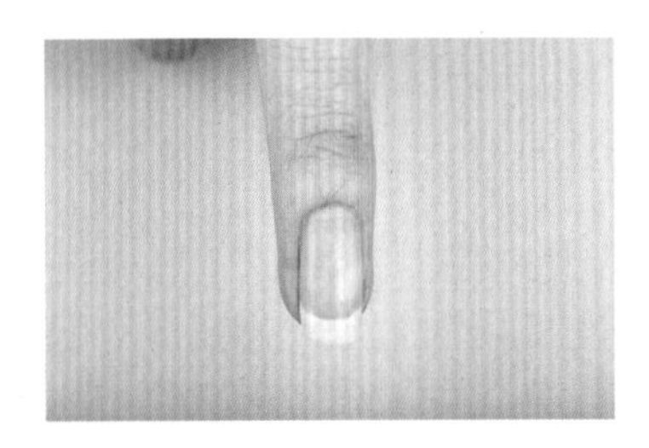

1 自然甲

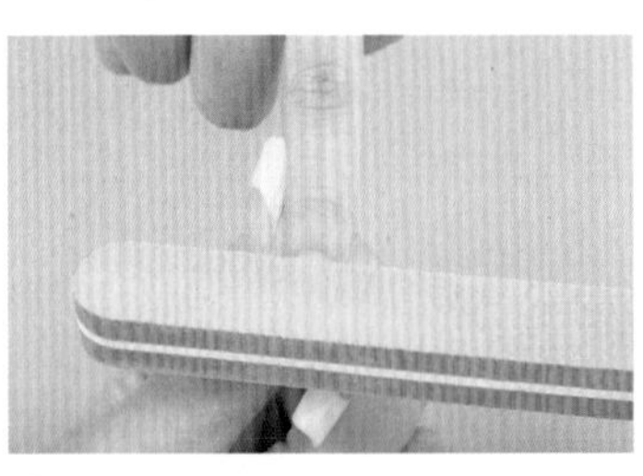

2 用海绵锉抛磨整甲至不光滑

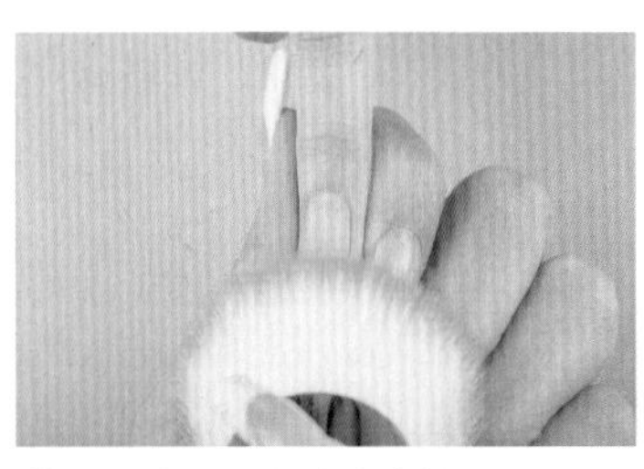

3 用粉尘刷扫除多余粉屑

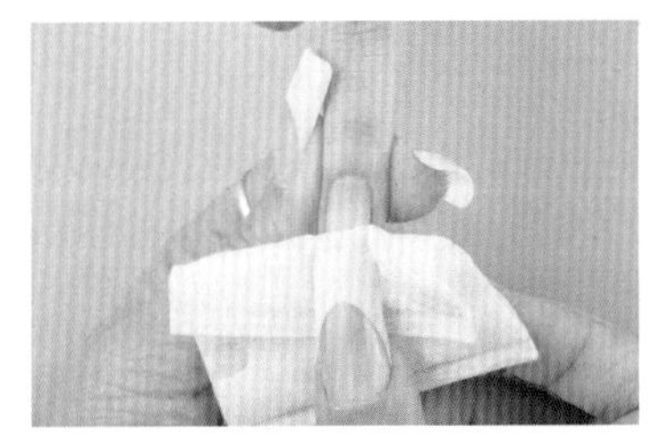

4　再用棉片沾取 75 度酒精清洁甲面

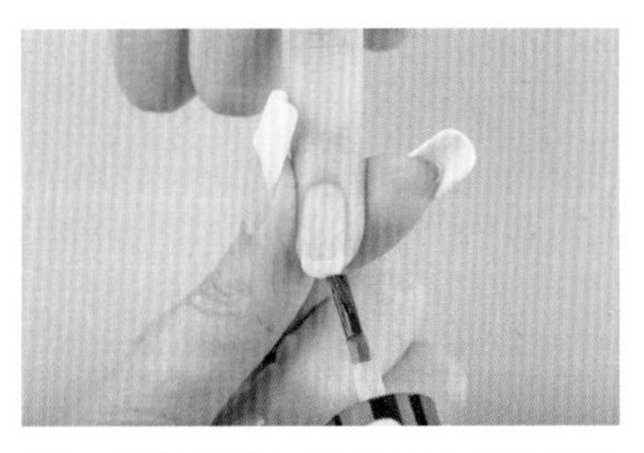

5　涂抹底胶，注意包边并来回涂抹两次

6　从指甲后缘往前缘均匀涂抹

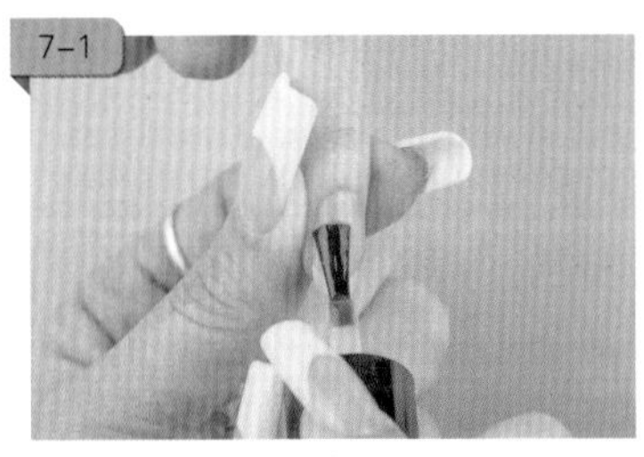

7–2

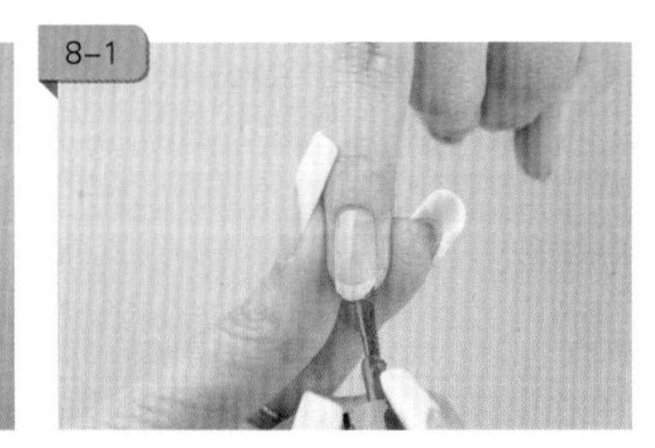

7　注意指甲两侧都要涂抹到位，照灯固化 60 秒

8　涂抹甲油胶，注意包边并来回涂抹两次

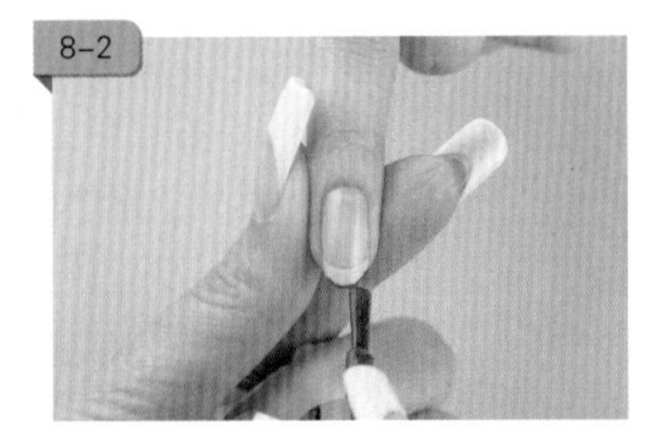

9　从指甲后缘往前缘均匀涂抹

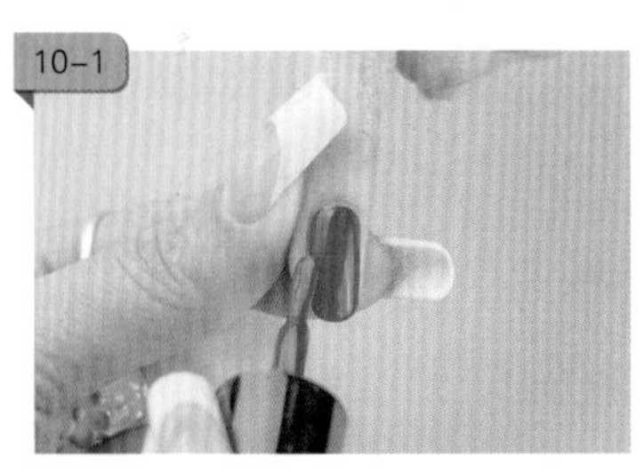

10　注意指甲两侧都要涂抹到位，照灯固化 60 秒

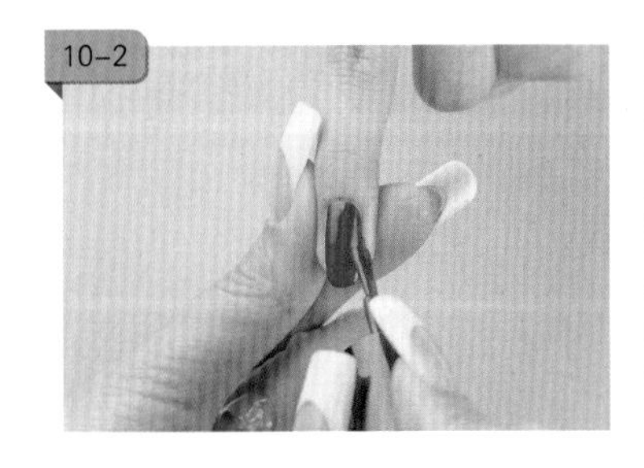

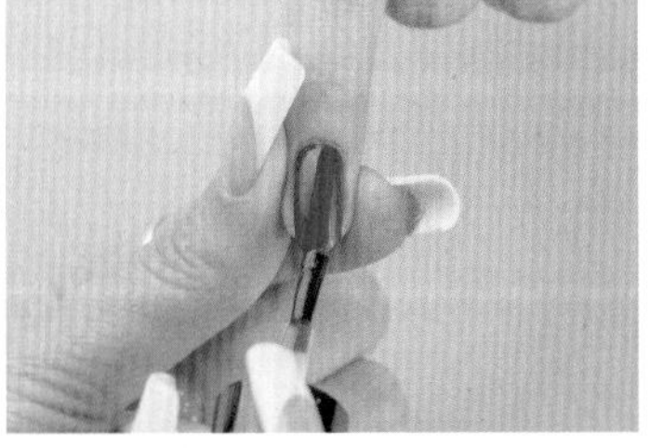

11　涂抹免洗封层，注意包边并来回涂抹两次

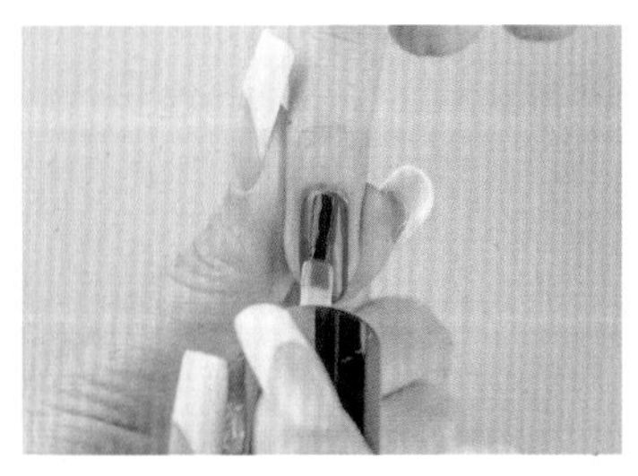

12　从指甲后缘往前端均匀涂抹

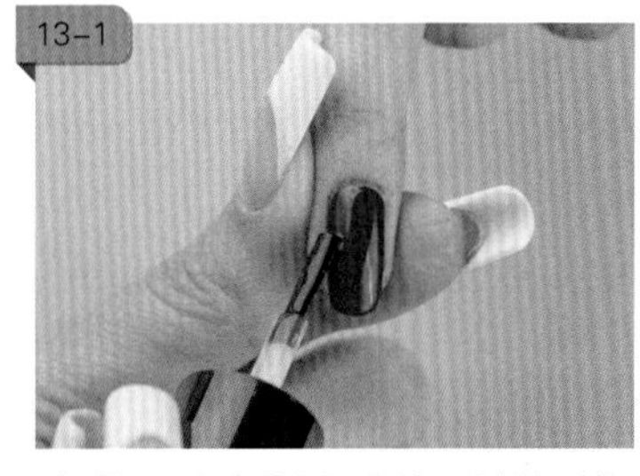

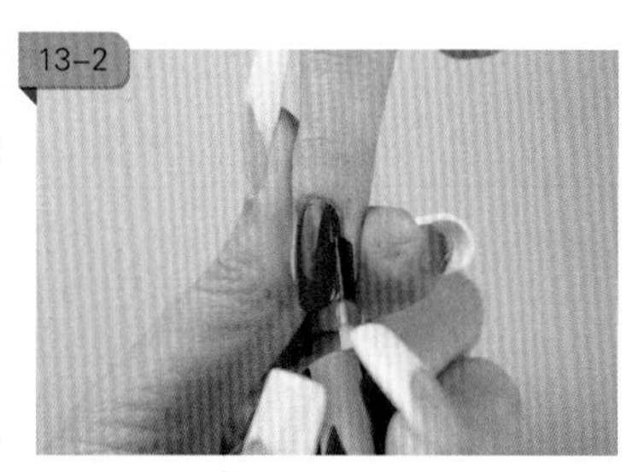

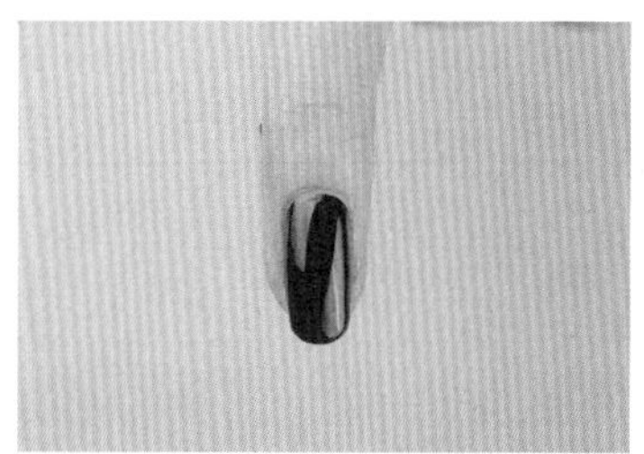

13 注意指甲两侧都要涂抹到位，照灯固化 90 秒

完成

Tips:

- 短指甲建议涂法：先涂甲面中间再涂两侧。
- 长指甲建议涂法：先涂指甲前缘，再从指甲后缘向前缘涂抹，先中间后两侧。
- 每一层上色都不宜过厚，否则会造成缩胶。如果想让甲油胶的颜色效果更加浓厚，则需要涂上薄薄的三层或更多，而不是涂上厚厚的两层。

知识便签

5.3 卸甲油胶的方法

5.3.1 工具和材料

卸甲油胶需要的工具和材料有：砂条、粉尘刷、镊子、死皮推、海绵锉、锡纸、棉花、卸甲水、棉片、75 度酒精。

5.3.2 制作步骤

卸甲油胶的步骤如下。

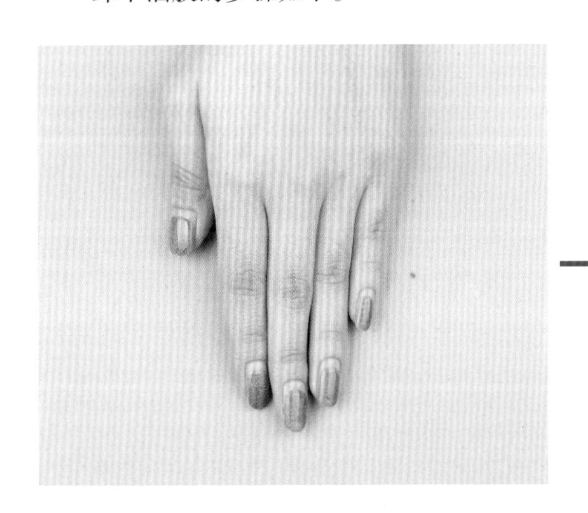

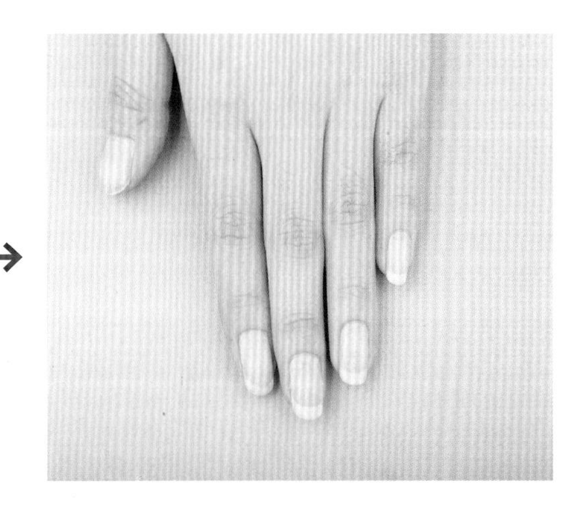

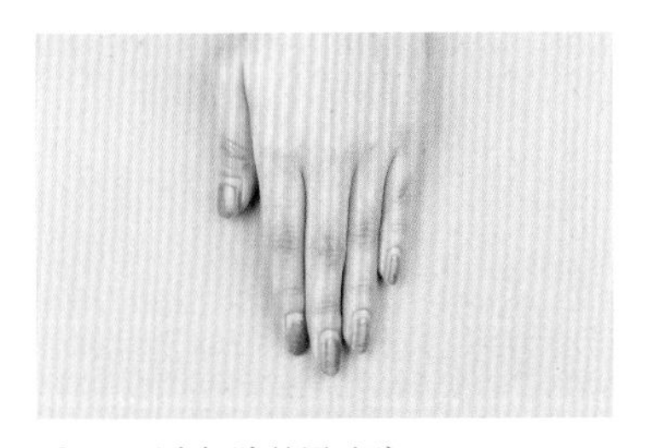

1　还未卸除的甲油胶

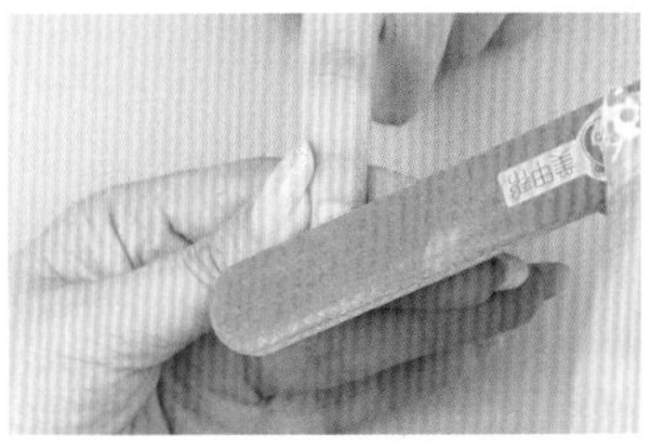

2　用砂条打磨甲面甲油胶

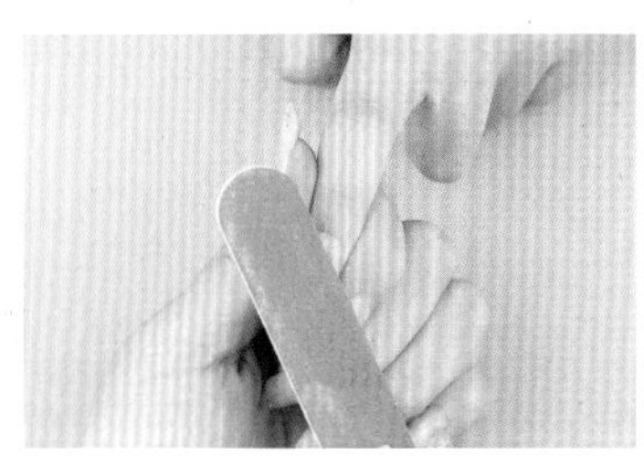

3　注意整甲都要修磨到位

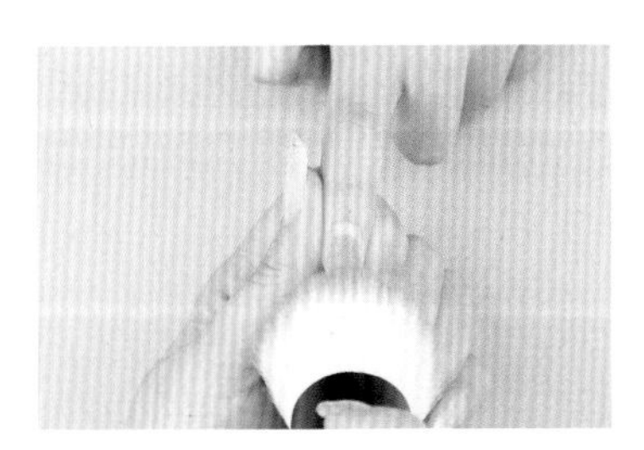

4　用粉尘刷扫除多余粉屑

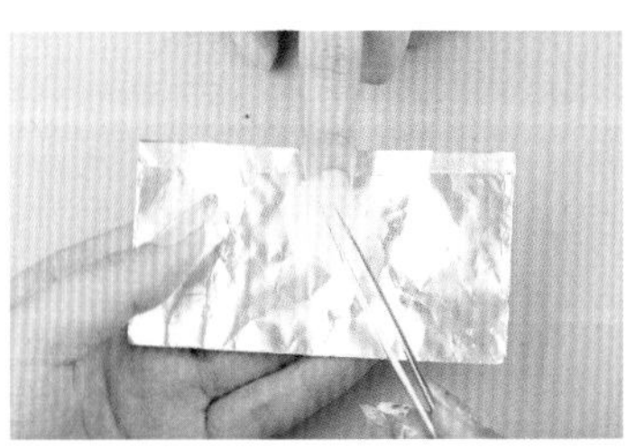

5　用镊子把沾有足量卸甲水的棉花放在甲面上，注意棉花要完全覆盖甲面

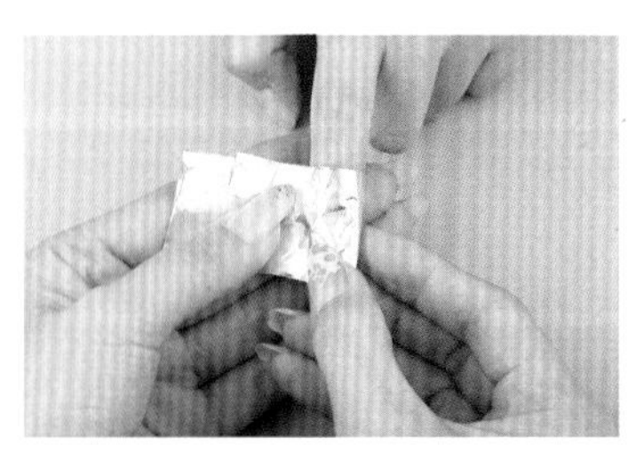

6　用锡纸将棉花包裹起来，注意密封好

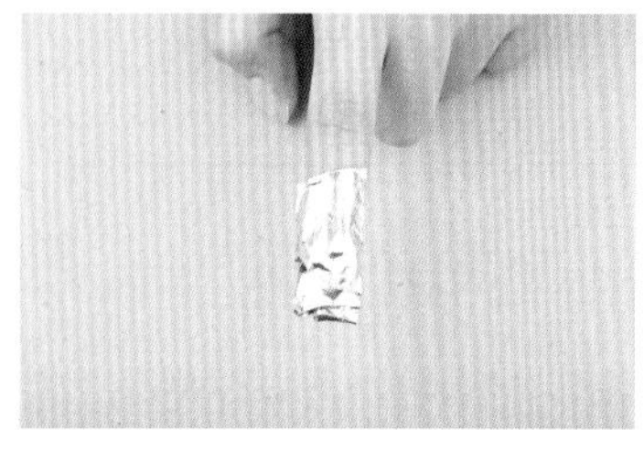

7 等待 10 ~ 15 分钟

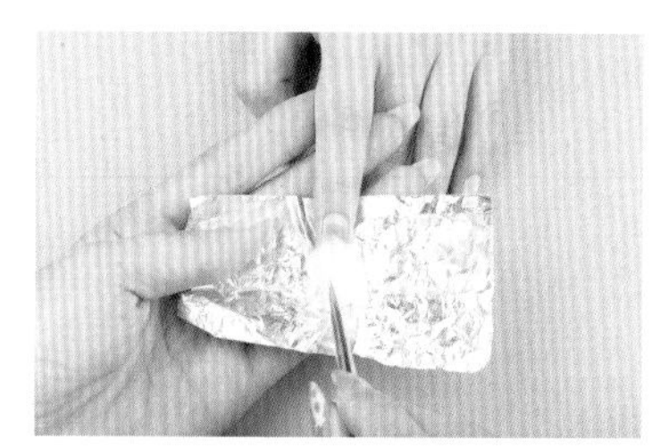

8 用镊子将棉花取出

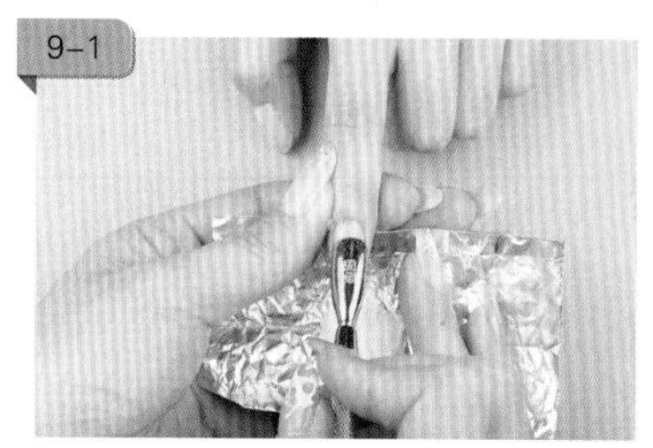

9 用死皮推轻轻推除已软化的胶

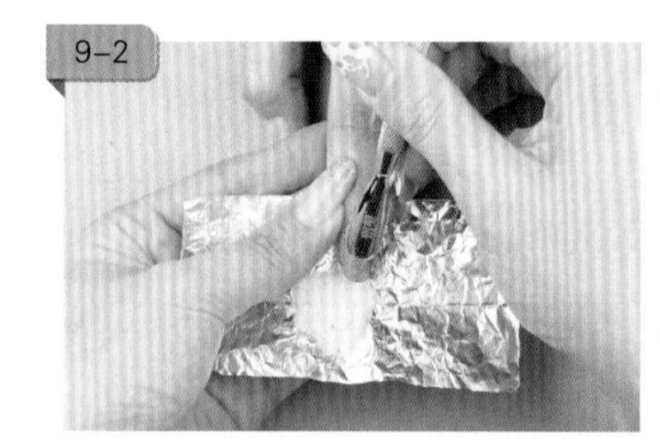

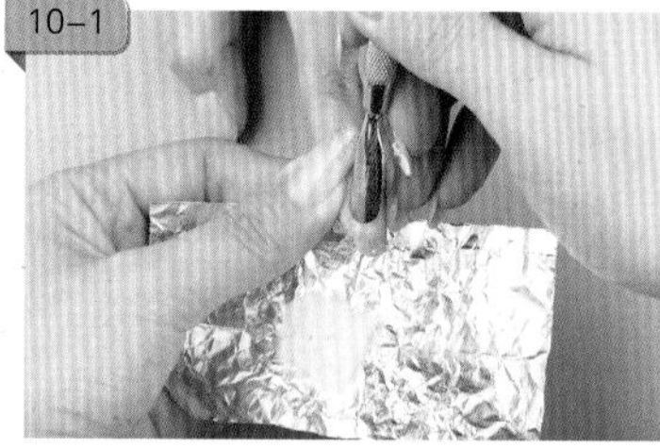

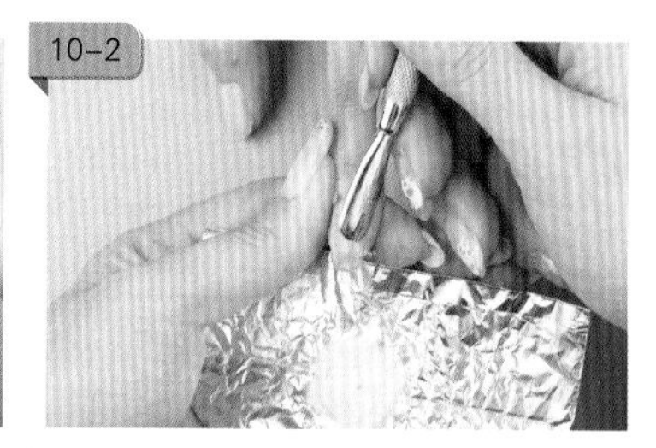

10 注意指甲两侧也要推除到位，再往前缘处推剩下的部分

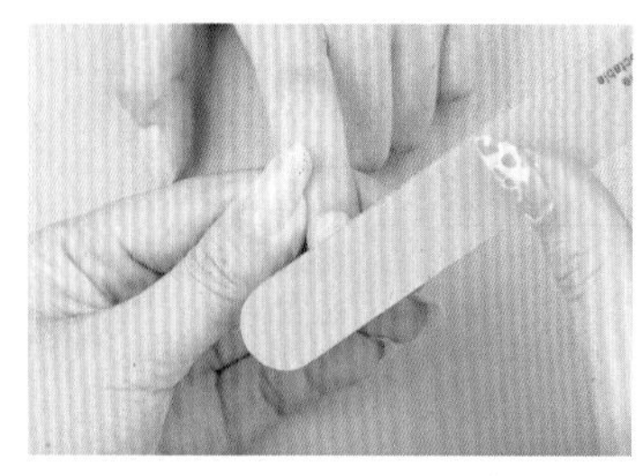

11 用海绵锉轻轻抛磨甲面上残余甲油胶

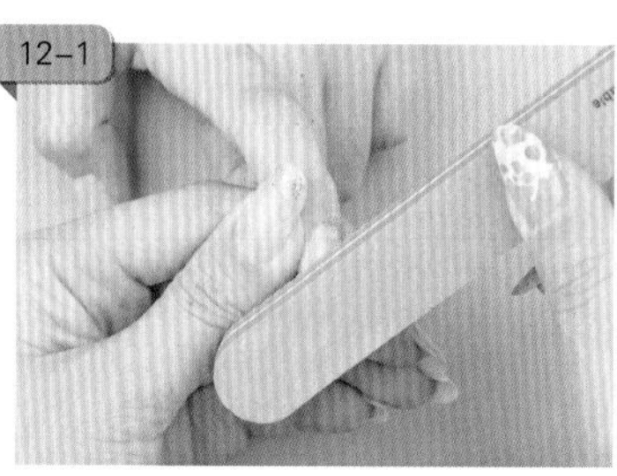

12-2

12 左右两侧的残余甲油胶要打磨到位

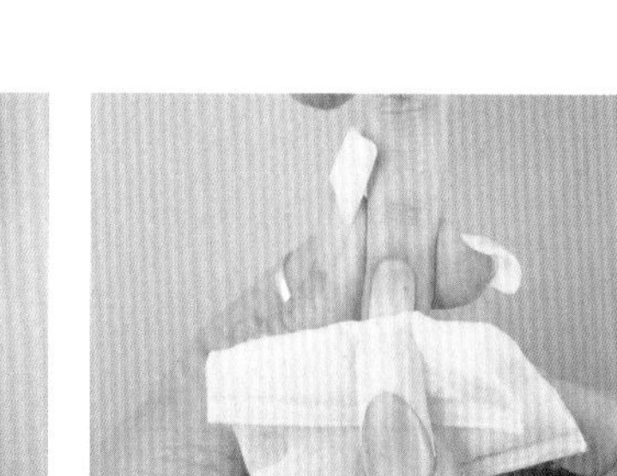

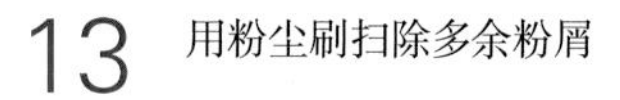

13 用粉尘刷扫除多余粉屑

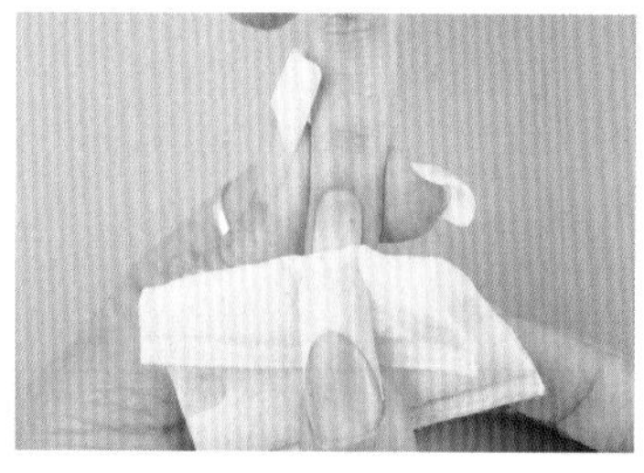

14 用棉片沾取 75 度酒精清洁甲面

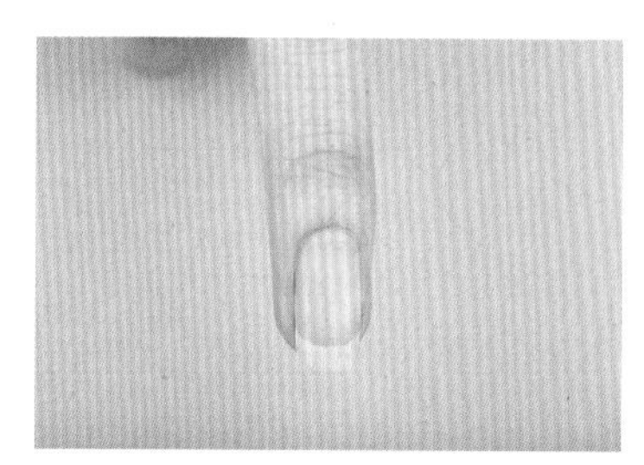

完成

5.4 修复本甲

5.4.1 工具和材料

修复本甲需要的工具和材料有：砂条、底胶、光疗笔、光疗胶、免洗封层、粉尘刷、棉片、75 度酒精、95 度酒精、营养油。

5.4.2 制作步骤

修复本甲的步骤如下。

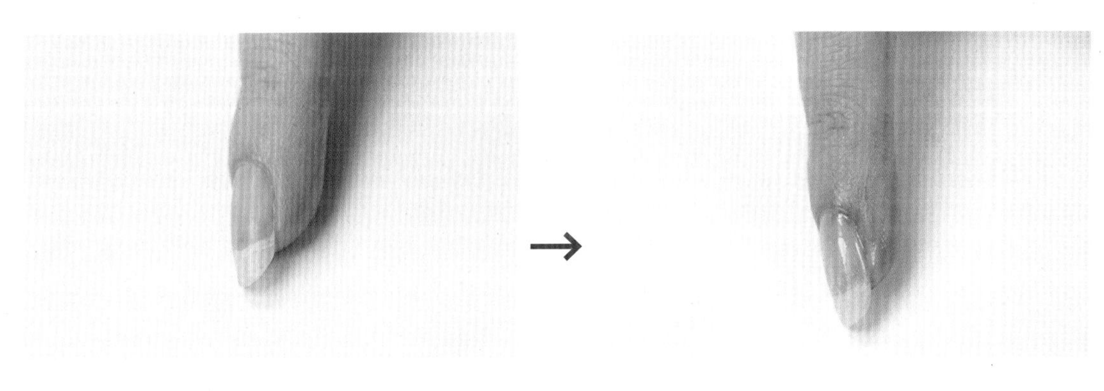

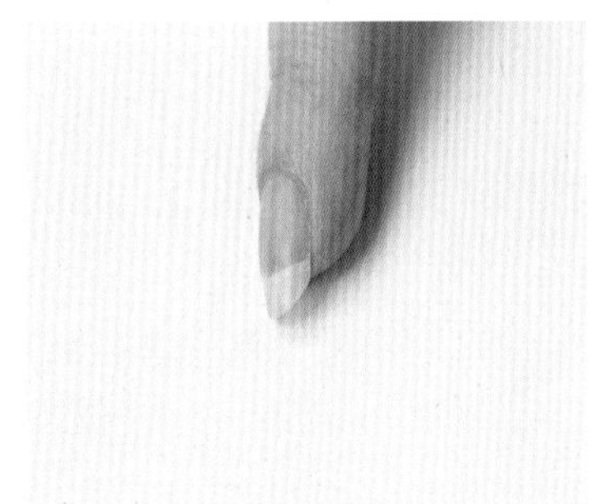

1 自然甲，留白处有裂痕

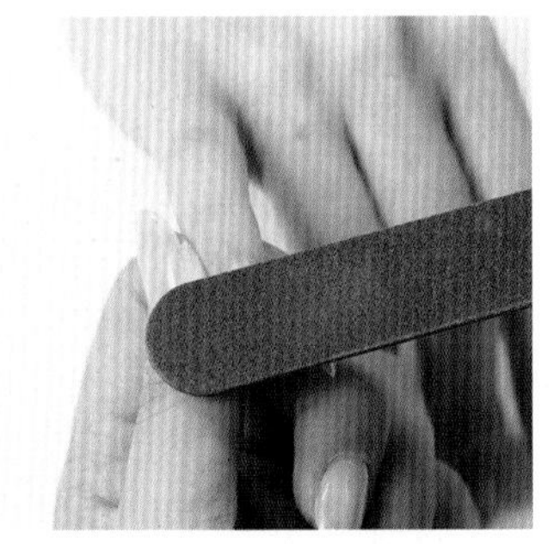

2 用砂条刻磨整甲至不光滑

3 用粉尘刷扫除多余粉屑

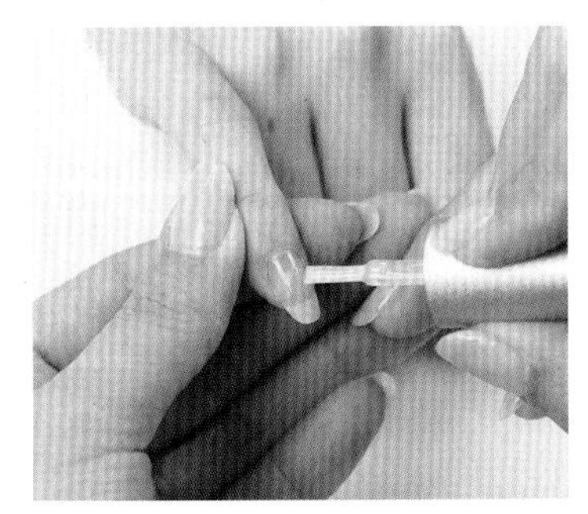

4 涂抹底胶，照灯固化 60 秒

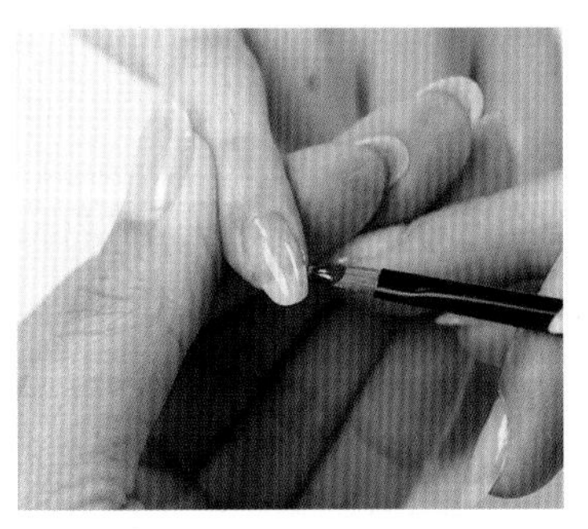

5 用光疗笔取适量光疗胶涂抹至甲面上

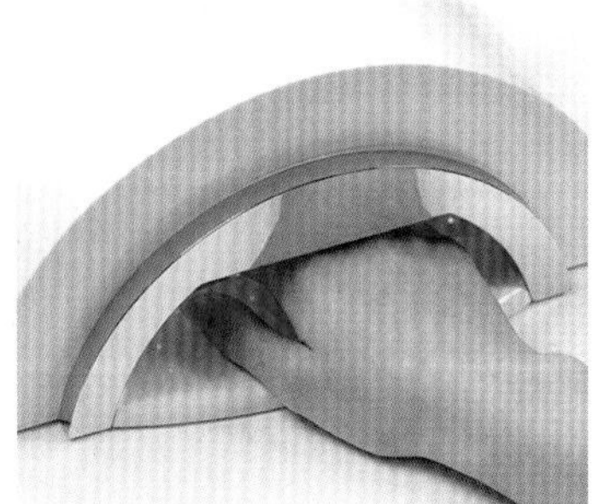

6 照灯固化 60 秒

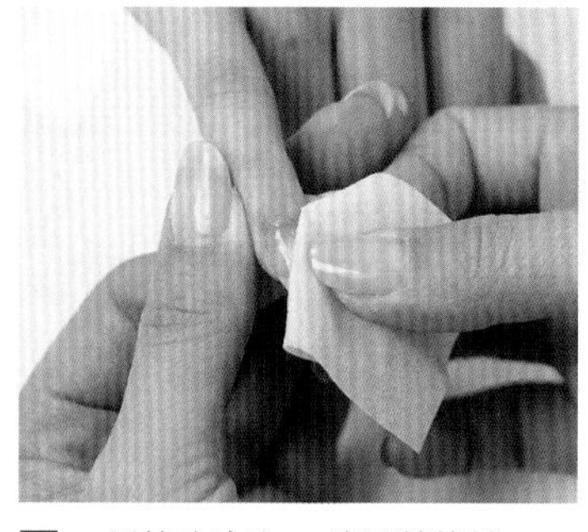

7 用棉片沾取 95 度酒精擦拭甲面浮胶

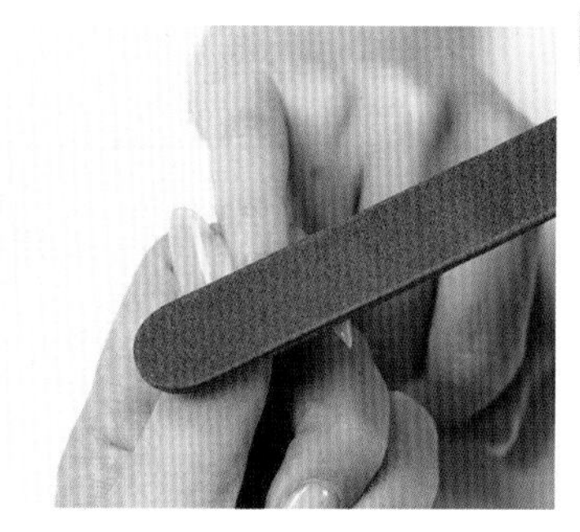

8 再用砂条轻轻打磨甲面

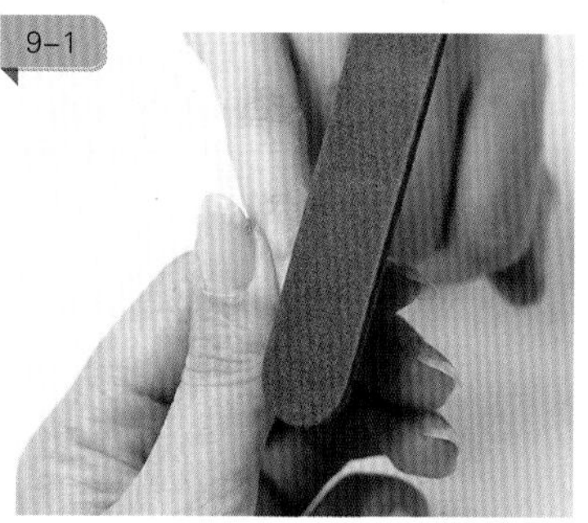

9 注意整个甲面都要打磨到位

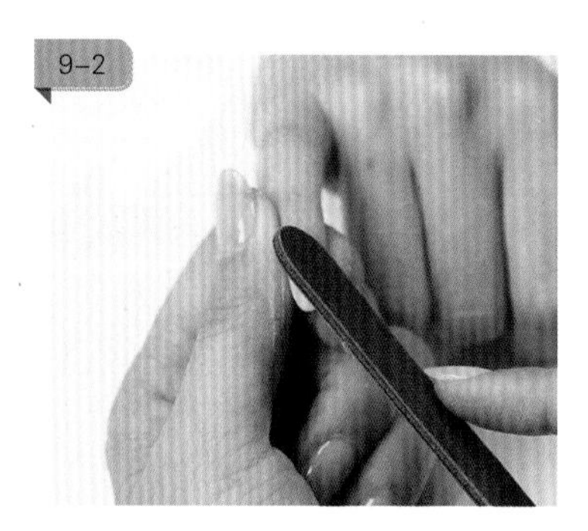

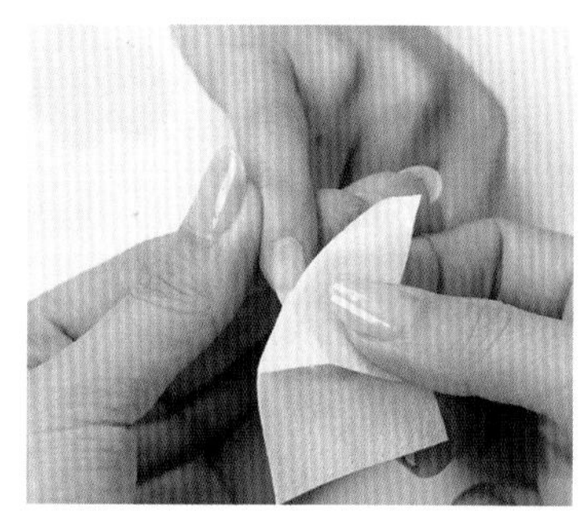

10 用粉尘刷扫除甲面多余粉屑

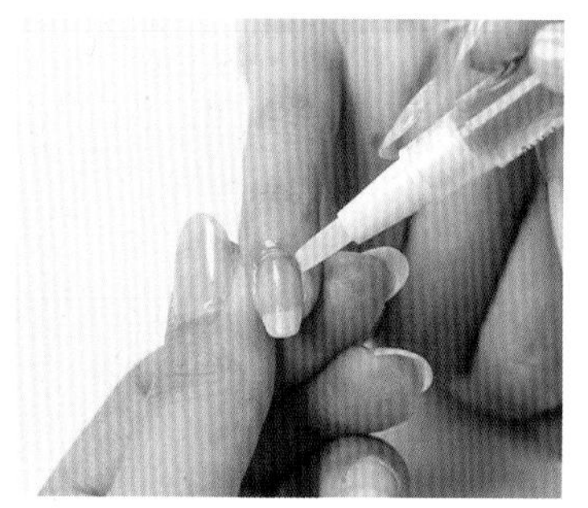

11 用棉片沾取 75 度酒精清洁甲面

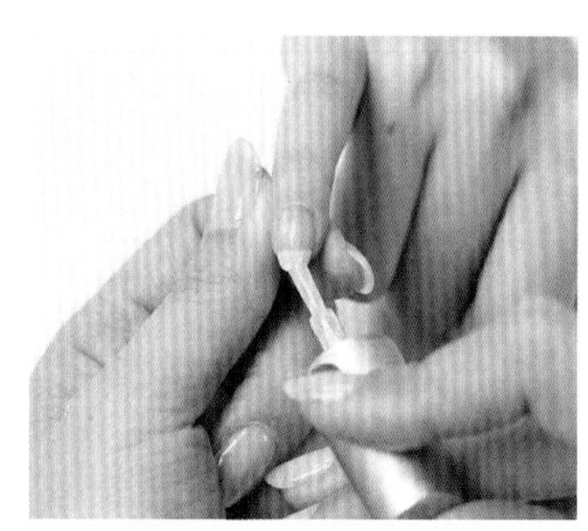

12 涂抹免洗封层，注意包边，照灯固化 90 秒

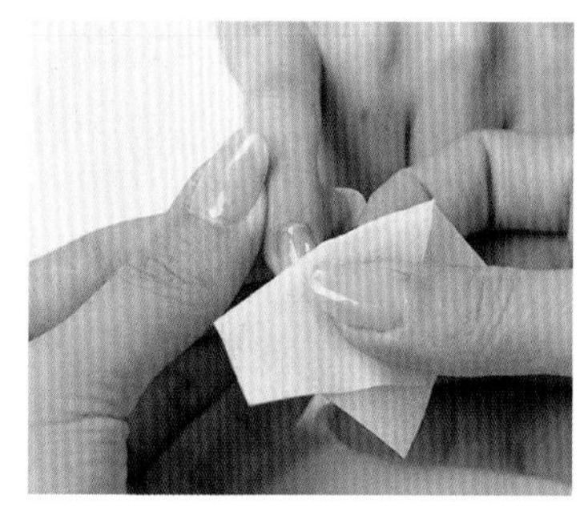

13 用 95 度酒精擦拭甲面浮胶

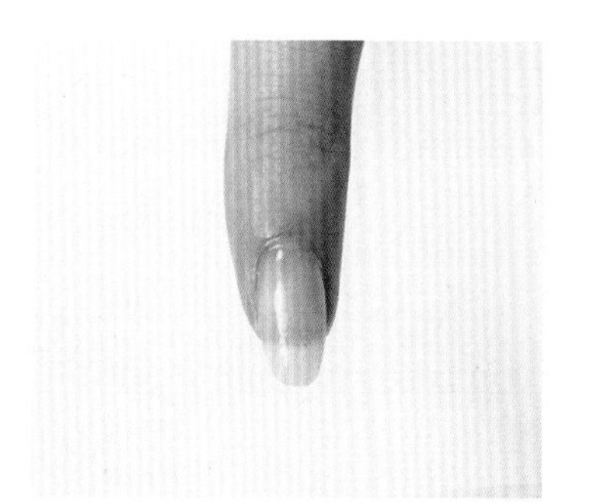

14 涂抹营养油，按摩至指部皮肤吸收

完成，裂痕处无明显痕迹，指甲更加坚固平滑

5.5 本甲法式

5.5.1 工具和材料

本甲法式常用的工具和材料有：海绵锉、粉尘刷、棉片、75 度酒精、95 度酒精、底胶、白色甲油胶、免洗封层、光疗笔、营养油。

5.5.2 制作步骤

本甲法式的制作步骤如下。

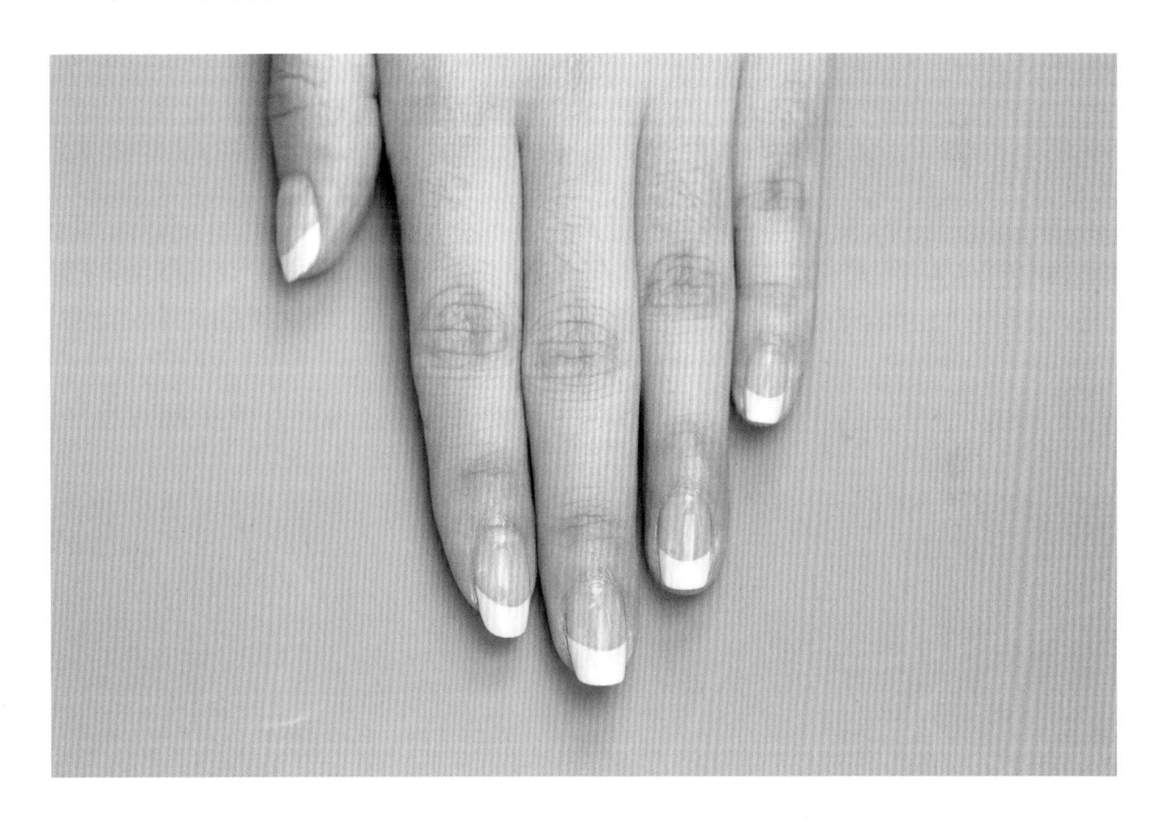

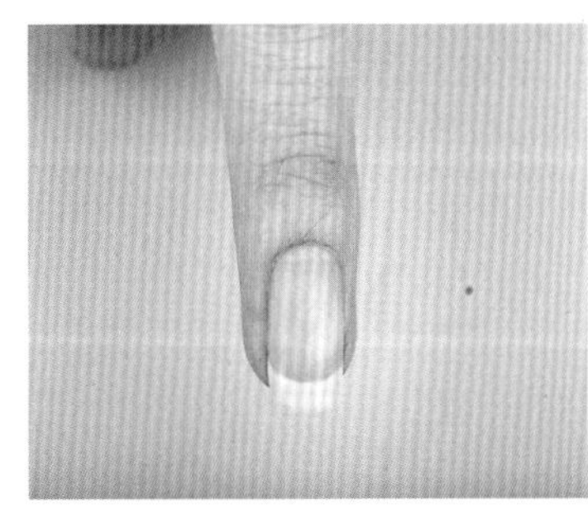

1 自然甲

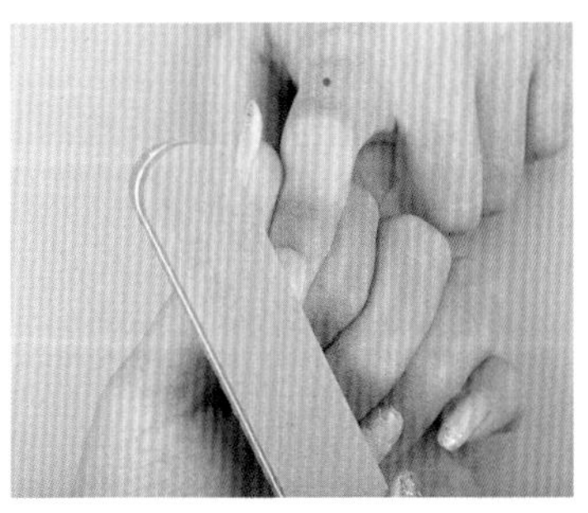

2 用海绵锉轻轻抛磨甲面

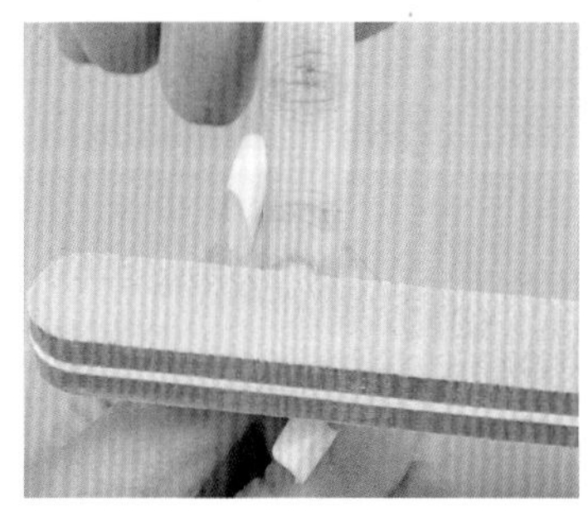

3 抛磨时要注意避开甲缘皮肤

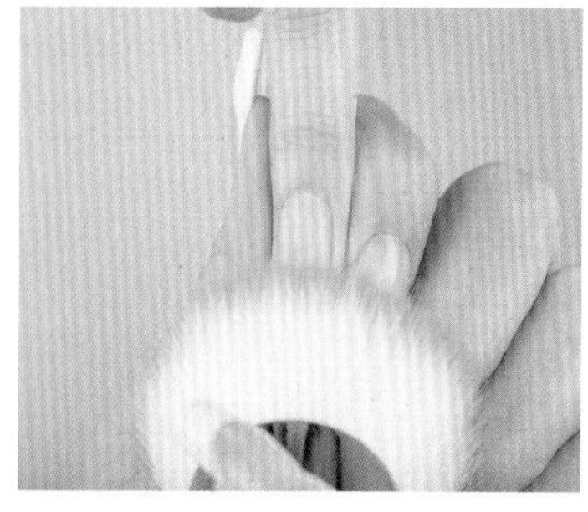

4 用粉尘刷扫除多余粉屑

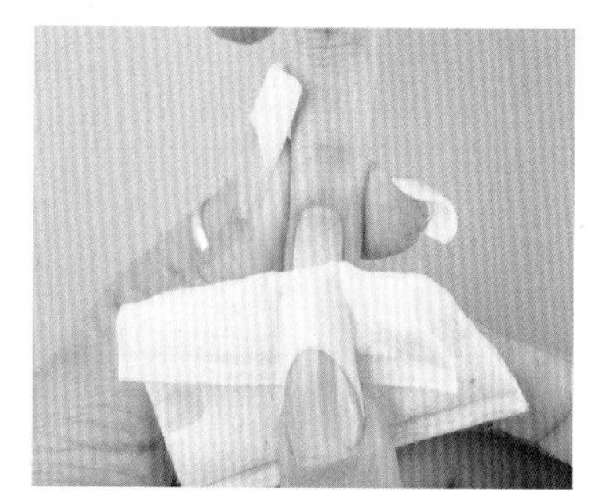

5 用棉片沾取 75 度酒精清洁甲面

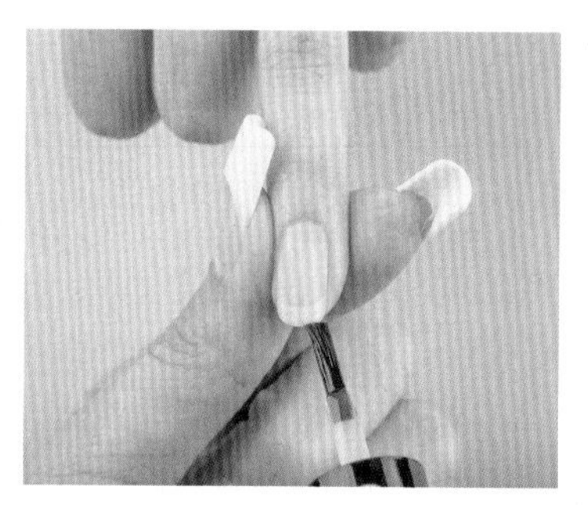

6 涂抹底胶，注意包边并来回涂抹两次

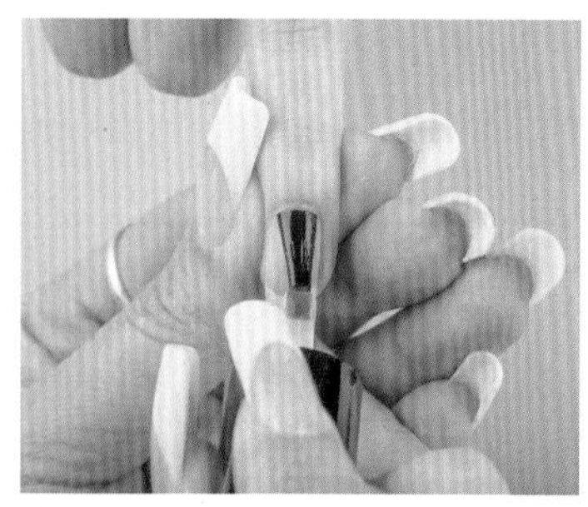

7 从指甲后缘往前端均匀涂抹，照灯固化 60 秒

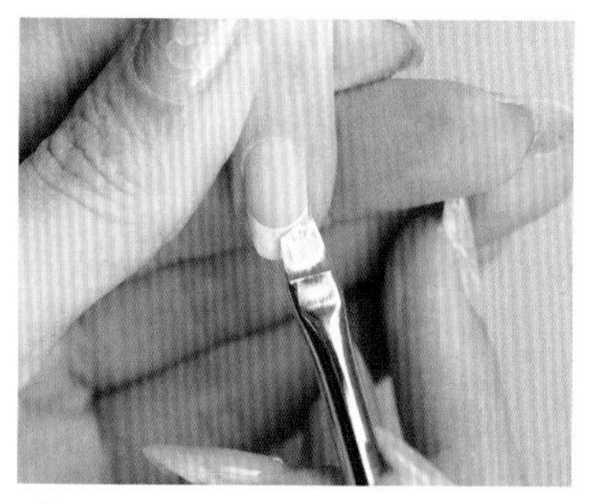

8 用光疗笔沾取白色甲油胶，先进行包边，再沿着甲面微笑线画出法式线

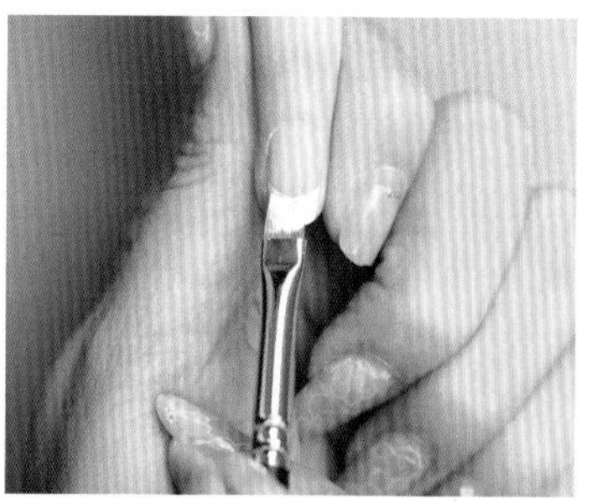

9 填充颜色，使颜色均匀弧度对称，照灯固化 60 秒

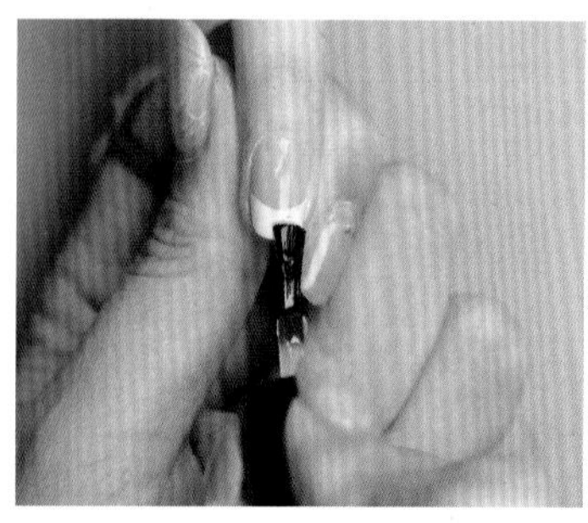

10 涂抹免洗封层，先包边再均匀涂抹整个甲面，照灯固化 90 秒

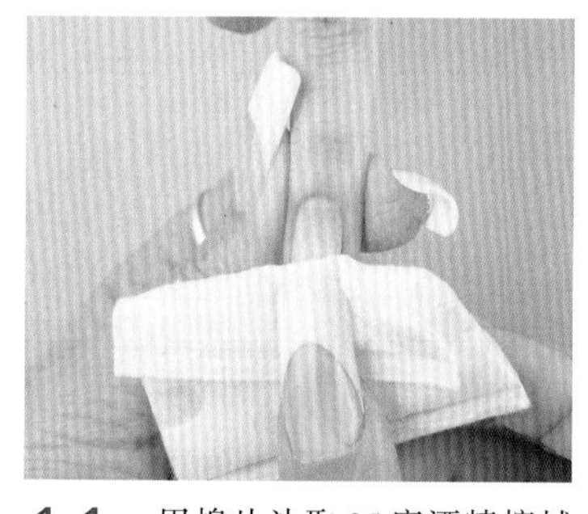

11 用棉片沾取 95 度酒精擦拭浮胶

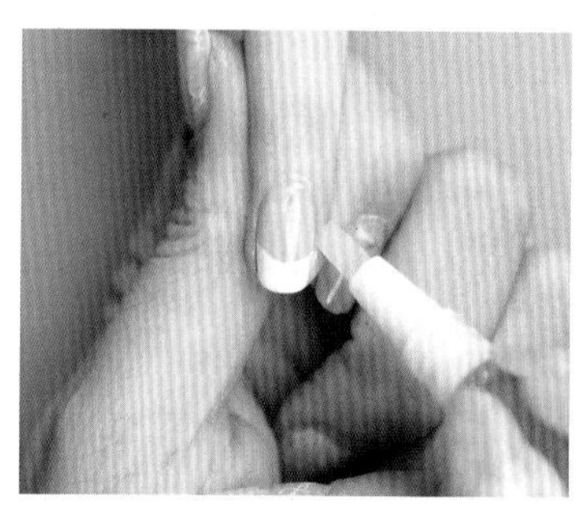

12 涂抹营养油

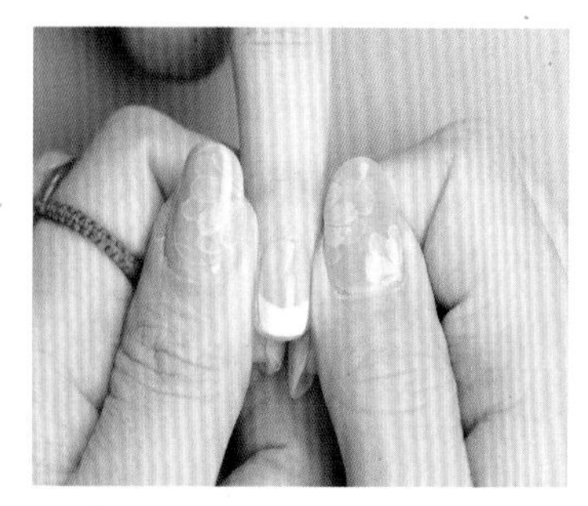

13 按摩至指部皮肤吸收

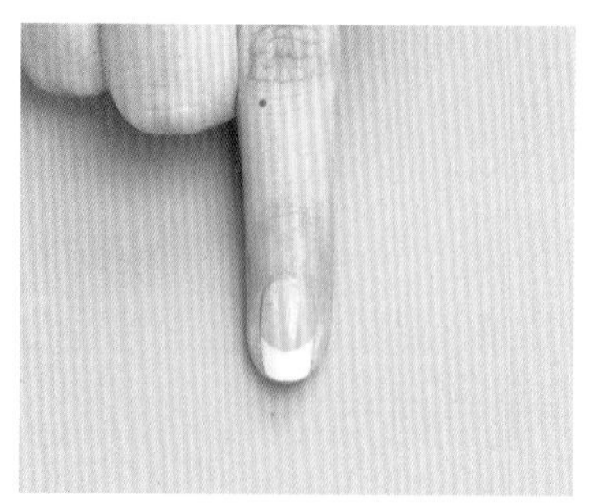

完成，法式边弧度饱满，边缘清晰

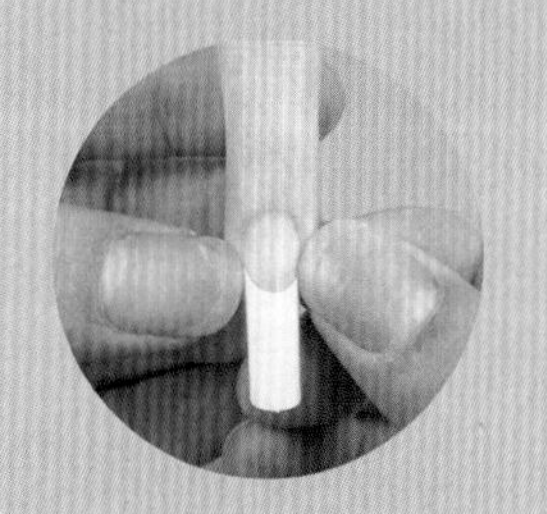

第6章 贴甲片

6.1 贴甲片的工具、材料及用法
6.2 全贴甲片的操作技巧
6.3 半贴甲片的操作技巧
6.4 法式贴甲片的操作技巧

贴甲片是常用的美甲技法之一。如何根据顾客的甲床打磨适宜的甲片？在黏合时要注意什么细节才能避免甲片起翘甚至脱落？本章从美甲店铺的角度出发，介绍美甲师必须掌握的贴甲片相关基础技能及操作手法。

6.1 贴甲片的工具、材料及用法

贴甲片常用工具和材料包括贴片胶水、U 形剪、甲片，如图 6–1 所示。

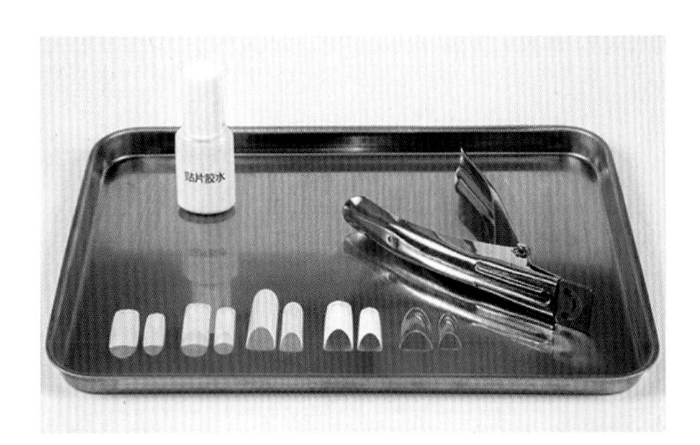

图 6–1 贴甲片常用工具

（1）贴片胶水

贴片胶水用于粘贴甲片，如图 6–2 所示。

图 6–2 贴片胶水

（2）U 形剪

U 形剪用于剪断甲片过长部分，如图 6–3 所示。

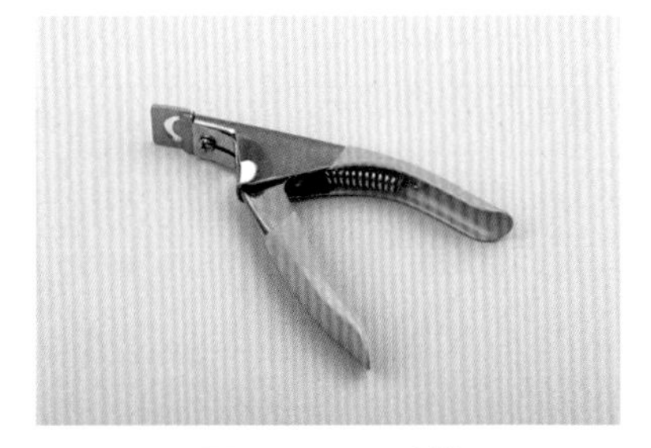

图 6–3 U 形剪

（3）甲片

甲片如图 6–4 所示，按颜色分可分为白色、透明、自然色；按形状可分为全贴、半贴、法式贴。

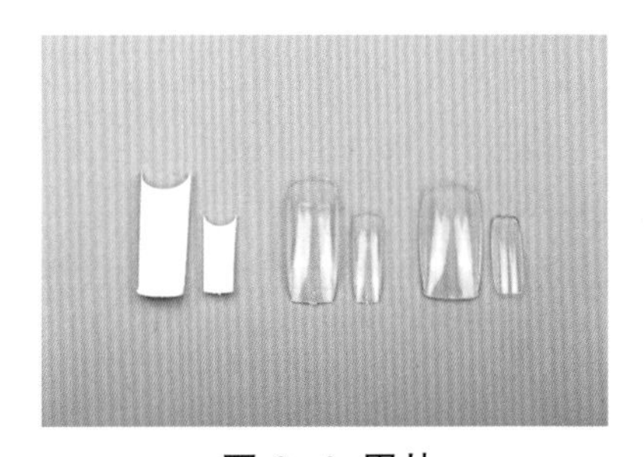

图 6–4 甲片

6.2 全贴甲片的操作技巧

全贴甲片需要的工具和材料有：砂条、粉尘刷、U 形剪、海绵锉、棉片、透明全贴甲片、贴片胶水、底胶、粉红色甲油胶、免洗封层、75 度酒精、营养油。

全贴甲片的流程如下。

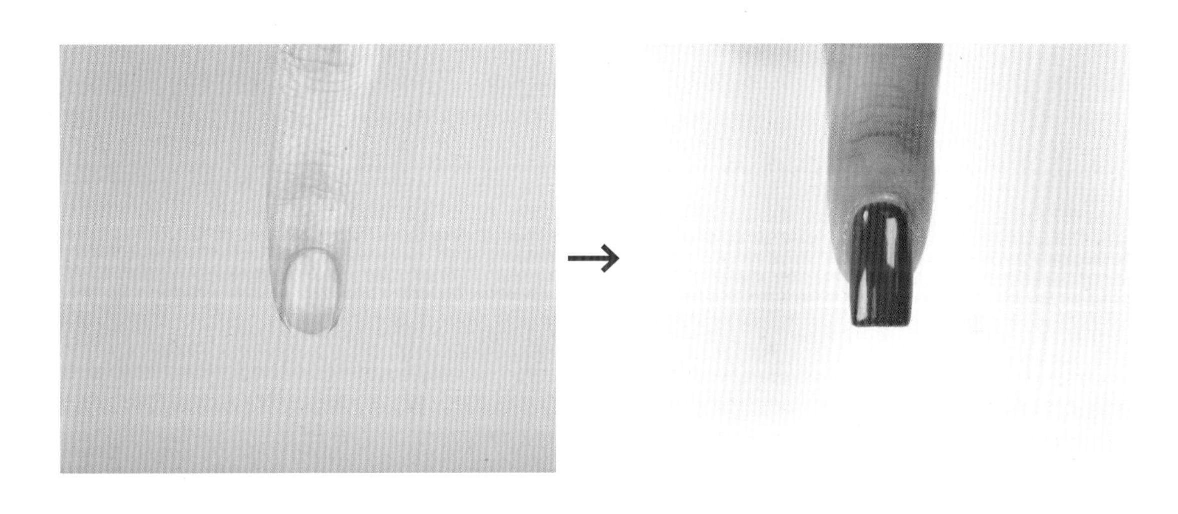

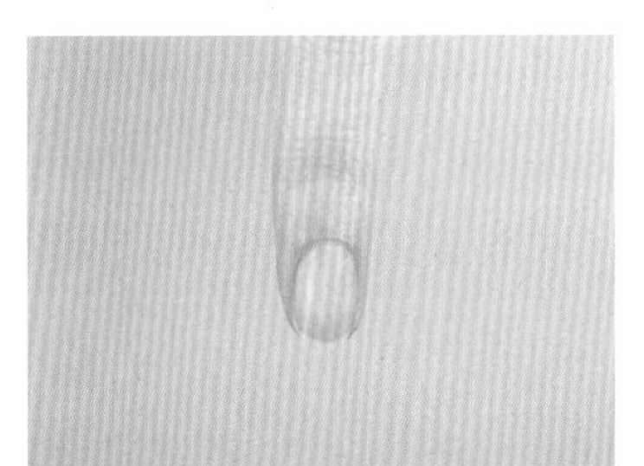

1　自然甲

2　将透明全贴甲片覆盖在甲盖上，用拇指按压甲片前端，比对甲片与指甲后缘的弧度是否贴合，选择比指甲甲床宽度稍大一点的贴片

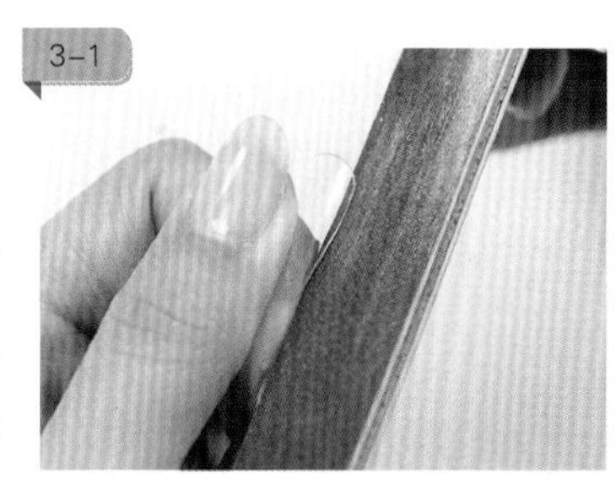

3　用砂条修磨甲片后缘及两侧，直至贴合指缘弧度

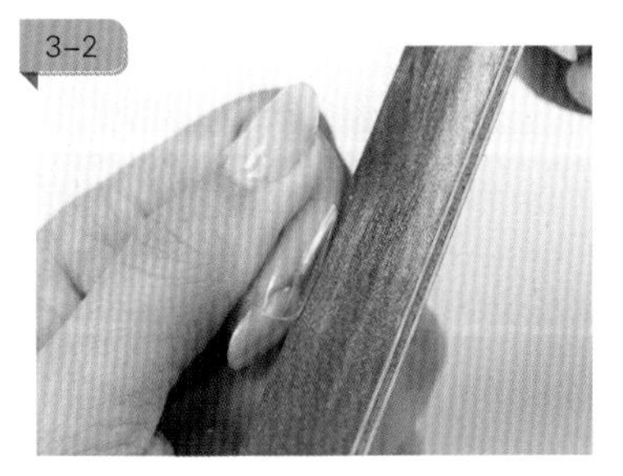

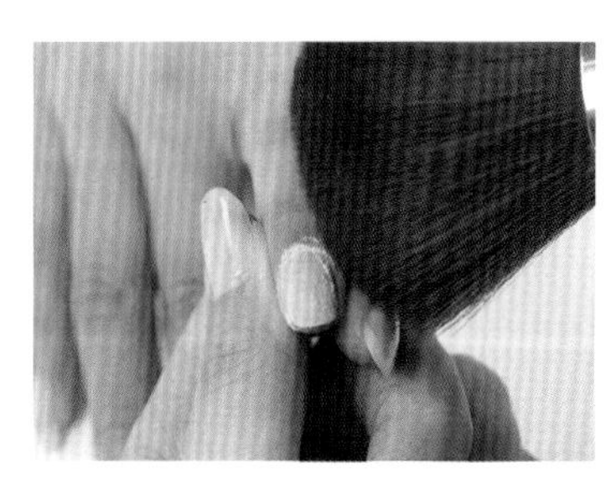

4　用砂条竖向轻轻刻磨甲面至不光滑

5　用粉尘刷扫除多余粉屑

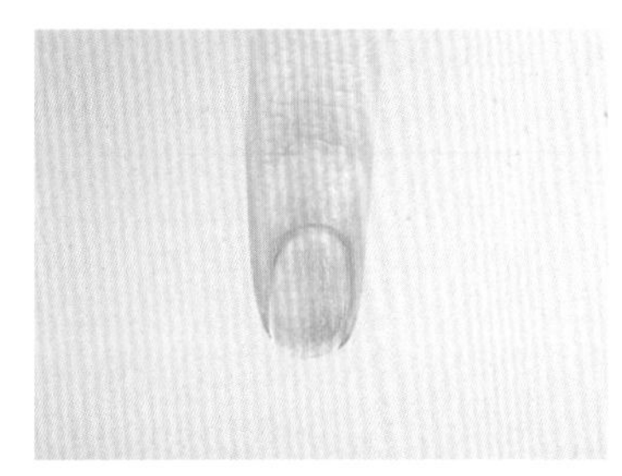

6 刻磨后呈现的效果

7 在甲片背面凹槽涂抹贴片胶水，注意胶水要均匀分布到位，甲片的后端边缘要涂抹贴片胶水，防止起翘

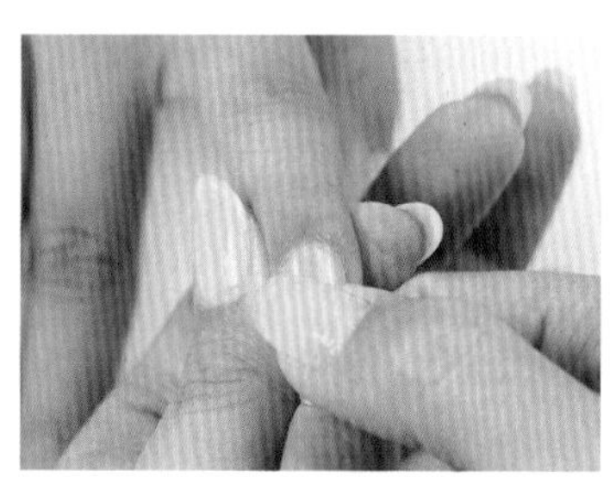

8 将甲片后缘顶住指甲后缘，使其相互贴合并用力按压固定 10 秒

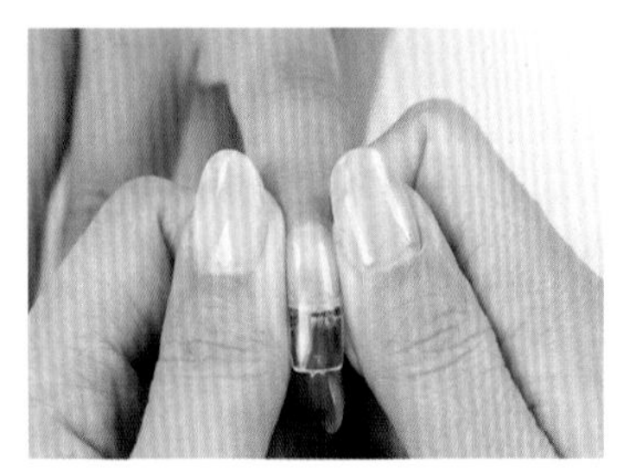

9 用拇指在两侧稍稍用力挤压甲片，使其更加黏合指甲

10 将食指轻轻按压在甲面上，同时用拇指从前端顶住甲片，用 U 形剪剪去甲片多余部分

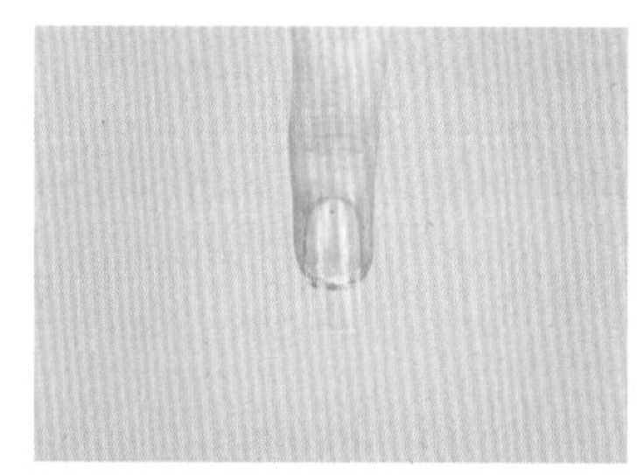

11 修剪后效果

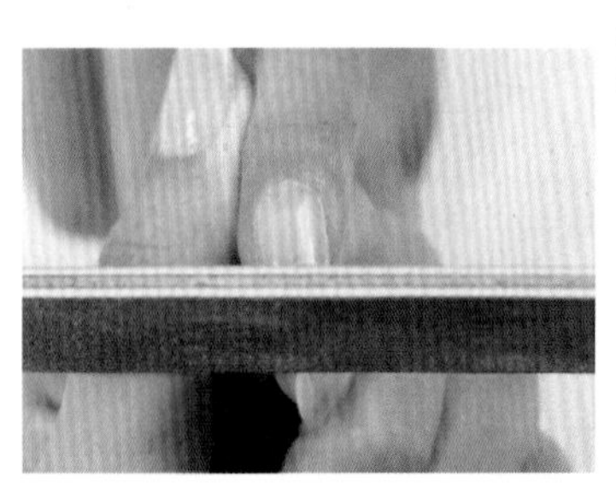

12 用砂条横向修磨指甲前缘

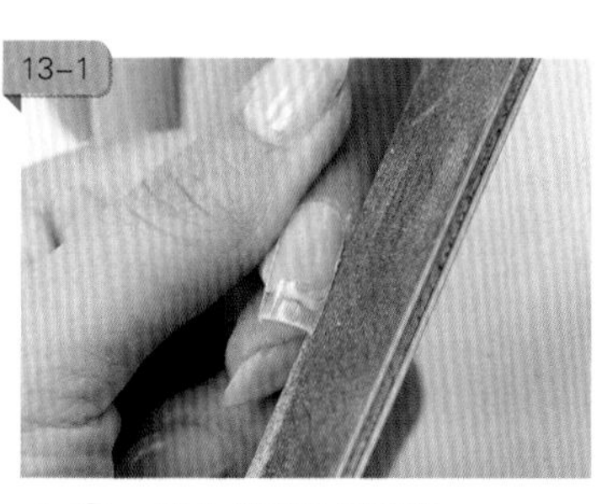

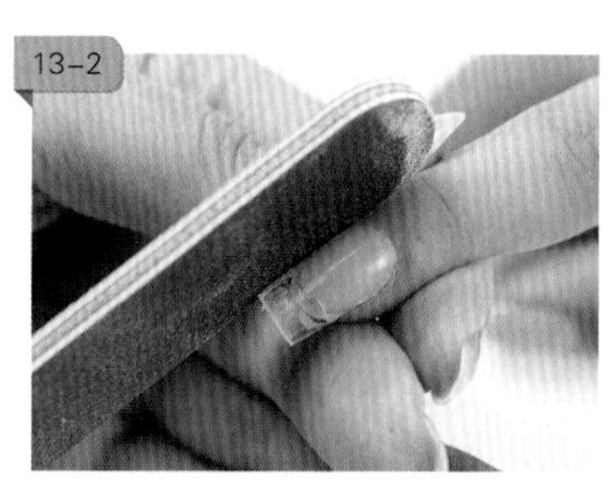

13 纵向修磨两侧甲形

14 用粉尘刷扫除多余粉屑

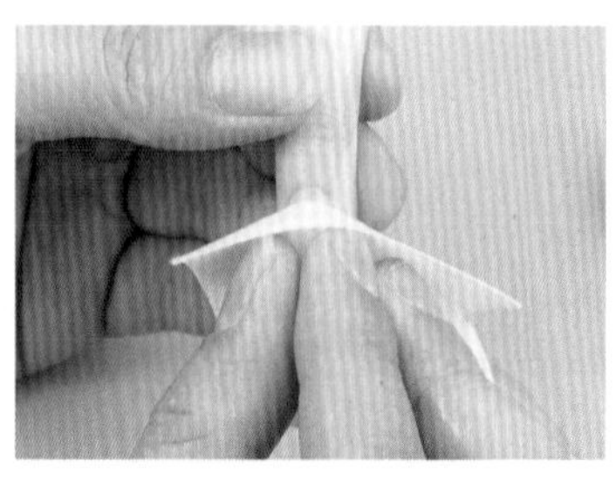

15 用棉片沾取 75 度酒精清洁甲面

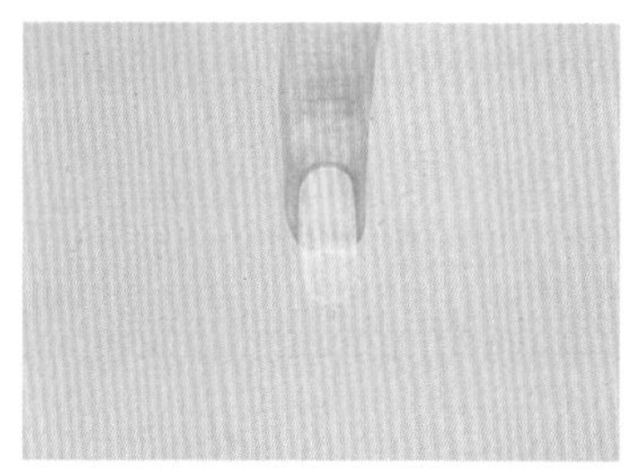

16 整理后效果

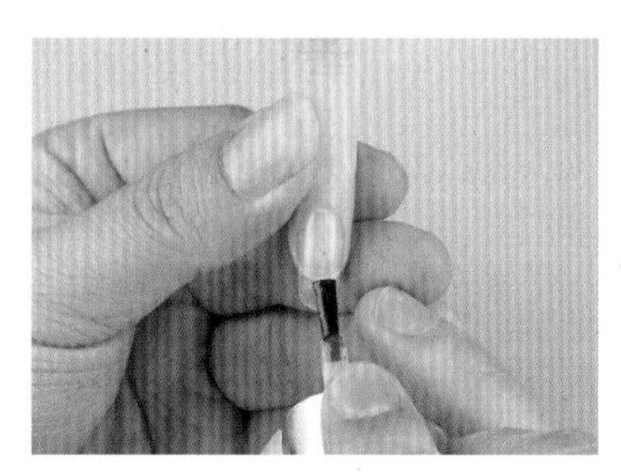

17　涂抹底胶，注意包边且整甲涂抹均匀，照灯固化 60 秒

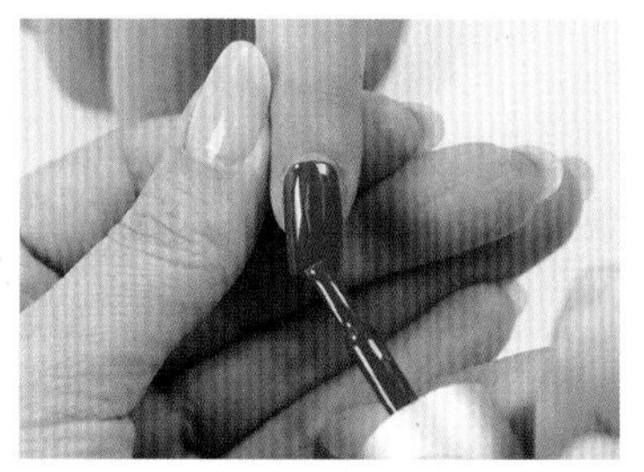

18　涂抹粉红色甲油胶，注意包边并涂抹均匀，照灯固化 60 秒

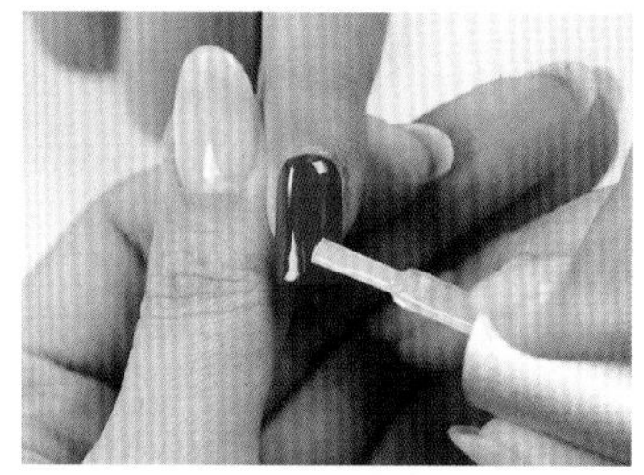

19　涂抹免洗封层，注意包边并整甲涂抹均匀，照灯固化 90 秒

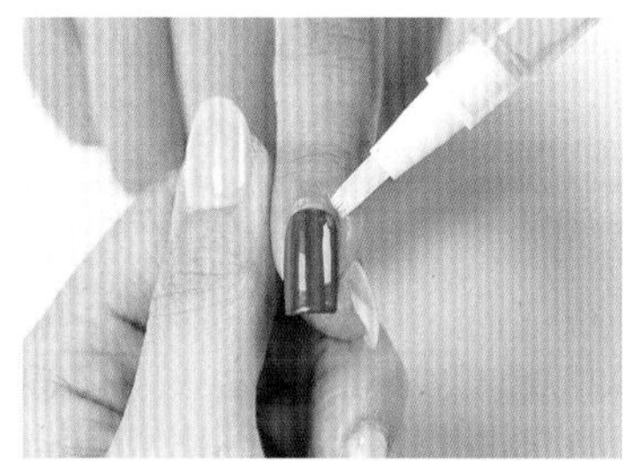

20　在甲缘四周涂上营养油保护指部肌肤

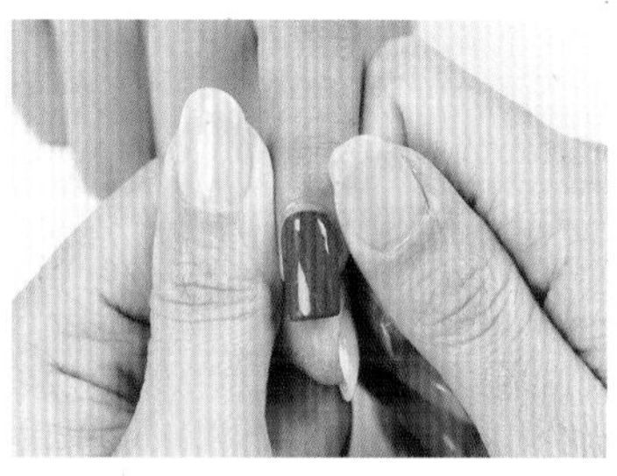

21　最后用两手拇指轻轻按摩甲侧边缘，使营养油被快速吸收

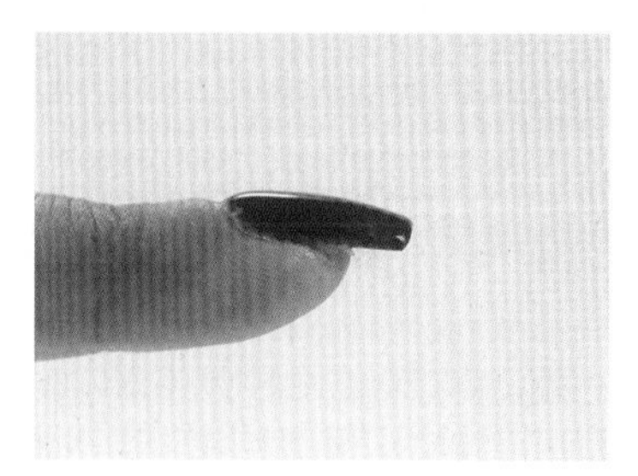

完成，甲面弧度平整自然

知识便签

6.3 半贴甲片的操作技巧

半贴甲片需要的工具和材料有：透明半贴甲片、贴片胶水、红色甲油胶、底胶、免洗封层、75 度酒精、砂条、粉尘刷、U 形剪、海绵锉、棉片。

半贴甲片的流程如下。

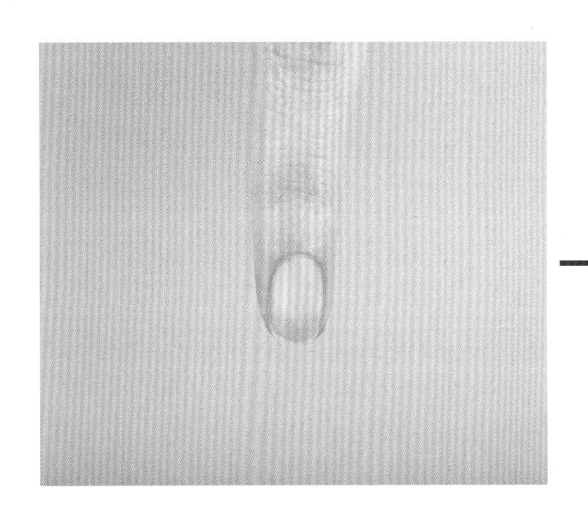

→

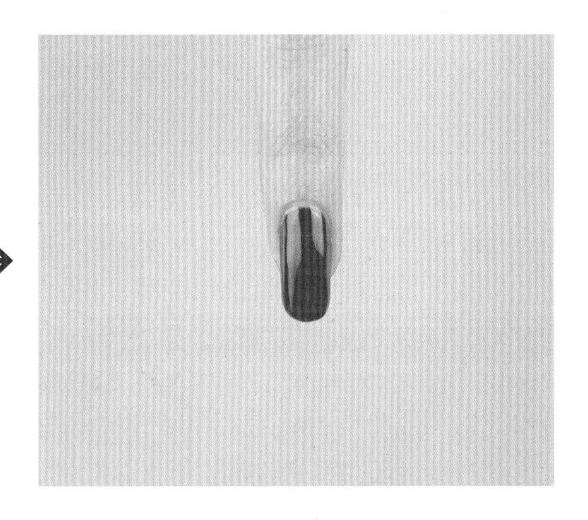

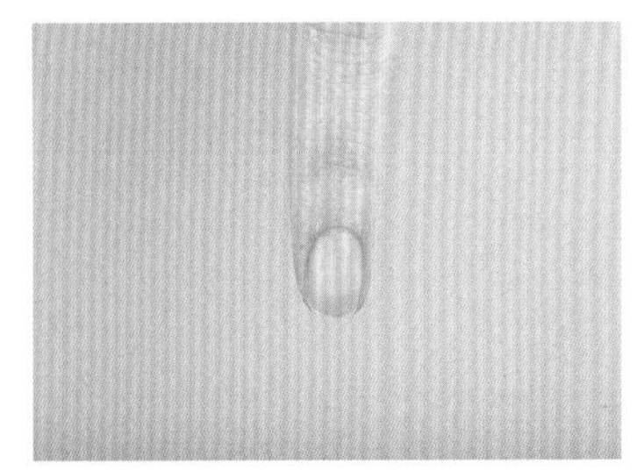

1 自然甲

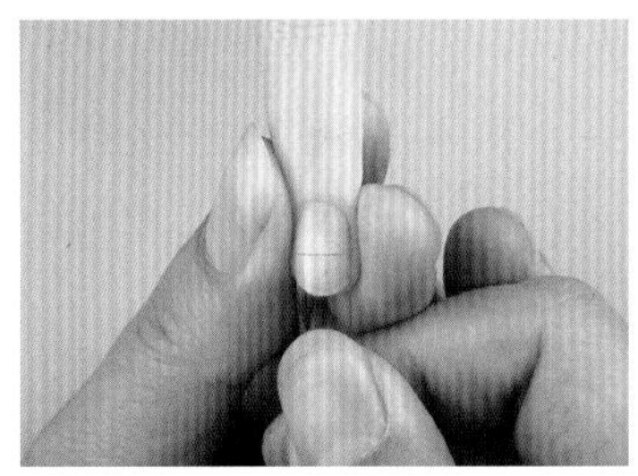

2 选择透明半贴甲片，将甲片覆盖在甲盖上，用拇指按压甲片前端，对比甲片与指甲后缘的弧度是否贴合，应选择比甲床稍宽一点的甲片

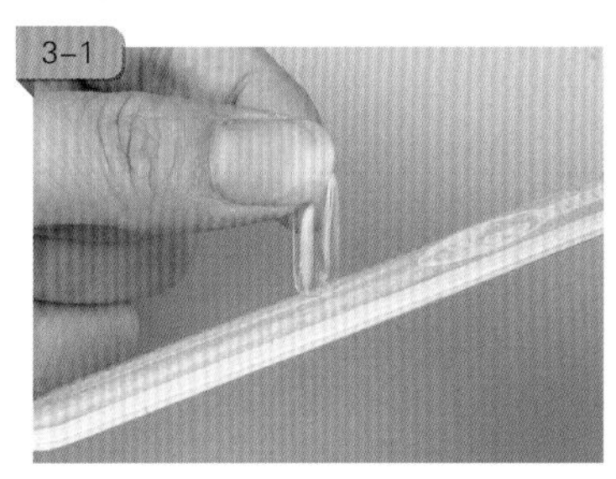

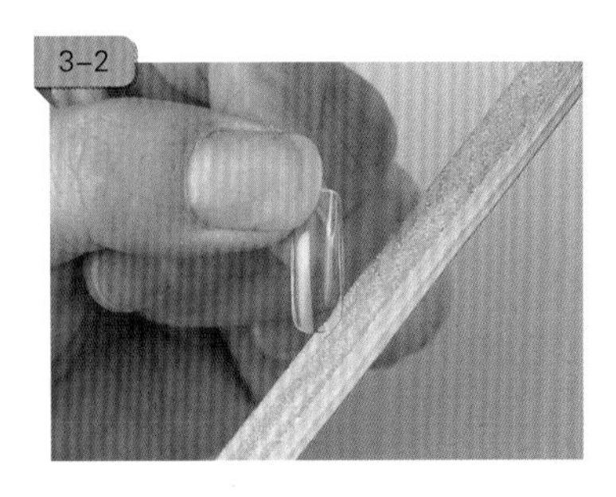

3 用砂条修磨甲片后缘及两侧，至贴合甲形

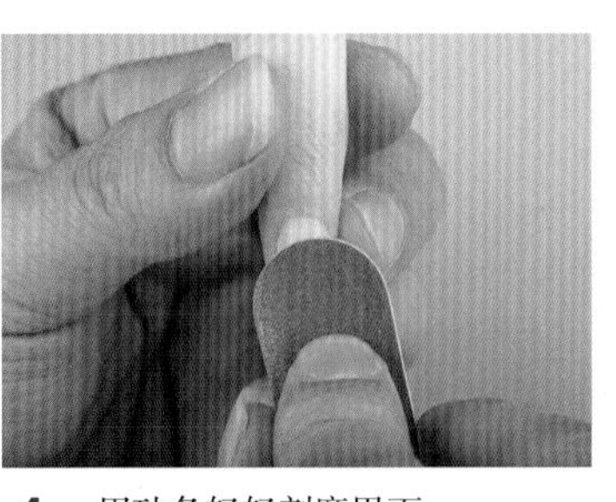

4 用砂条轻轻刻磨甲面

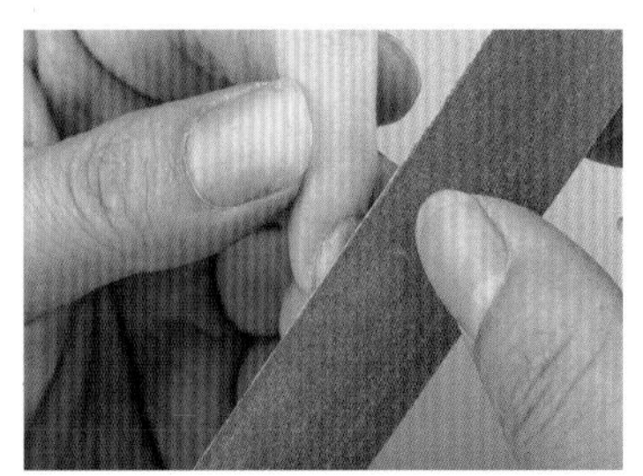

5 注意整个甲面都要刻磨到位

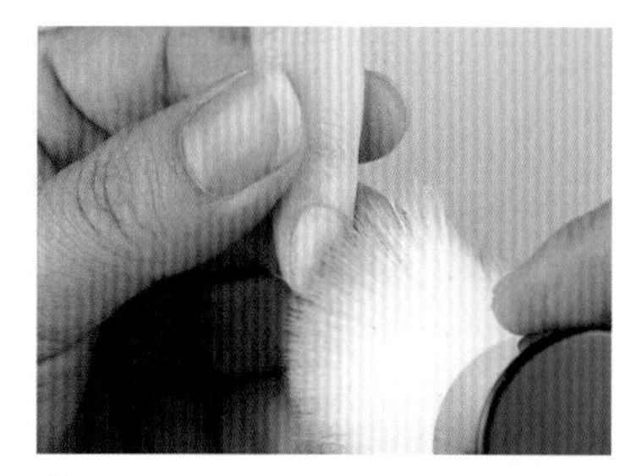

6　用粉尘刷扫除多余粉屑

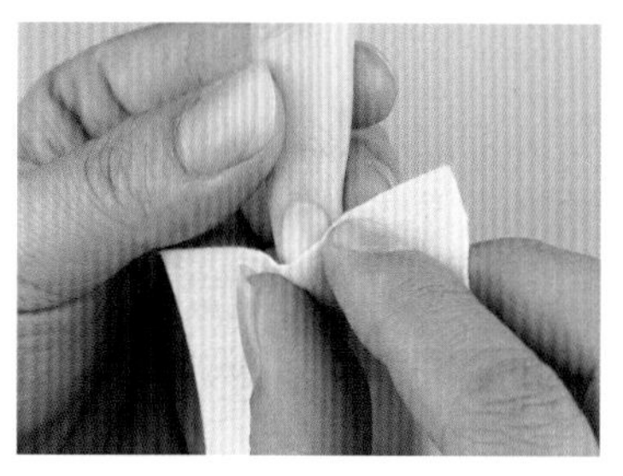

7　用棉片沾取 75 度酒精清洁甲面

8　在甲片背面凹槽涂抹贴片胶水，注意胶水要均匀分布到位，甲片的后端边缘要涂抹贴片胶水，防止起翘

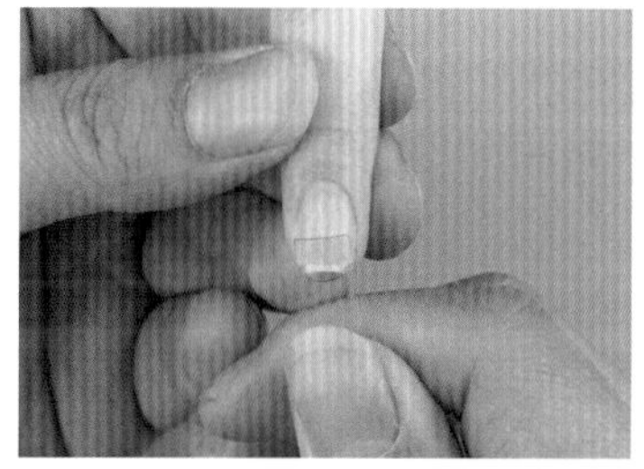

9　将甲片覆盖在本甲上，使其相互贴合并用力按压固定 10 秒

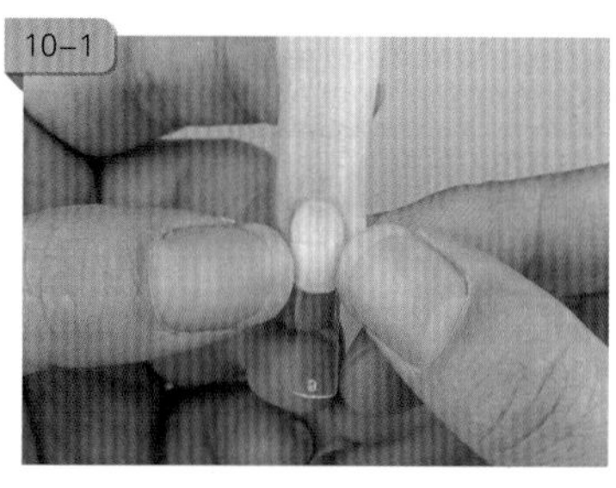

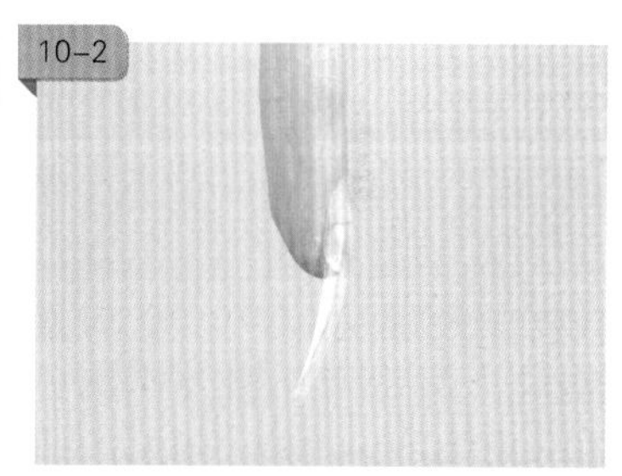

10　用拇指在两侧稍稍用力按压甲片，使其更加贴合指甲

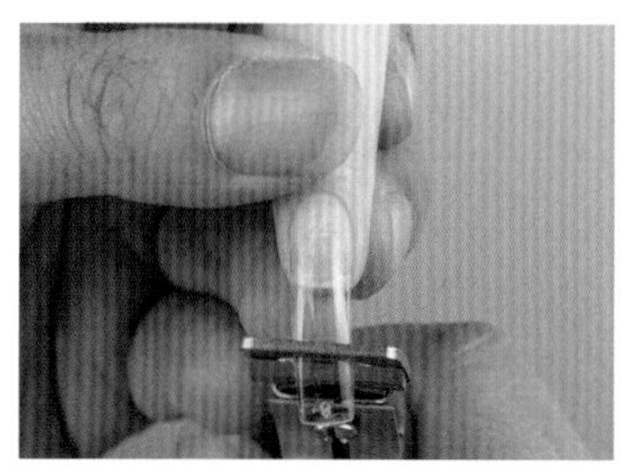

11　用 U 形剪剪去甲面多余部分

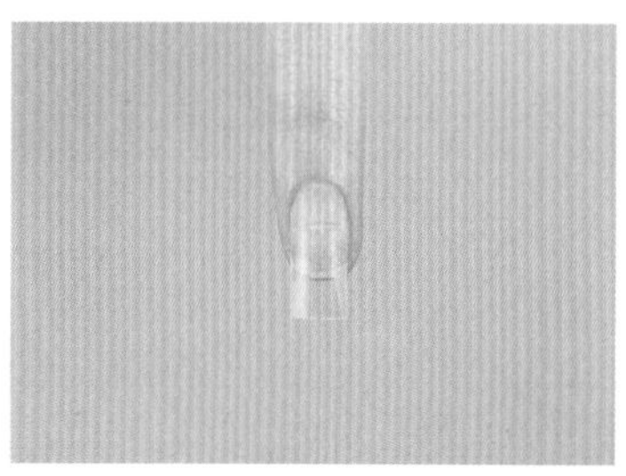

12　剪除后效果

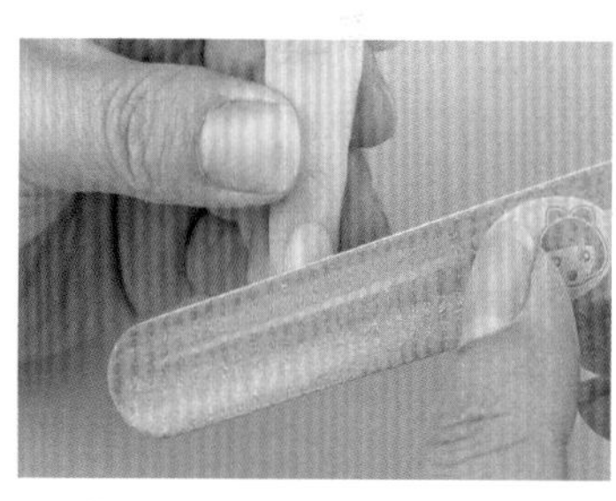

13　修磨接痕，用砂条打磨甲片与自然甲的结合处接痕

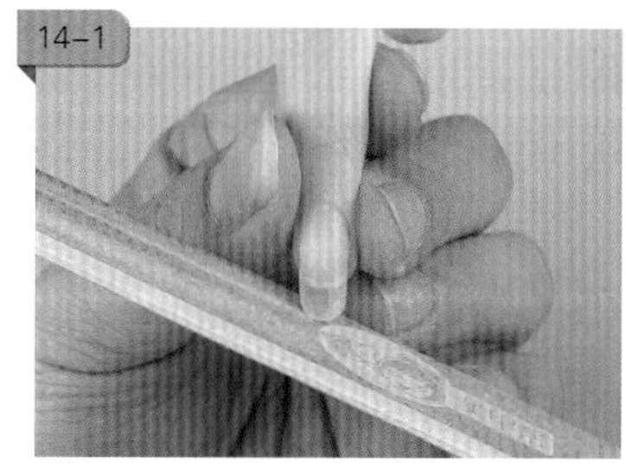

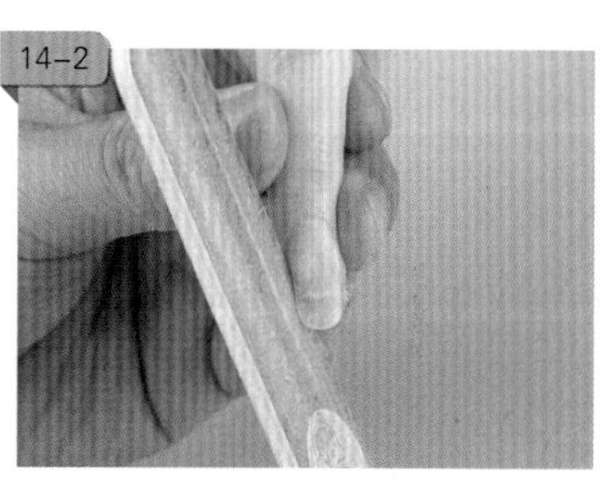

14　用砂条横向修磨指甲前端，纵向修磨两侧甲形

15　用海绵锉轻轻抛磨甲面

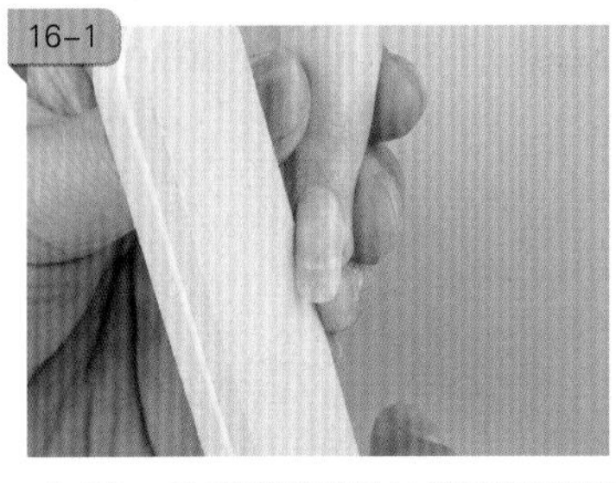

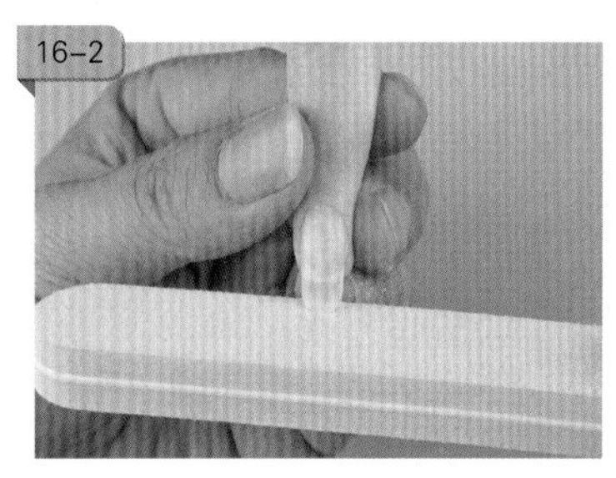

16 注意指甲两侧与前端都要抛磨到位

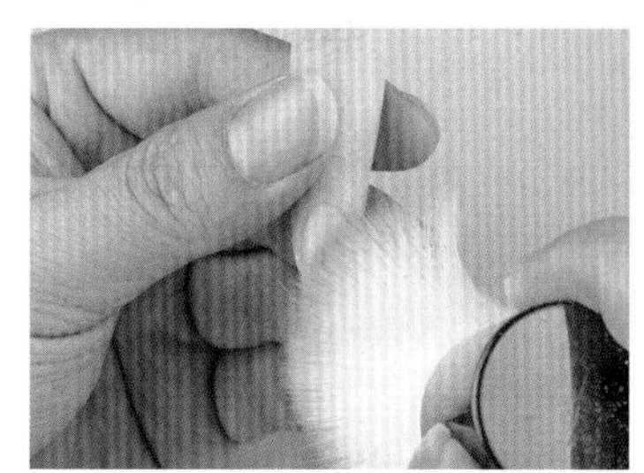

17 用粉尘刷扫除多余粉屑

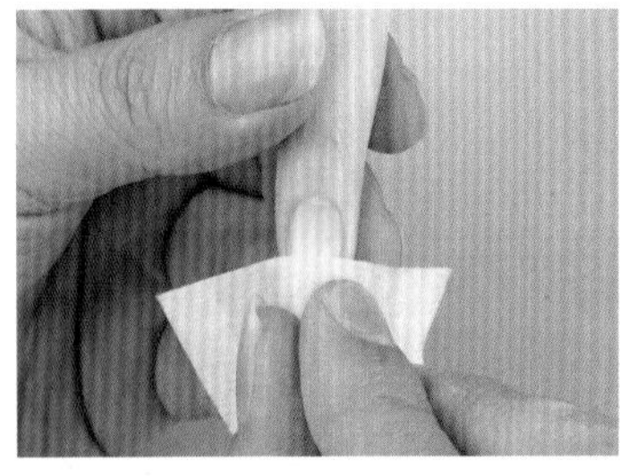

18 用棉片沾取 75 度酒精清洁甲面

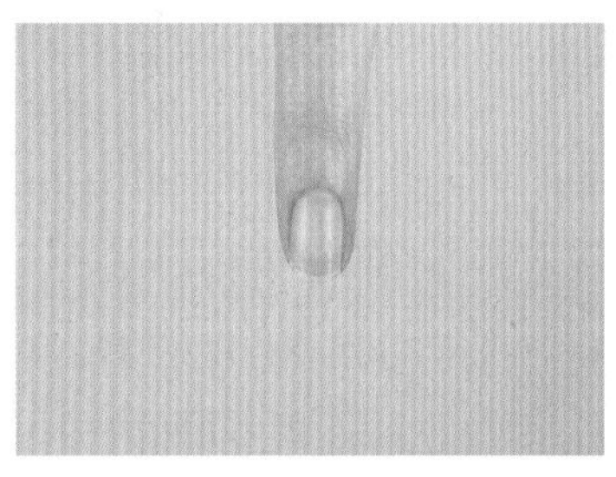

19 整理后效果

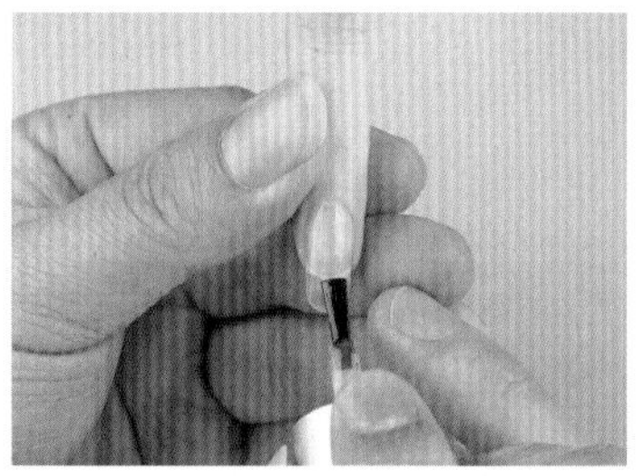

20 涂抹底胶，注意包边且整甲涂抹均匀，照灯固化 60 秒

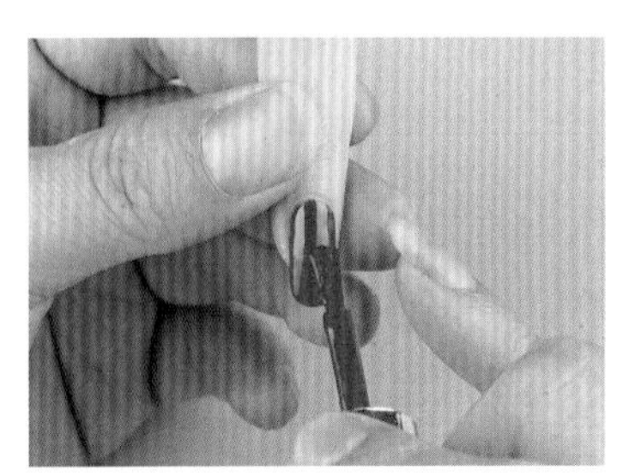

21 涂抹红色甲油胶，注意包边并涂抹均匀，照灯固化 60 秒

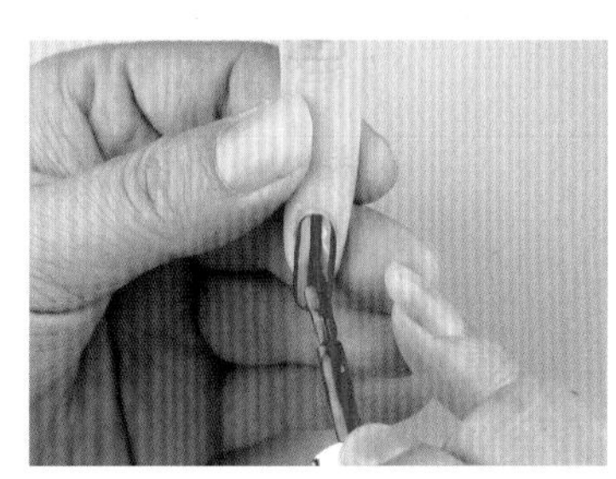

22 重复上色，加深颜色饱和度，照灯固化 60 秒

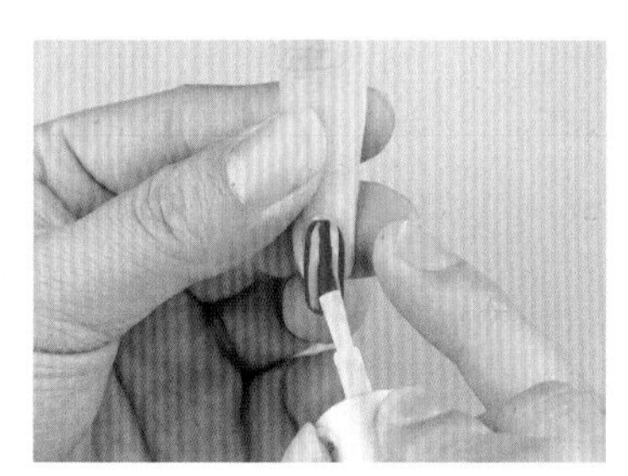

23 涂抹免洗封层，注意包边并整甲涂抹均匀，照灯固化 90 秒

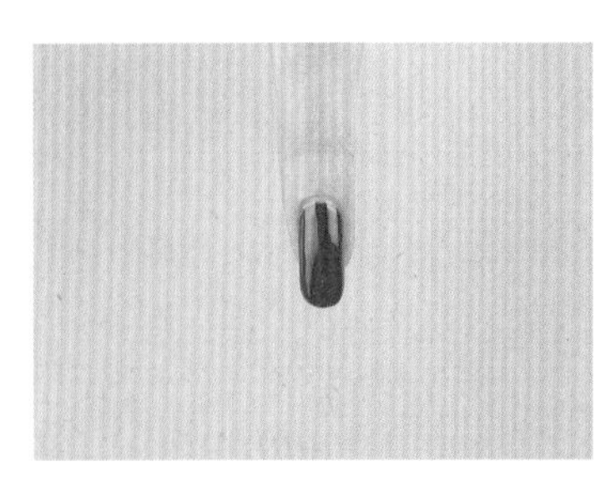

完成，甲面弧度平整自然

6.4 法式贴甲片的操作技巧

法式贴甲片需要的工具和材料有：法式贴甲片、贴片胶水、底胶、光疗胶、免洗封层、75 度酒精、95 度酒精、砂条、粉尘刷、U 形剪、海绵锉、棉片。

法式贴甲片的流程如下。

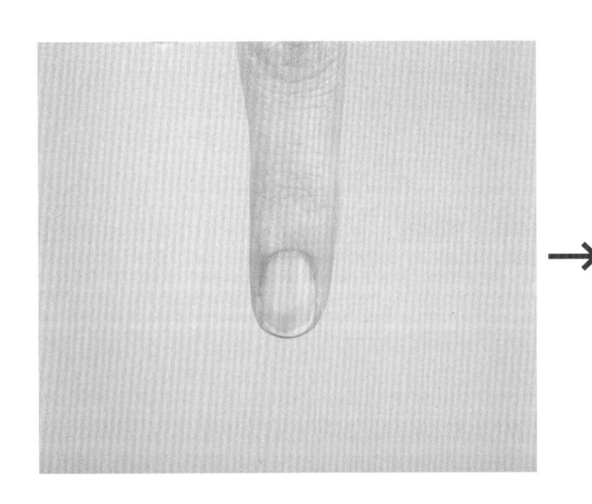

→

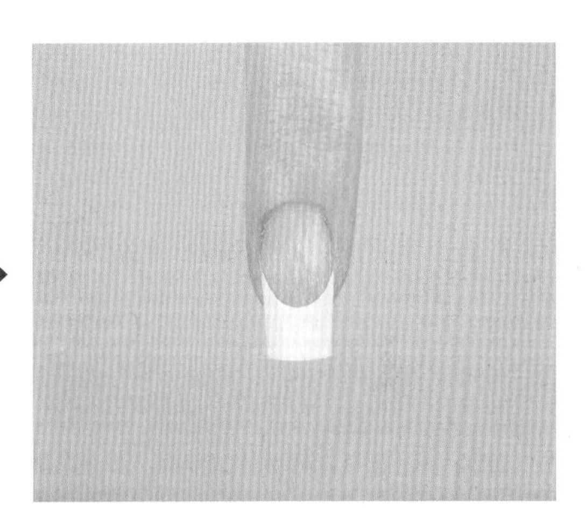

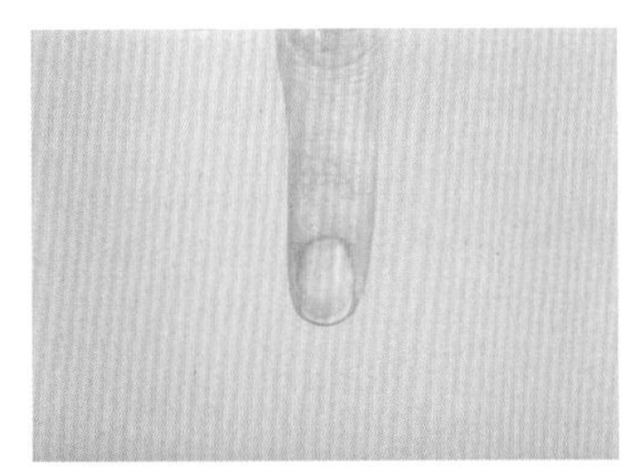

1　自然甲

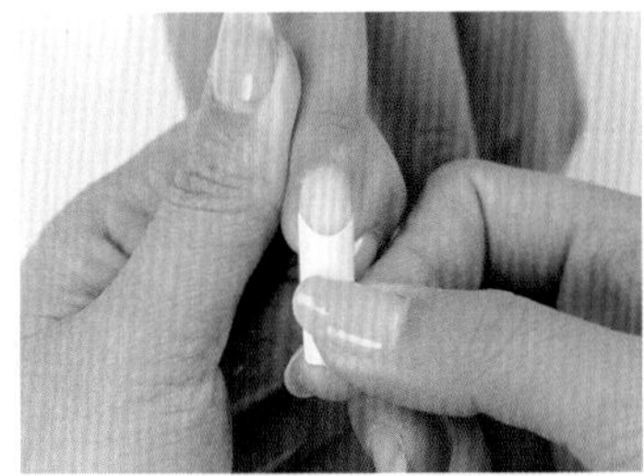

2　选择法式贴甲片，将甲片覆盖在甲盖上，用拇指按压甲片前端，对比甲片与指甲后缘的弧度是否贴合，应选择比甲床稍宽一点的甲片

3-1

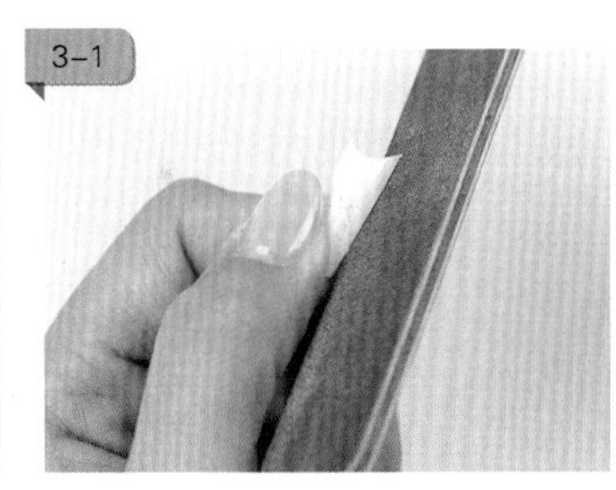

3　用砂条修磨甲片后缘及两侧，至贴合甲形

3-2

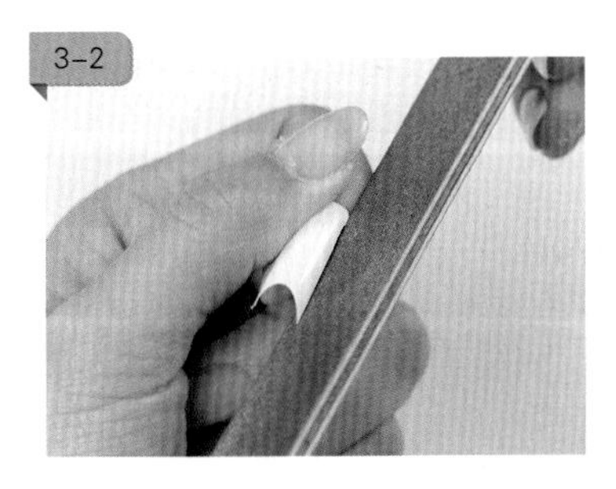

4　用砂条竖向轻轻刻磨甲面至不光滑

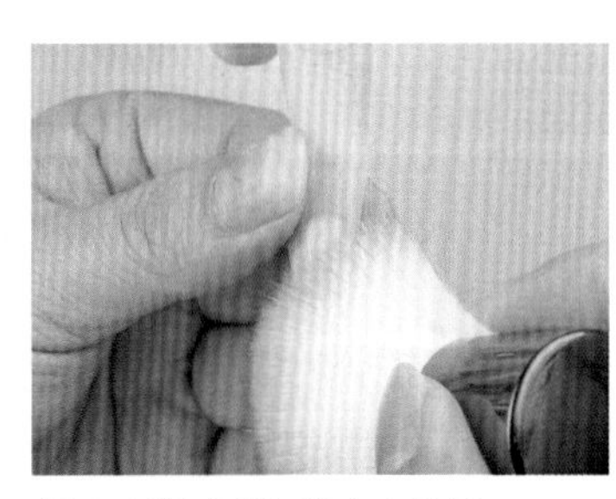

5　用粉尘刷扫除多余粉屑

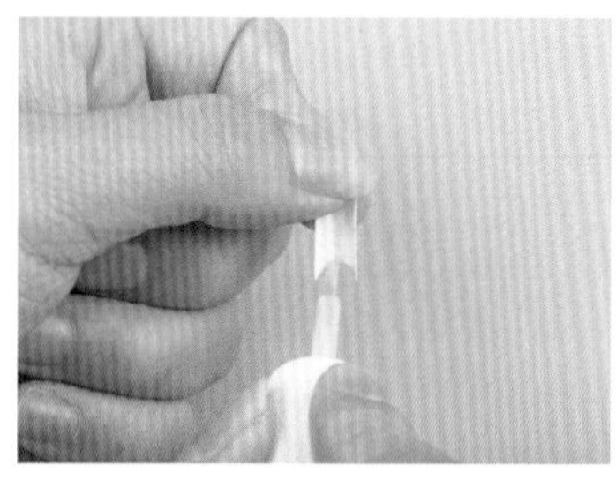

6 在甲片背面凹槽涂抹贴片胶水，注意胶水要均匀分布到位，甲片的后端边缘要涂抹贴片胶水，防止起翘

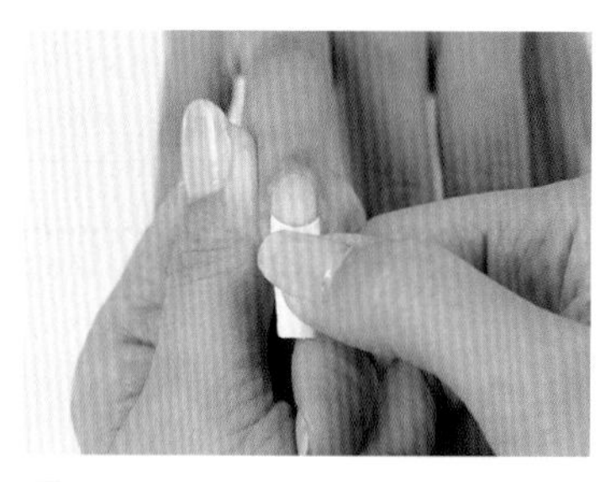

7 将甲片与自然甲的微笑线重合，使其相互贴合并用力按压固定10 秒

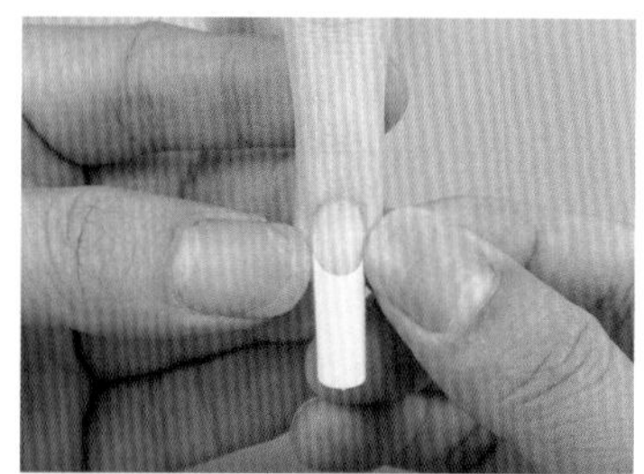

8 用拇指在两侧稍稍用力按压甲片，使其更加贴合指甲

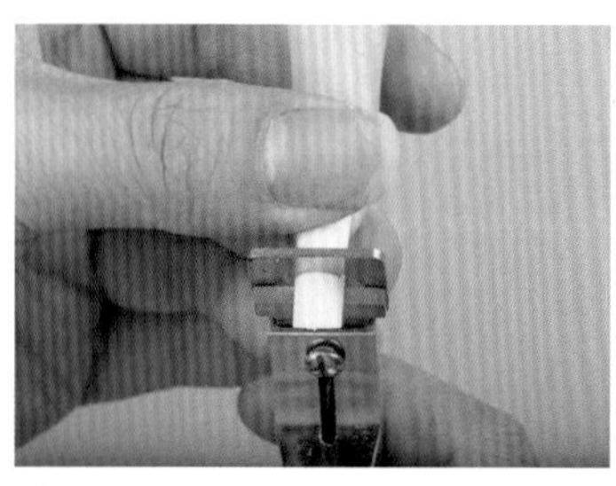

9 将食指轻轻按压在甲面上，同时用拇指从前端顶住甲片，用U 形剪剪去多余部分

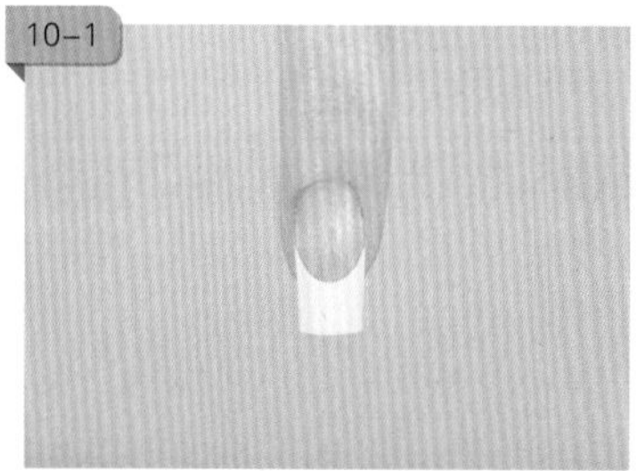

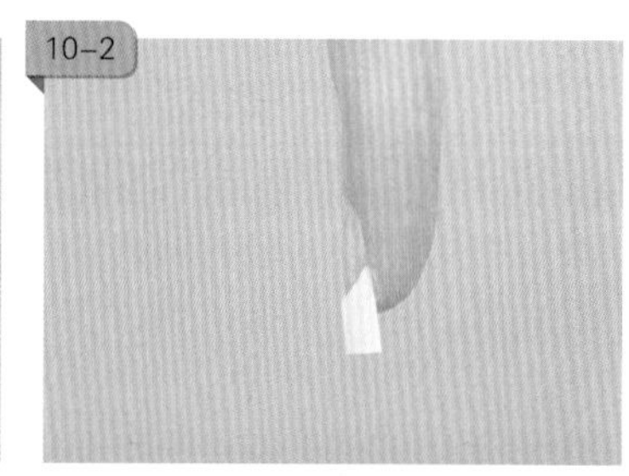

10 修剪后效果

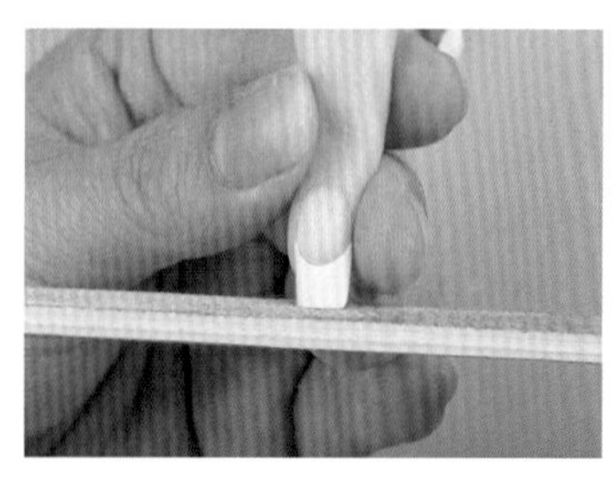

11 用砂条横向修磨指甲前缘

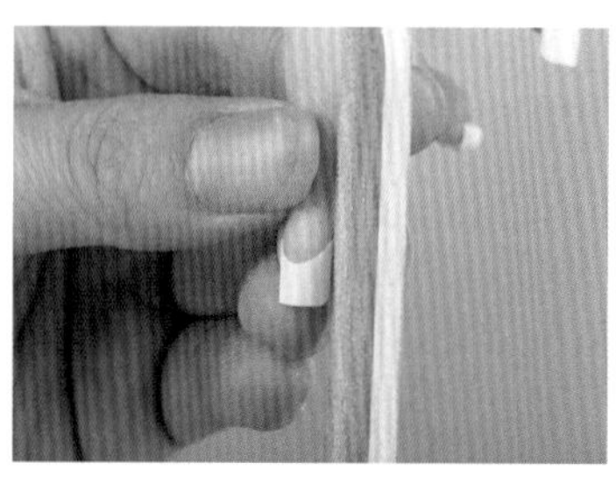

12 纵向修磨两侧甲形

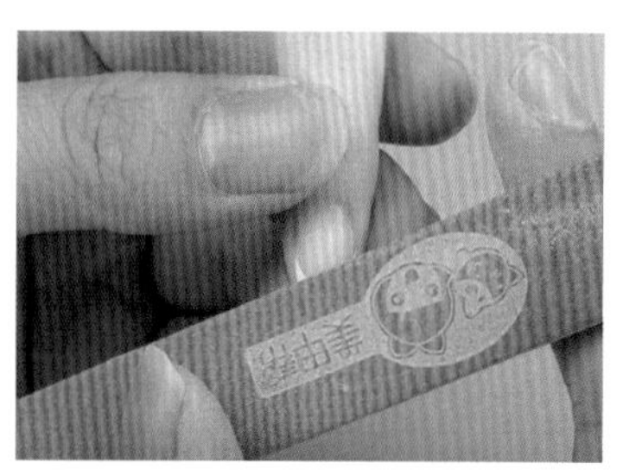

13 用砂条轻轻将甲片表面的胶水及毛边打磨平整，注意不能破坏甲片微笑线的形状

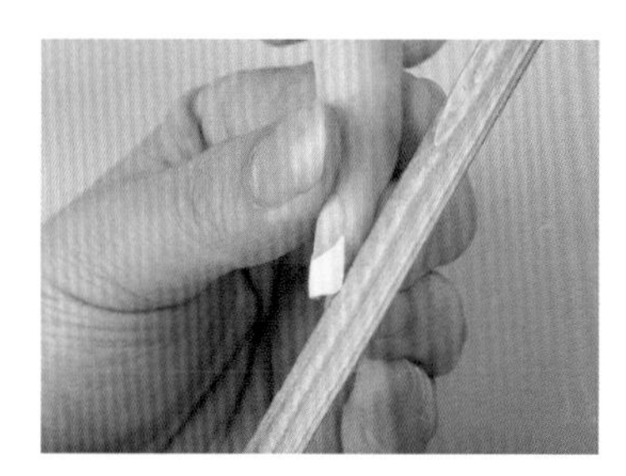

14 修整整体甲型，两侧与甲沟平直

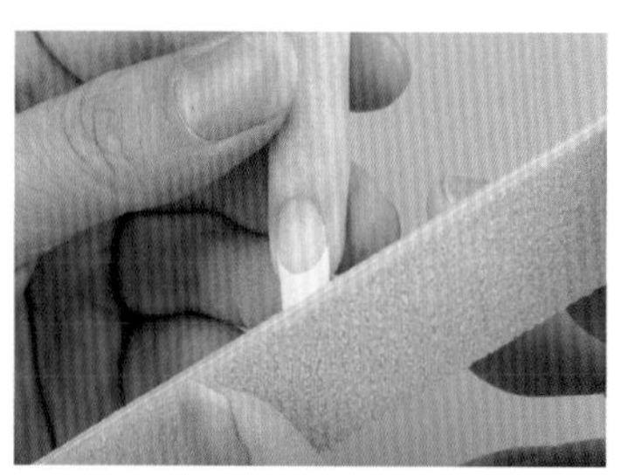

15 用海绵锉抛磨甲面，注意整甲都要抛磨到位

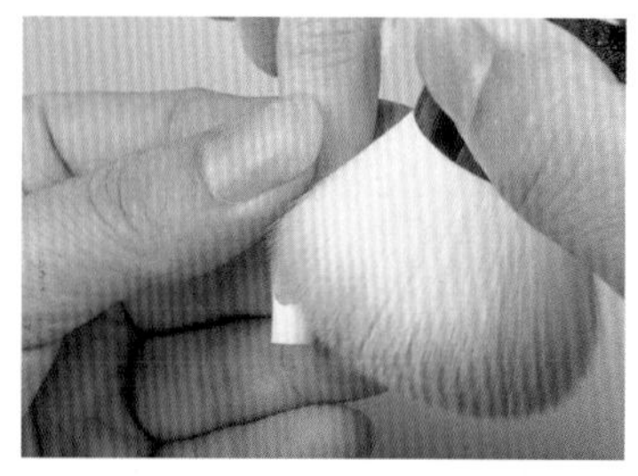

16 用粉尘刷扫除多余粉屑

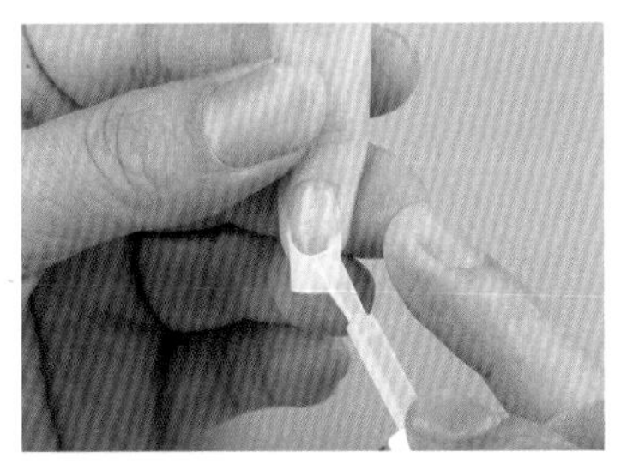

17 涂抹底胶，注意包边并均匀涂抹整个甲面，照灯固化 60 秒

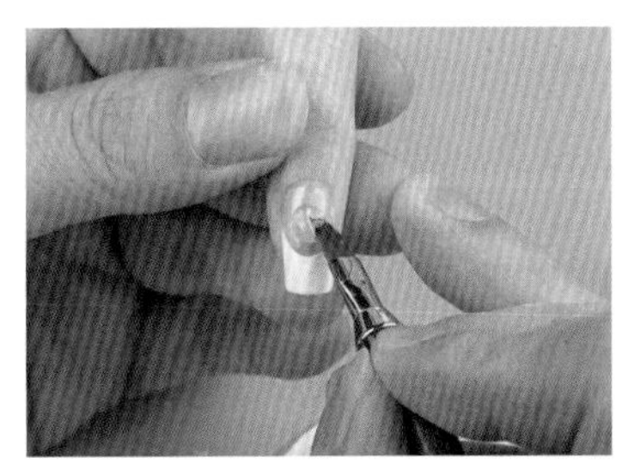

18 涂抹光疗胶，注意包边并均匀涂抹整个甲面，照灯固化 60 秒

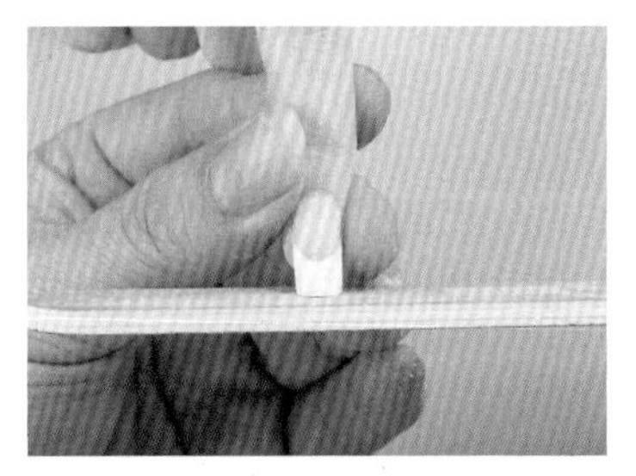

19 用砂条横向修磨前端甲形

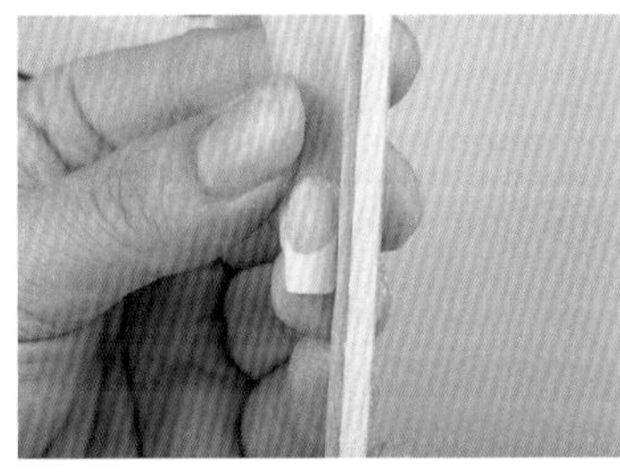

20 注意两侧都要修磨到位

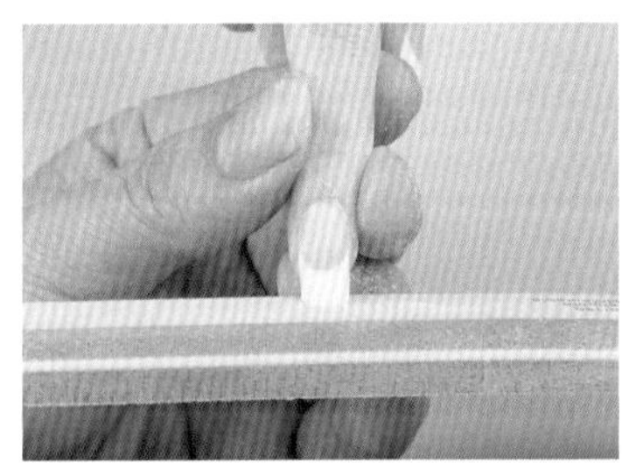

21 用海绵锉抛磨整个甲面

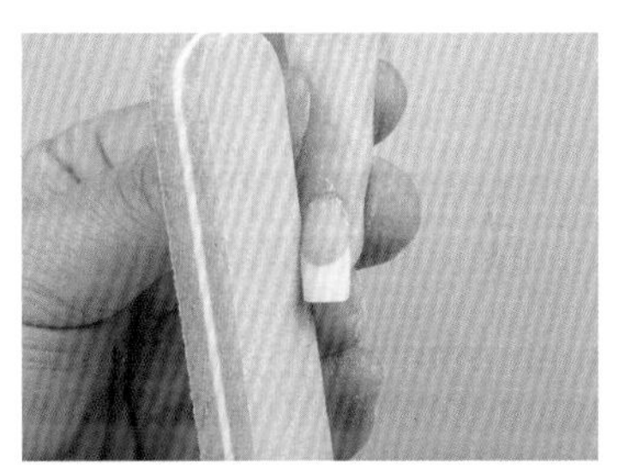

22 至甲面弧度平整自然

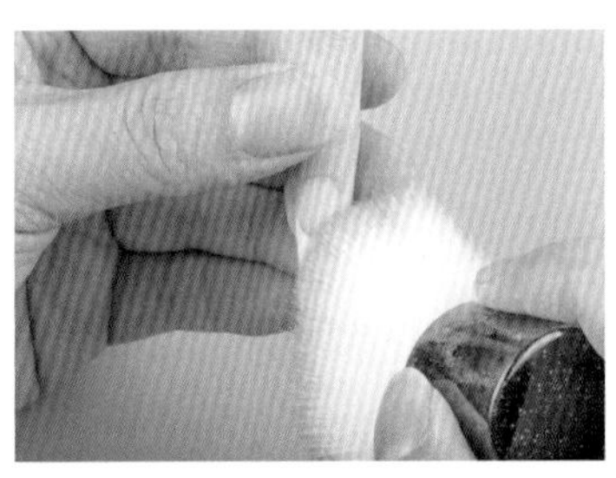

23 用粉尘刷扫除多余粉屑

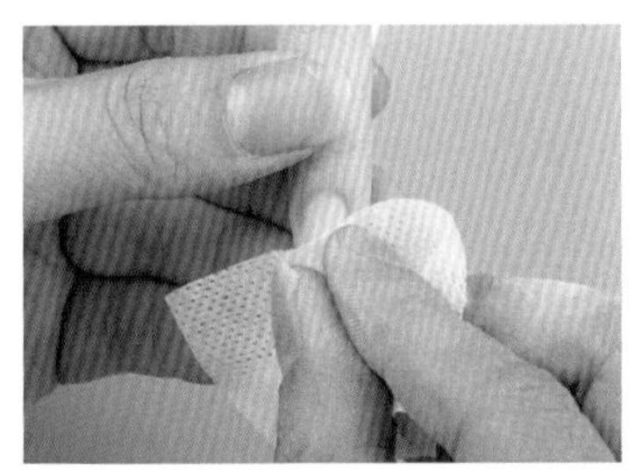

24 用棉片沾取 75 度酒精清洁甲面

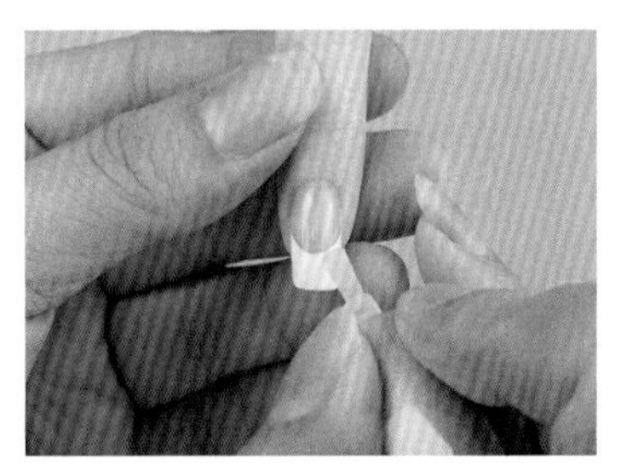

25 涂抹免洗封层，注意包边并均匀涂抹整个甲面，照灯固化 90 秒

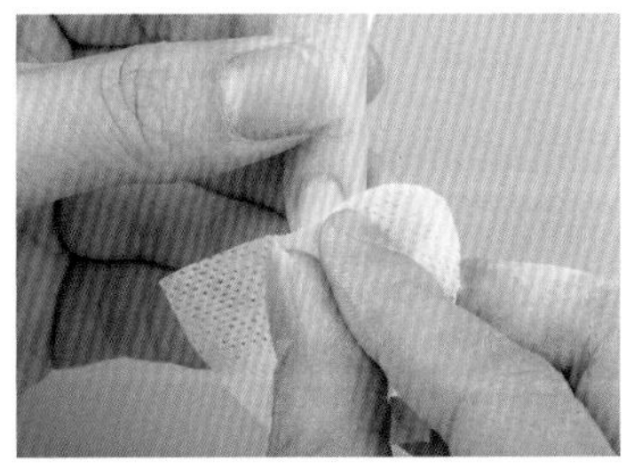

26 用棉片沾取 95 度酒精擦拭甲面浮胶

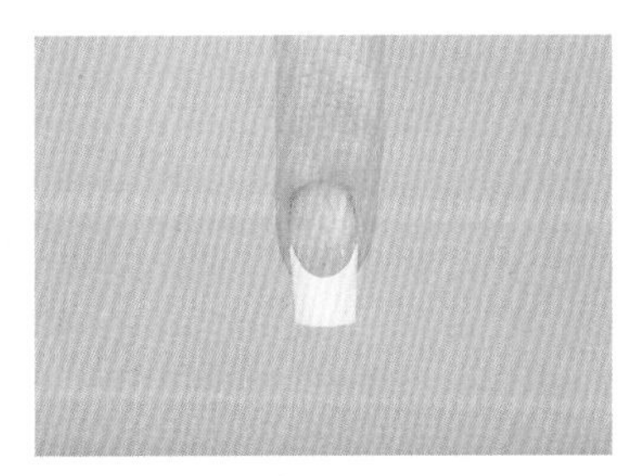

完成，甲面弧度平整自然

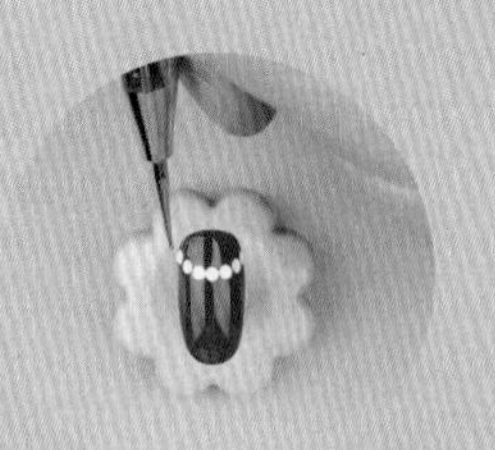

第 7 章 美甲基础彩绘与装饰

7.1 美甲基础彩绘及装饰的产品和工具
7.2 基础彩绘
7.3 美甲装饰
7.4 卸除装饰甲

彩绘的技法众多，其中小笔、拉线笔、格纹笔被美甲师广泛应用。美甲师应勤加练习，注意用笔时的力度与角度，注意整个甲面颜色搭配协调，图案比例要有大小之分，才能体现空间和透视效果。此外，美甲装饰是一项操作简单、速度快、易上手的美甲技法，本章还专门对此进行了讲解。

7.1 美甲基础彩绘及装饰的产品和工具

美甲基础彩绘及装饰需要的工具和材料有：有镊子、小笔、拉线笔、格纹笔、光疗笔、黏合胶水、卸钻钳、金银线、亮片、闪粉、彩色椭圆珠、异形钻、水钻、铆钉。

（1）镊子

镊子用于镊取小物，如各类钻饰、贴纸，如图 7–1 所示。

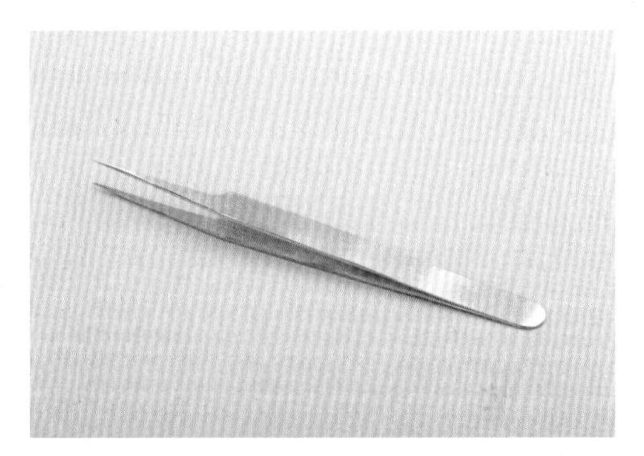

图 7–1 镊子

（2）小笔

小笔常用于甲面花朵、叶子、线条的彩绘，如图 7–2 所示。

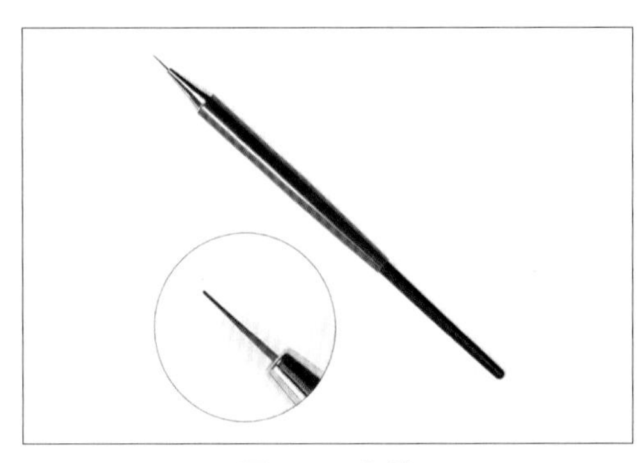

图 7–2 小笔

（3）拉线笔

拉线笔的笔头纤长，常用于线条的绘制，如图 7–3 所示。

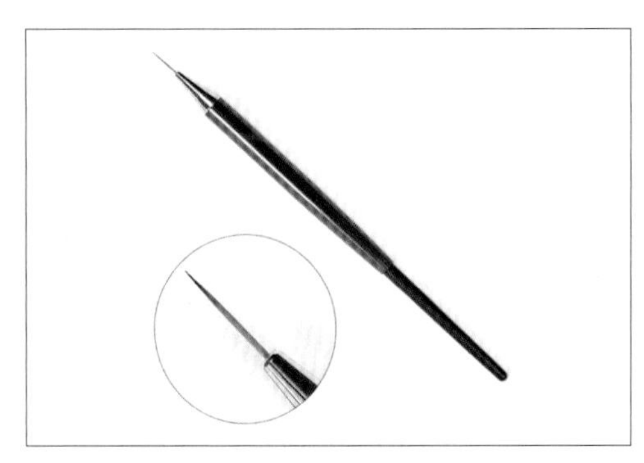

图 7–3 拉线笔

（4）格纹笔

格纹笔的笔头较为方正，适用于色块绘制，如图 7-4 所示。

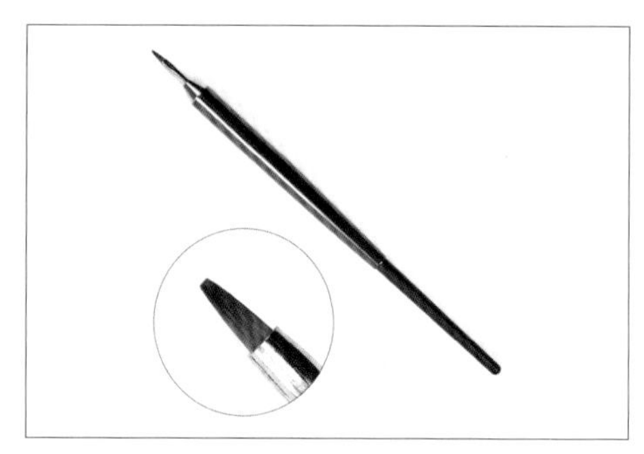

图 7-4 格纹笔

（5）光疗笔

光疗笔用于沾取光疗胶，并涂抹于甲面，如图 7-5 所示。

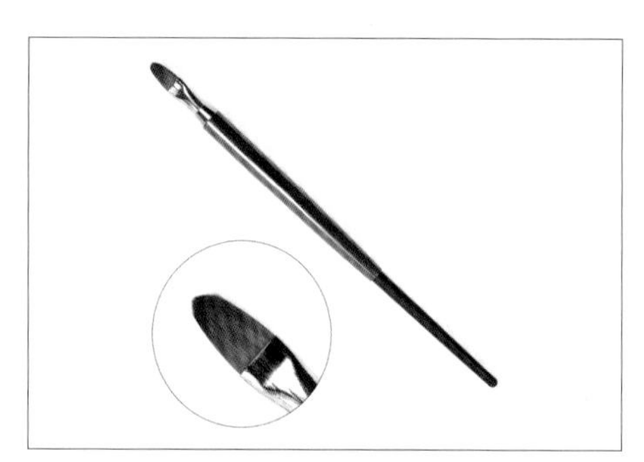

图 7-5 光疗笔

（6）黏合胶水

黏合胶水用于黏合不同的钻饰，稍有刺激性气味，能自然风干，如图 7-6 所示。

图 7-6 黏合胶水

（7）卸钻钳

卸钻钳用于卸除各种钻饰，如图 7-7 所示。

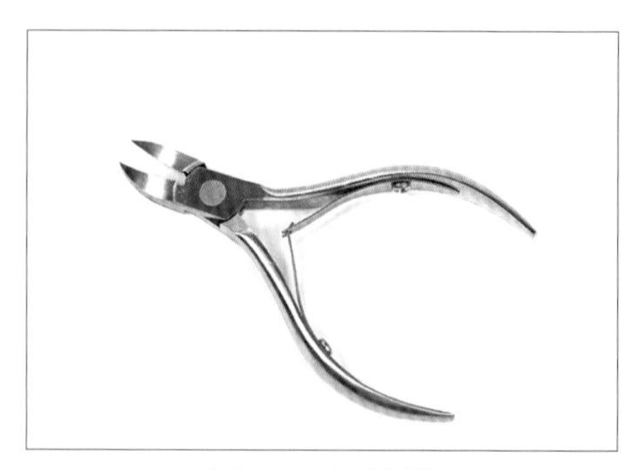

图 7-7 卸钻钳

（8）金银线

金银线附有背胶，可以直接黏贴在甲面，如图 7–8 所示。

图 7–8　金银线

（9）亮片

亮片多为塑料材质，能在灯光下闪烁，如图 7–9 所示。

图 7–9　亮片

（10）闪粉

闪粉细碎且闪亮，用于甲面装饰，如图 7–10 所示。

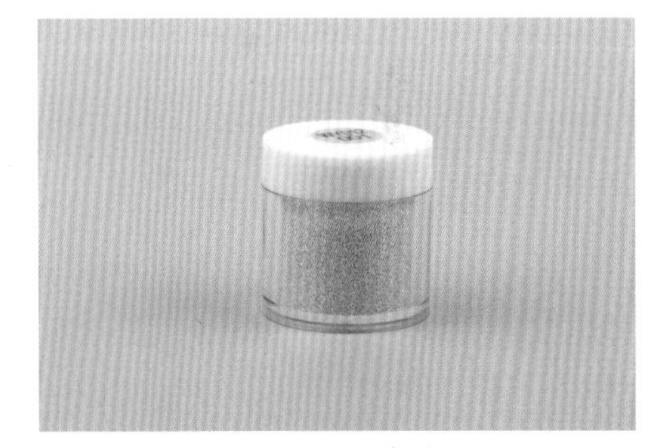

图 7–10　闪粉

（11）彩色椭圆珠

彩色椭圆珠为塑料材质，用于甲面装饰，如图 7–11 所示。

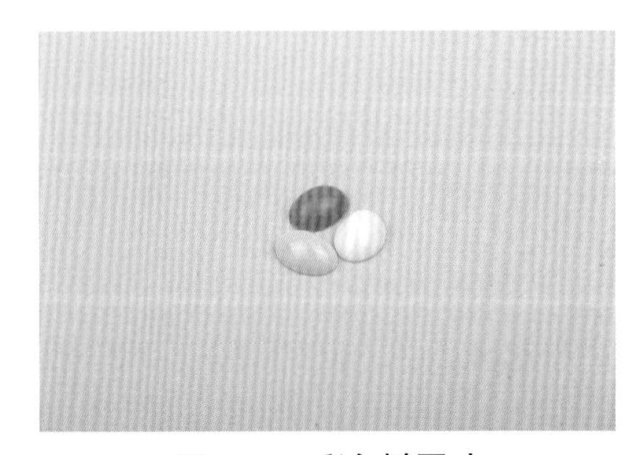

图 7–11　彩色椭圆珠

（12）异形钻

异形转的形状造型各异，适合打造不同主题款式，如图 7-12 所示。

图 7-12 异形钻

（13）水钻

水钻又称人造钻石，主要成分是水晶玻璃，视觉上犹如钻石般闪烁，如图 7-13 所示。

图 7-13 水钻

（14）铆钉

铆钉为金属材质，用于甲面装饰极具质感，如图 7-14 所示。

图 7-14 铆钉

知识便签

7.2 基础彩绘

彩绘是目前美甲师广泛使用的技法，彩绘用到的材料有丙烯颜料、彩绘胶、甲油胶。它们各具特色：丙烯颜料的颜色饱满、浓重、鲜润，材料含颗粒，且具有粗颗粒与细颗粒之分，较适合绘画出肌理纹路，可自然风干；彩绘胶的颜色饱实，绘制效果平滑，需要照灯固化；甲油胶具有耐久性，更易操作，在美甲图案的设计上更方便及多样化，需要照灯固化。

彩绘的工具有很多，下面主要介绍小笔彩绘、拉线笔彩绘、格纹笔彩绘。

7.2.1 简单彩绘

（1）简单色块

绘制简单色块的工具和材料有：浅紫色甲油胶、粉色甲油胶、黑色甲油胶、拉线笔、免洗封层。

绘制简单色块的流程如下。

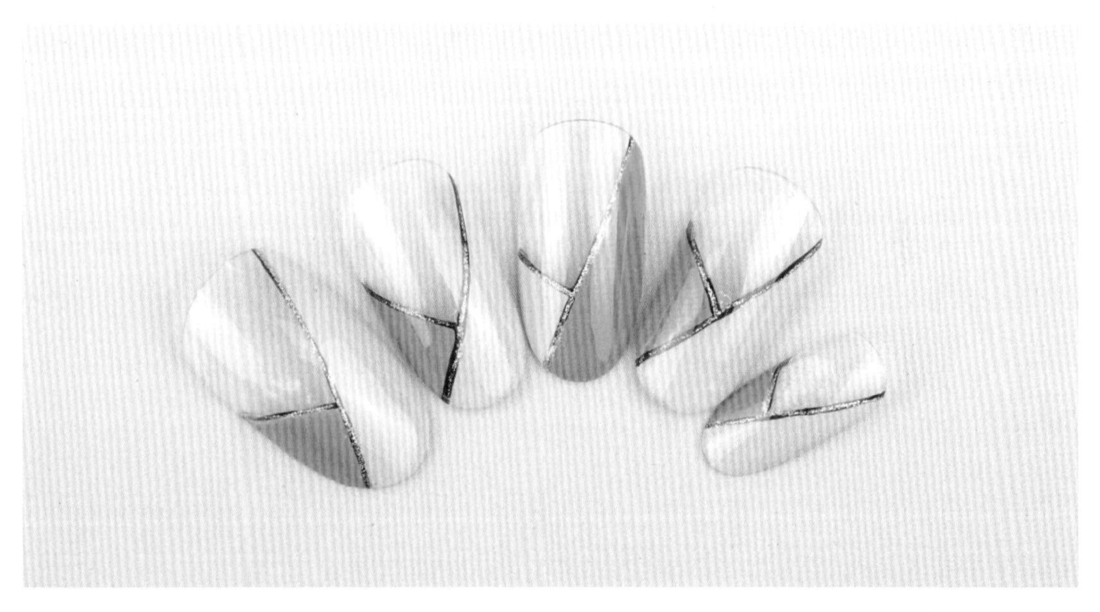

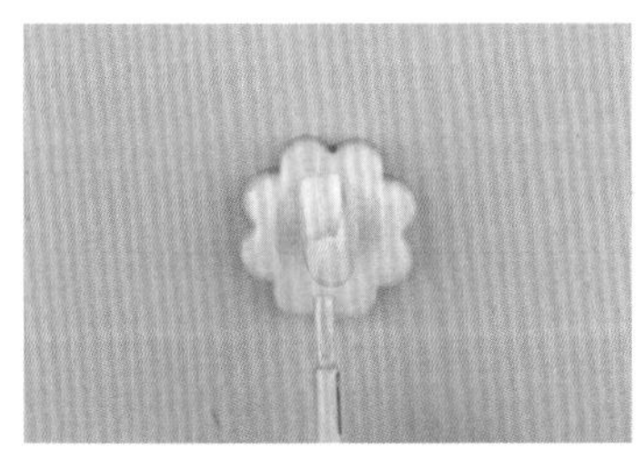

1　用浅紫色甲油胶在甲面右侧涂出三角区域

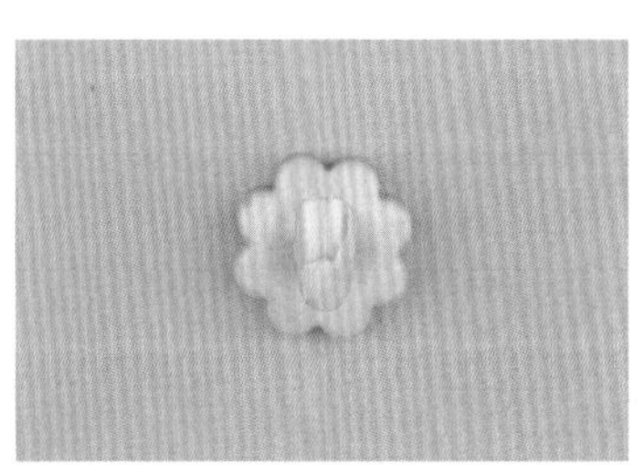

2　照灯固化 60 秒

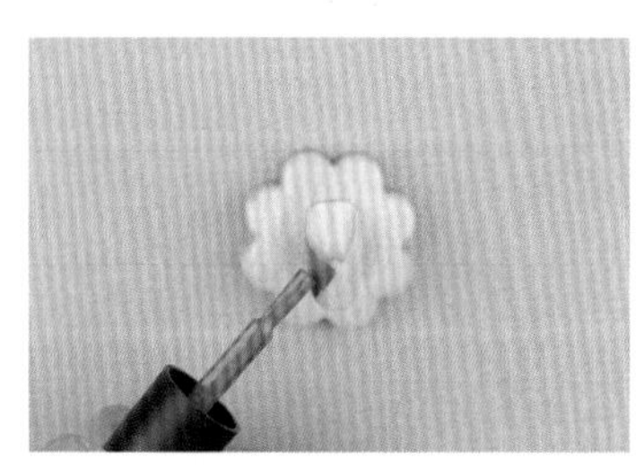

3　取粉色甲油胶在甲面左侧涂出三角区域，注意与紫色色块区分开来，照灯固化 60 秒

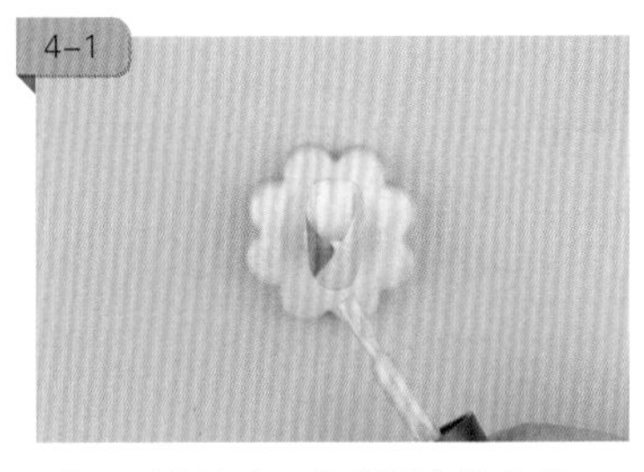

4 重复上色，加强颜色饱和度

5 用拉线笔沾取黑色甲油胶，沿着色块的边缘描绘

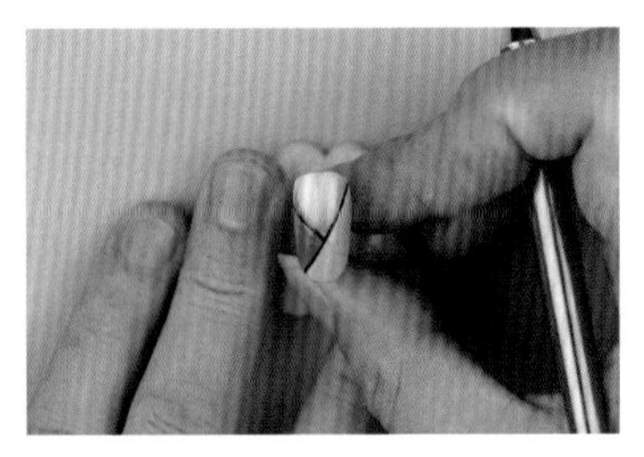

6 照灯固化 60 秒

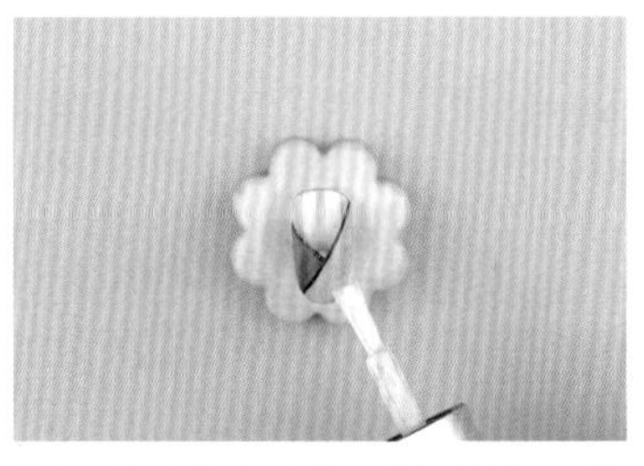

7 涂上免洗封层，照灯固化 90 秒

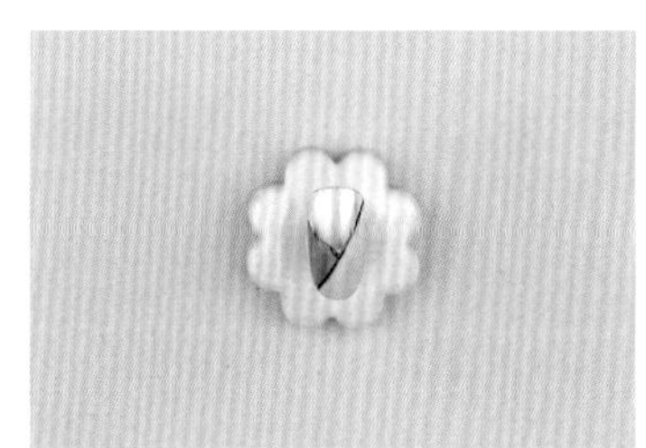

完成

知识便签

（2）简单几何图形

绘制简单几何图形的工具和材料有：宝蓝色甲油胶、白色彩绘胶、小笔、免洗封层、雕花笔、铆钉、黏合胶水。

绘制简单几何图形的流程如下。

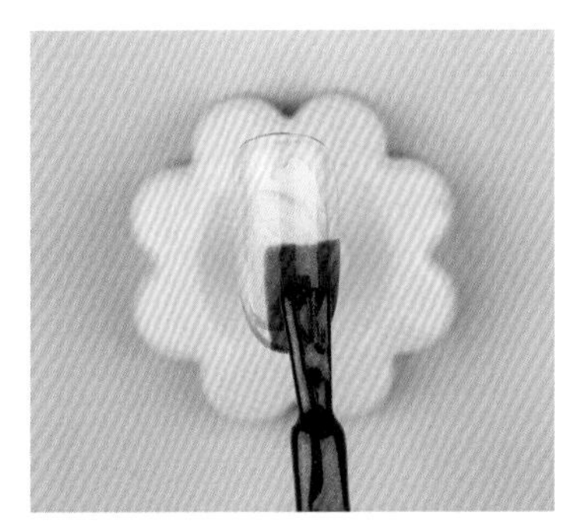

1　用宝蓝色甲油胶在甲面右下方涂抹色块

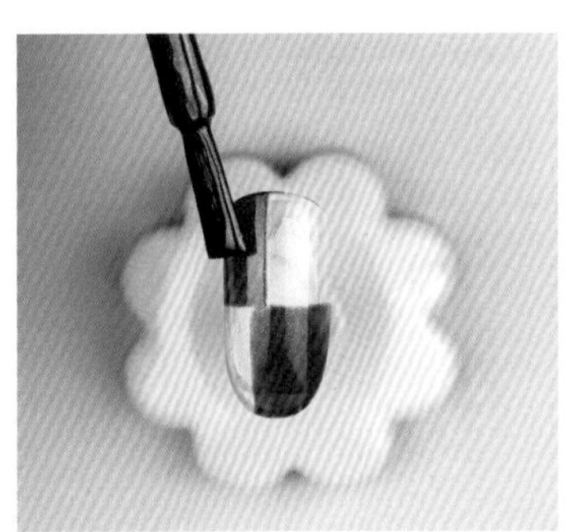

2　用同样的手法在甲面左上方涂抹色块

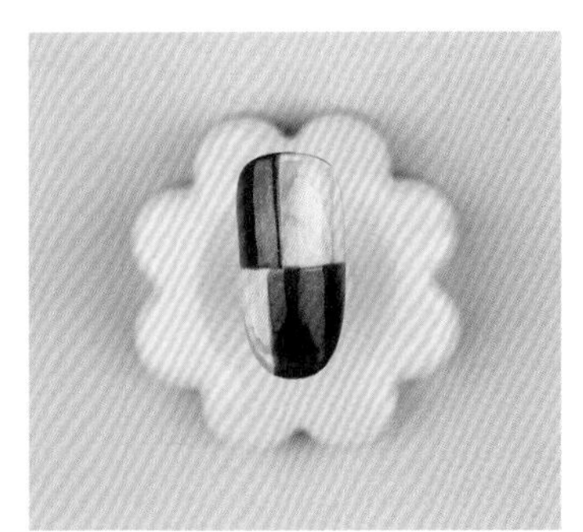

3　照灯固化 60 秒

4　用小笔沾取白色彩绘胶，在甲面中心画出横线，照灯固化 60 秒

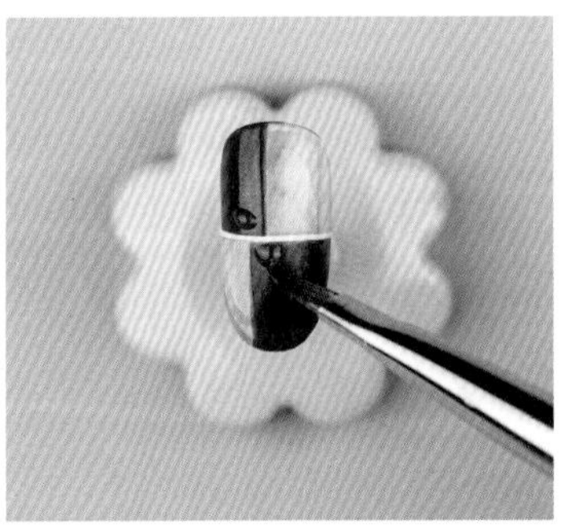

5　用雕花笔沾取适量黏合胶水点涂在色块两角

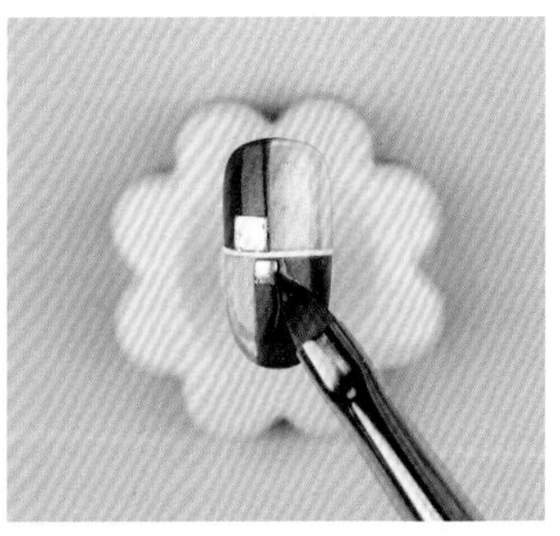

6　将铆钉放于相应的位置，装饰甲面

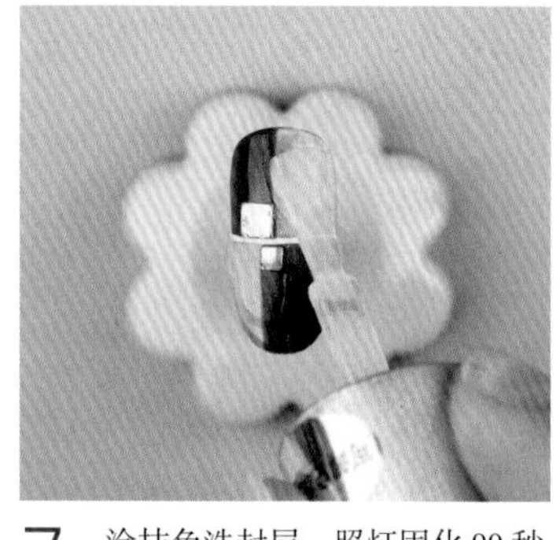

7 涂抹免洗封层，照灯固化 90 秒

完成

知识便签

7.2.2 小笔彩绘

小笔笔头细长，毛质柔韧，适合于在甲面绘制花朵、叶子、线条等精细图案，在美甲彩绘中应用广泛。对于不同的图案素材，美甲师要掌握好下笔力度与角度，从而得出满意的彩绘效果。

（1）小笔彩绘玫瑰

小笔彩绘玫瑰需要的工具和材料有：小笔、粉色甲油胶、红色甲油胶、绿色甲油胶、棕色甲油胶、免洗封层。

小笔彩绘玫瑰的流程如下。

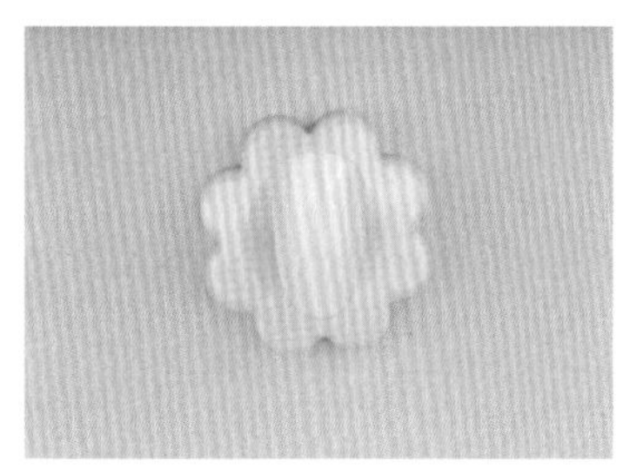

1 涂抹粉色甲油胶，照灯固化 60 秒

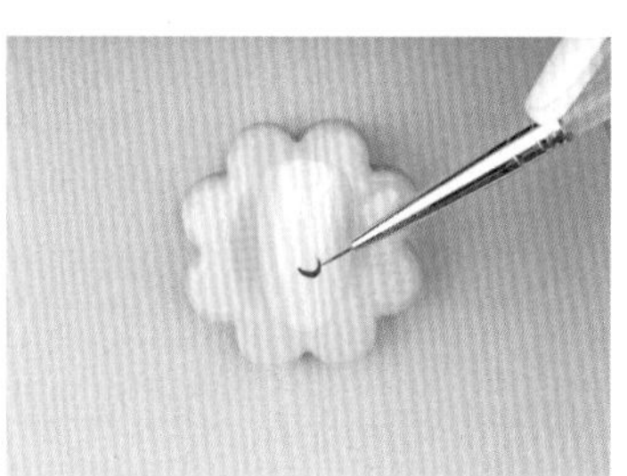

2 用小笔沾取适量红色甲油胶，在甲面画出玫瑰花芯

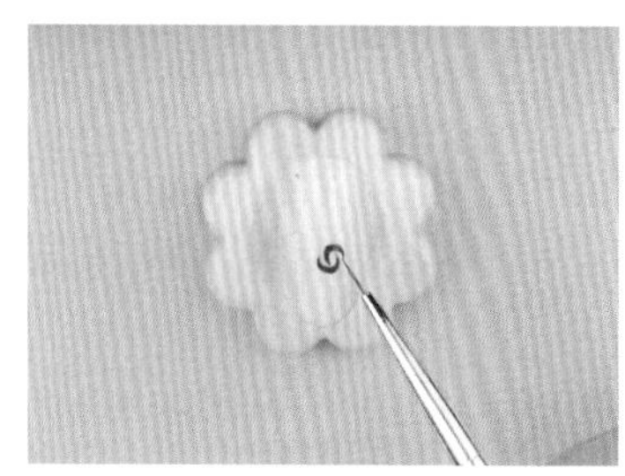

3 用错合的方法画出其余花瓣

4–1

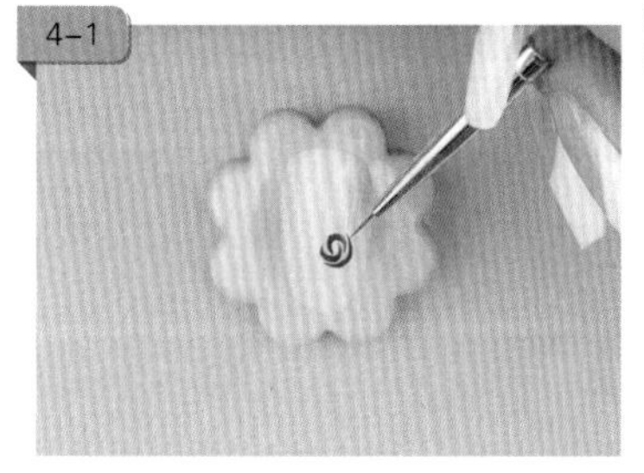

4–2

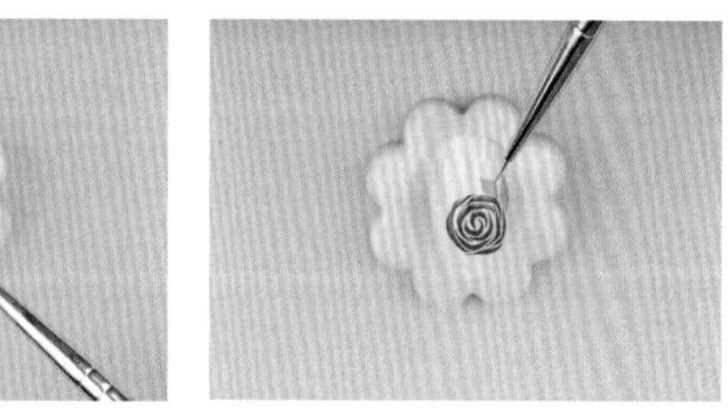

4 用相同手法画出玫瑰其余花瓣，形成花朵主体，照灯固化 30 秒

5 用小笔沾取绿色甲油胶，在玫瑰一侧画出叶子

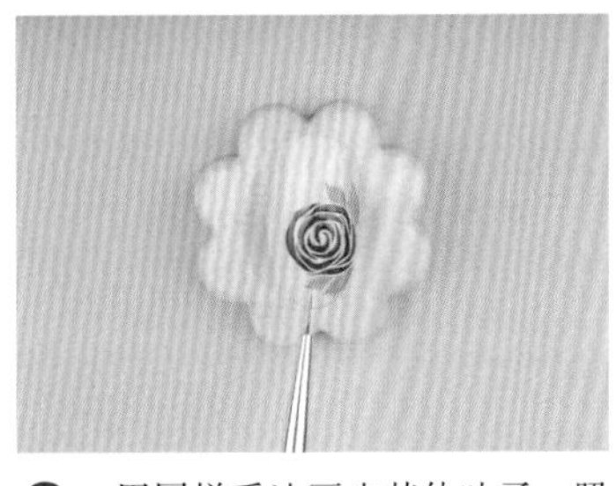

6 用同样手法画出其他叶子，照灯固化 30 秒

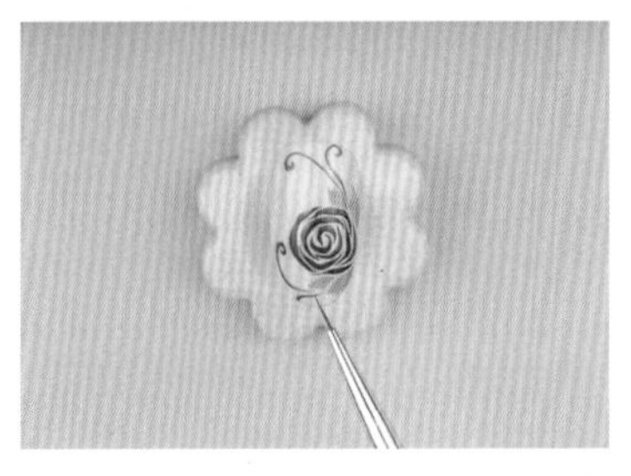

7 沾取棕色甲油胶，画出藤蔓作为装饰，照灯固化 30 秒

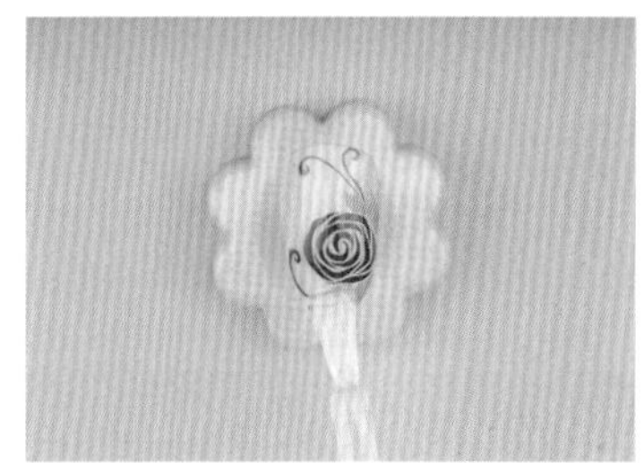

8 涂抹免洗封层，照灯固化 90 秒

完成

知识便签

（2）小笔彩绘五瓣花

小笔彩绘五瓣花需要的工具和材料有：粉色甲油胶、小笔、白色甲油胶、紫色甲油胶、黄色甲油胶、绿色甲油胶、棕色甲油胶、闪粉、免洗封层。

小笔彩绘五瓣花的流程如下。

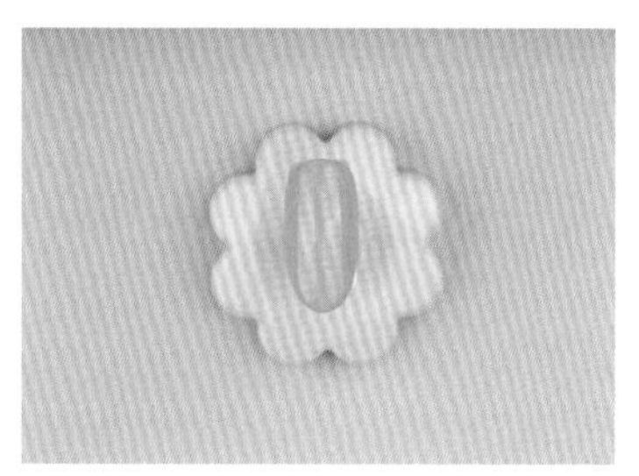

1　涂抹粉色甲油胶，照灯固化 60 秒

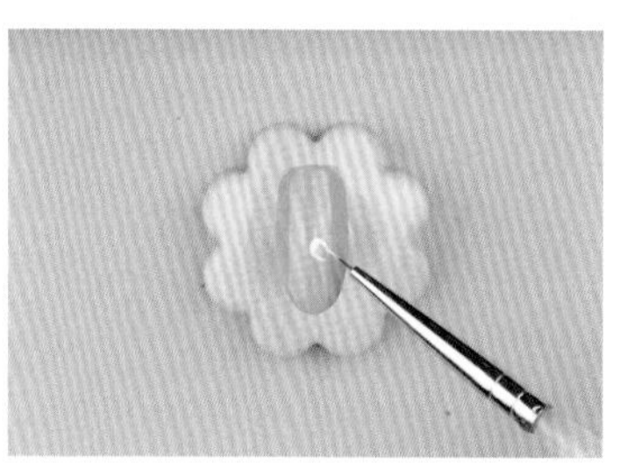

2　沾取白色甲油胶，勾勒花瓣形状

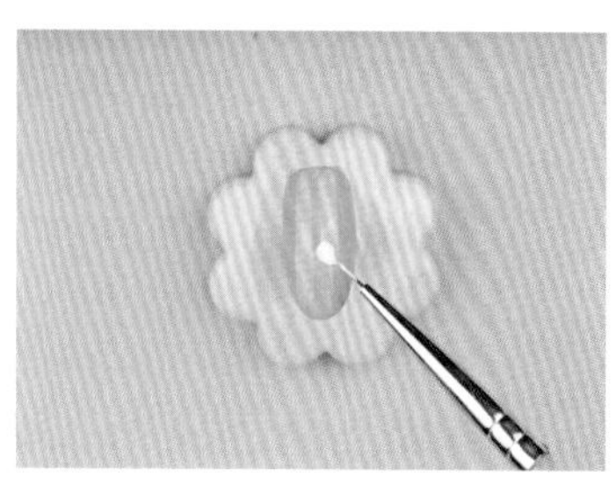

3　填充，注意花瓣颜色要涂抹均匀

4-1

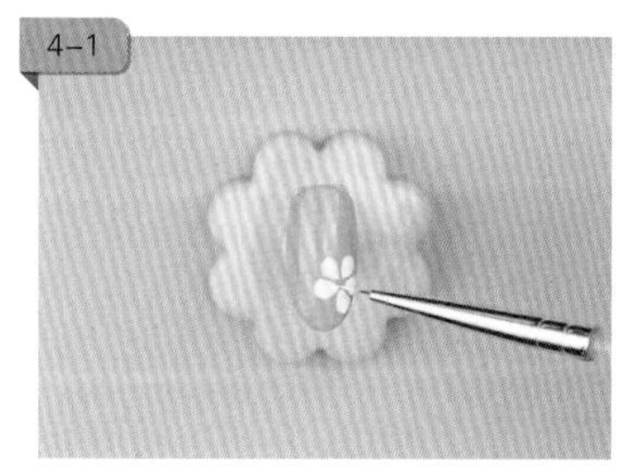

4-2

4-3

4　用同样手法画出其余花瓣，照灯固化 30 秒

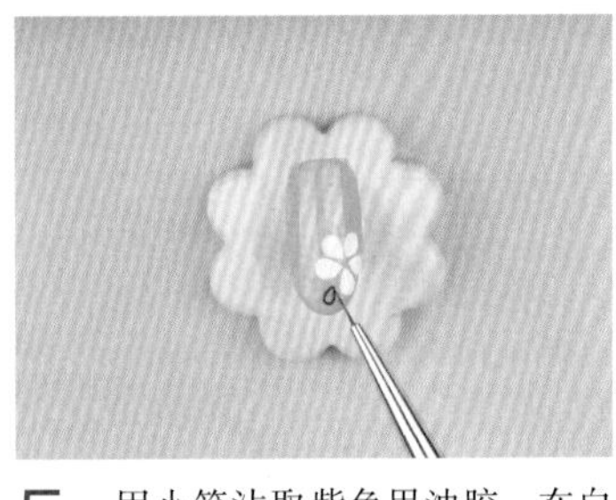

5　用小笔沾取紫色甲油胶，在白色花朵周围勾勒花瓣形状

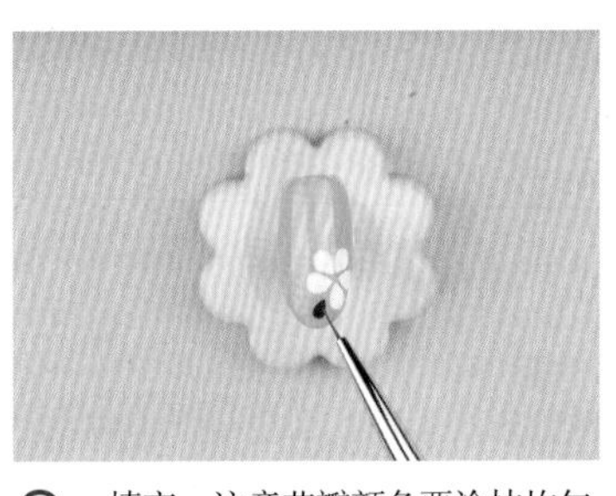

6　填充，注意花瓣颜色要涂抹均匀

7-1

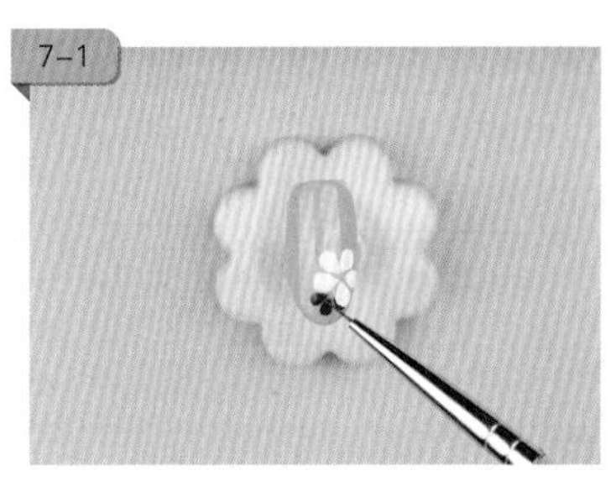

7　用同样手法绘画出其他紫色花瓣，照灯固化 30 秒

7-2

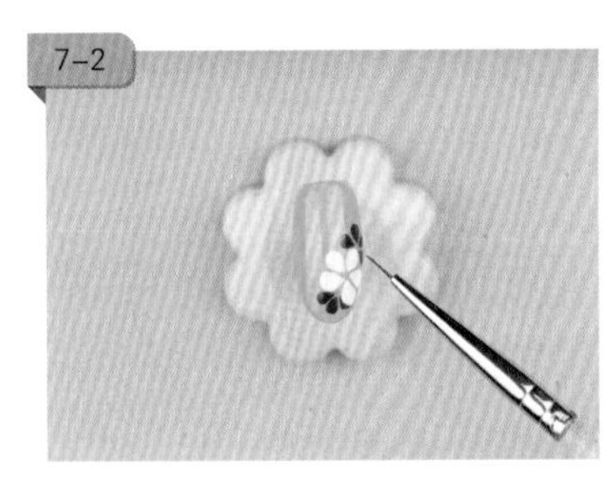

7-3

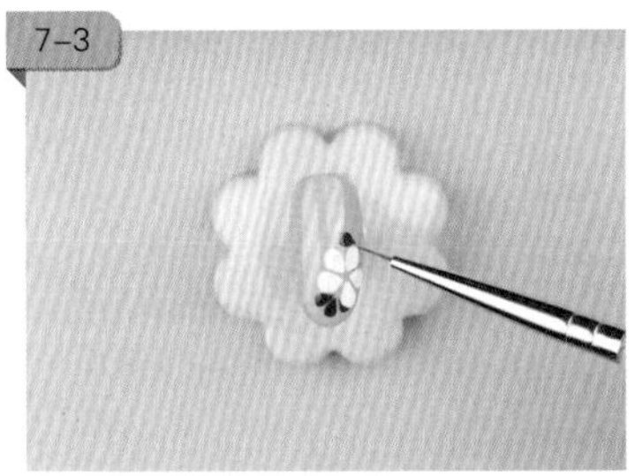

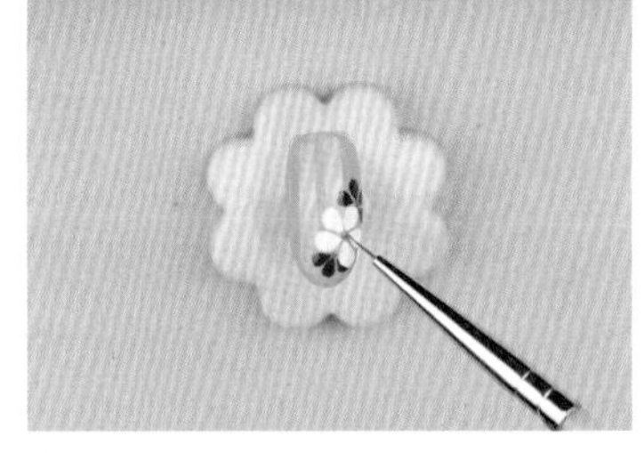

8　沾取黄色甲油胶，点在花朵中央作为花芯，照灯固化 30 秒

9-1

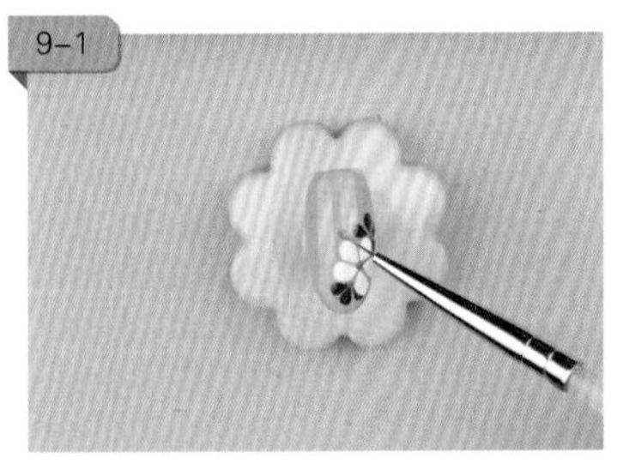

9-2

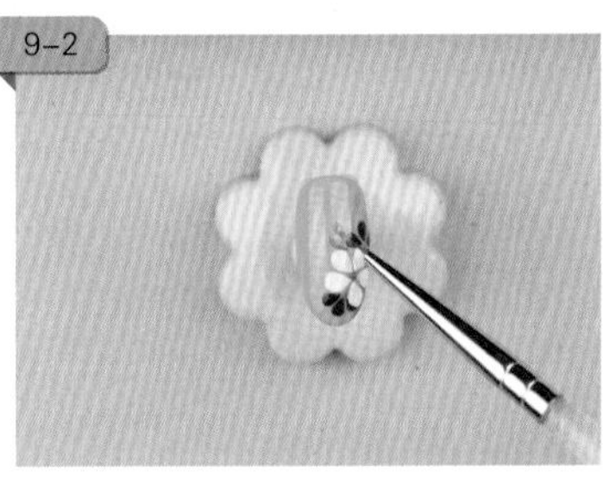

9　沾取绿色甲油胶，在花朵周围绘出叶子

10-1

10　沾取棕色甲油胶，在甲面画出藤蔓，照灯固化 30 秒

10-2

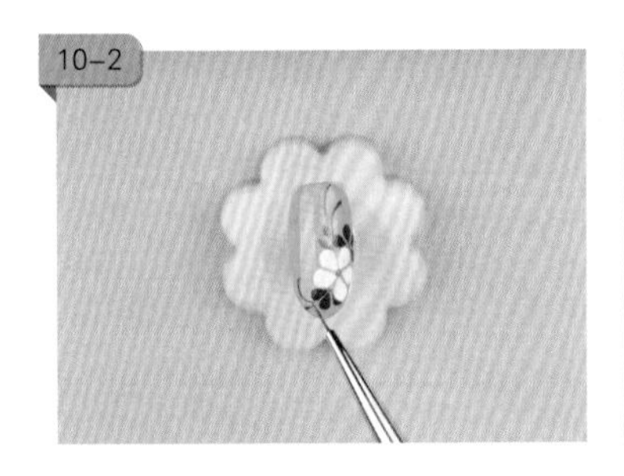

11　沾取白色甲油胶，在留空位置点上小点作为装饰，照灯固化 30 秒

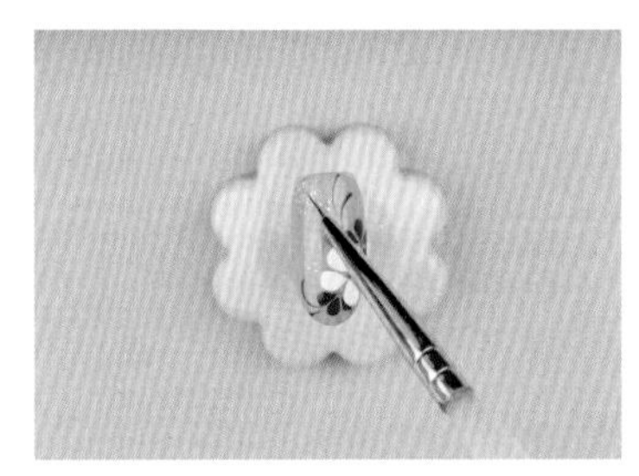

12　在甲面左上方扫上闪粉作为装饰，照灯固化 30 秒

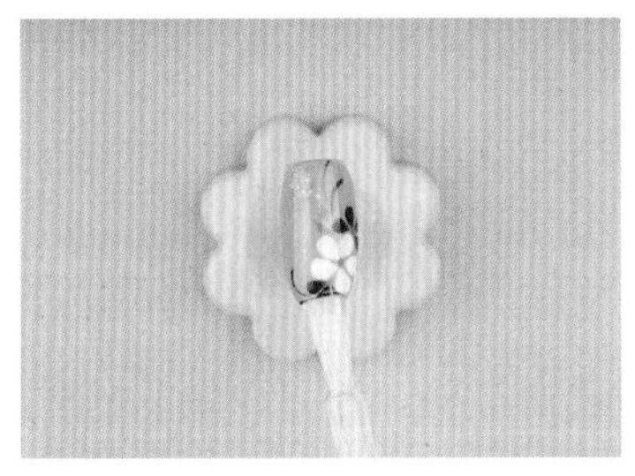

13 涂抹免洗封层，照灯固化 90 秒

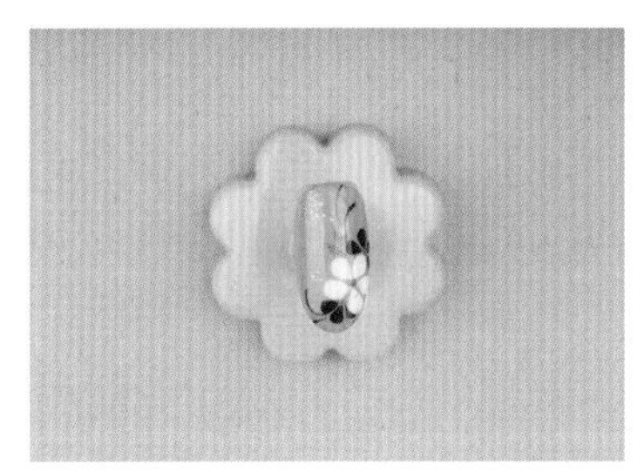

完成

知识便签

7.2.3 拉线笔彩绘

拉线笔笔头细长、毛量较少，适合在甲面绘制细长直线或弧线，美甲师在操作时应控制下笔的力度与角度，避免同一直线粗细不一或弯曲变形。

（1）拉线笔彩绘蕾丝

拉线笔彩绘蕾丝需要的工具和材料有：紫色闪粉甲油胶、白色甲油胶、免洗封层、拉线笔。

拉线笔彩绘蕾丝的流程如下。

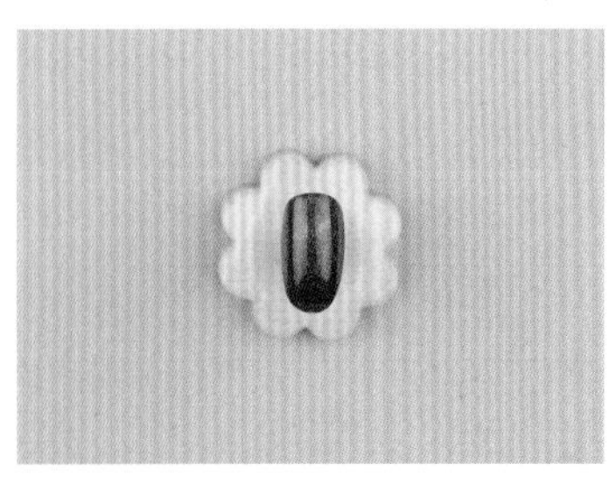

1 涂抹紫色闪粉甲油胶，照灯固化60秒

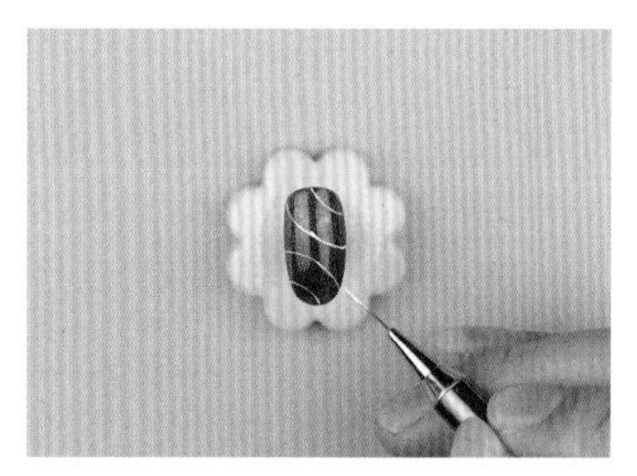

2 用拉线笔沾取白色甲油胶，在甲面画出若干弧线

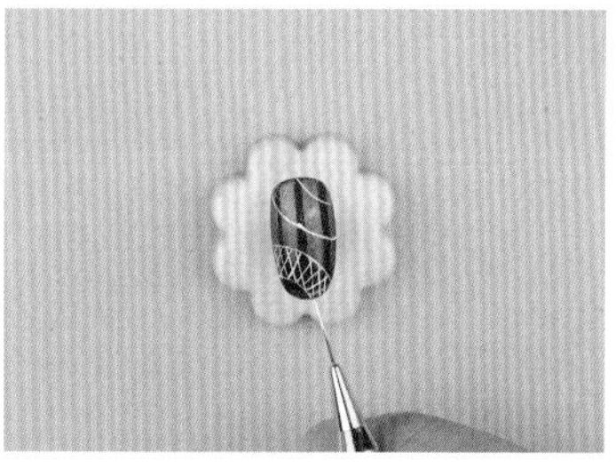

3 在两条弧线内画出交错斜线

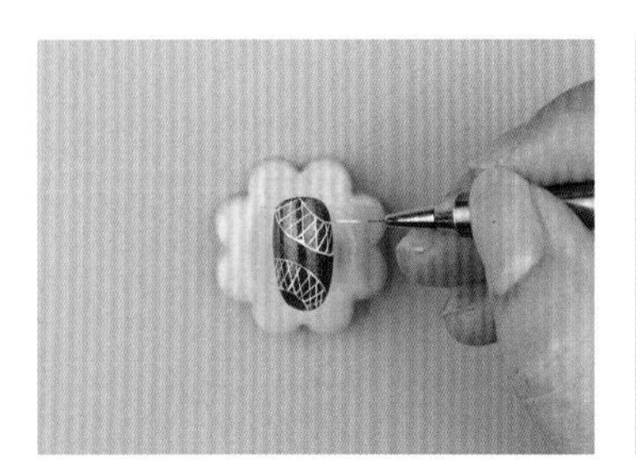

4 注意斜线间距要掌控得当

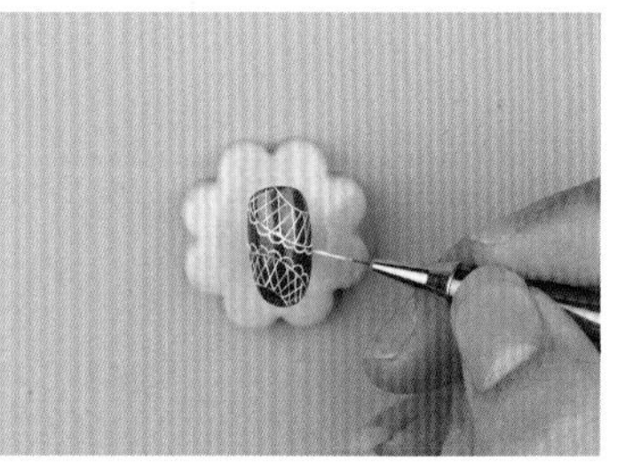

5 在弧线上方画出半圆弧形成花边

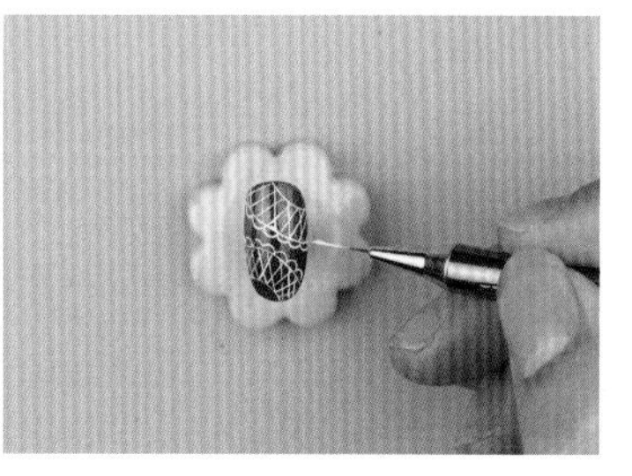

6 在空白位置点出若干小点，丰富整体效果，照灯固化 30 秒

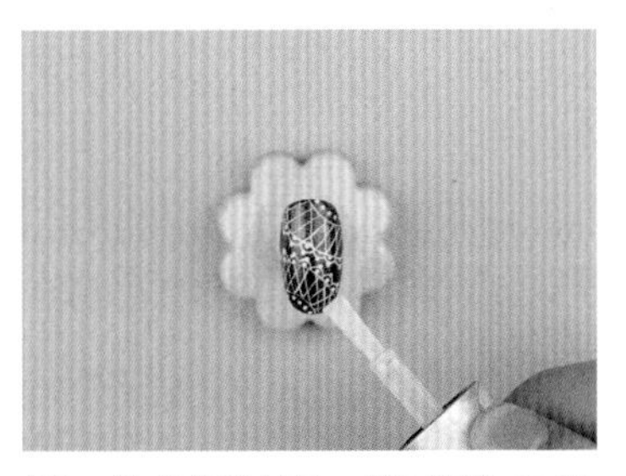

7 涂抹免洗封层，照灯固化 90 秒

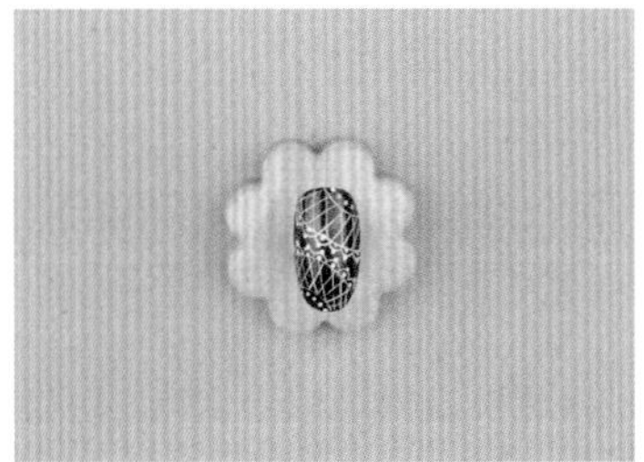

完成

知识便签

（2）拉线笔彩绘线条

拉线笔彩绘线条需要的工具和材料有：裸色甲油胶、黑色甲油胶、拉线笔、免洗封层。

拉线笔彩绘线条的流程如下。

1 涂抹裸色甲油胶，照灯固化 60 秒

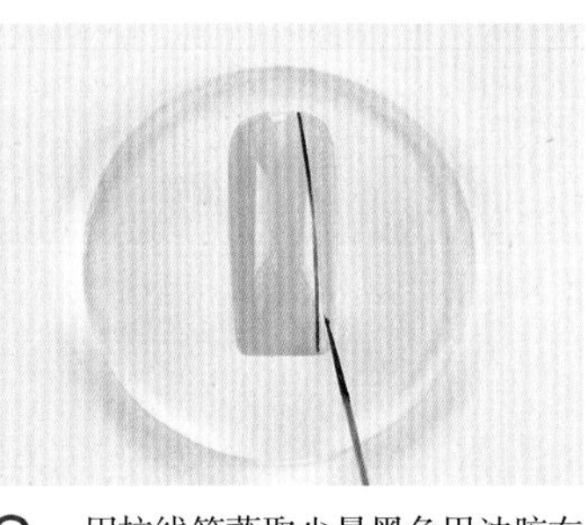

2 用拉线笔蘸取少量黑色甲油胶在甲面上轻轻地竖向画出一条细线

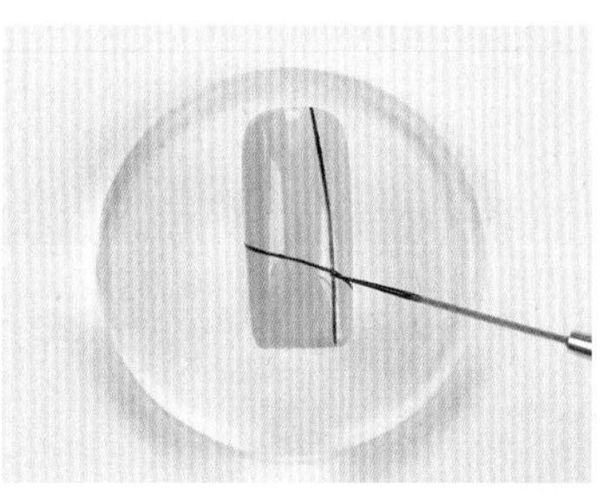

3 用同样的方法斜向画出另一条细线

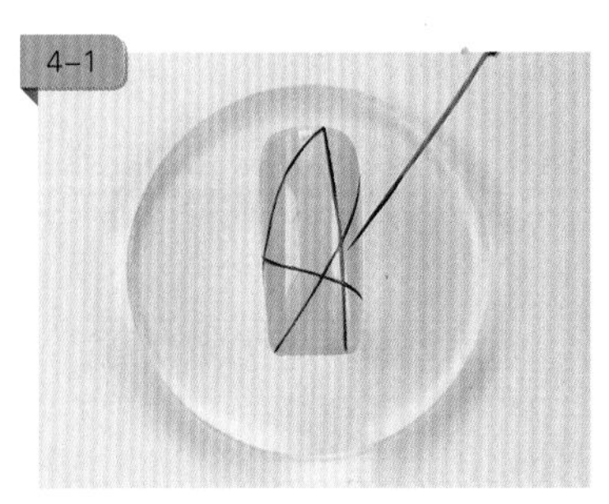

4 在甲面上增加多条细线，增加层次感，注意每次绘画后需照灯固化

涂抹免洗封层，照灯固化 90 秒，完成

7.2.4 格纹笔彩绘

格纹笔笔头较为方正，毛量浓密且集中，常用于色块的绘制，是美甲师广泛应用的彩绘技法，常用于打造日式风格。下面以格纹笔彩绘色块为例进行介绍。

格纹笔彩绘色块需要的工具和材料有：白色甲油胶、玫红色甲油胶、黄色甲油胶、银色甲油胶、格纹笔、拉线笔、免洗封层。

格纹笔彩绘色块的流程如下。

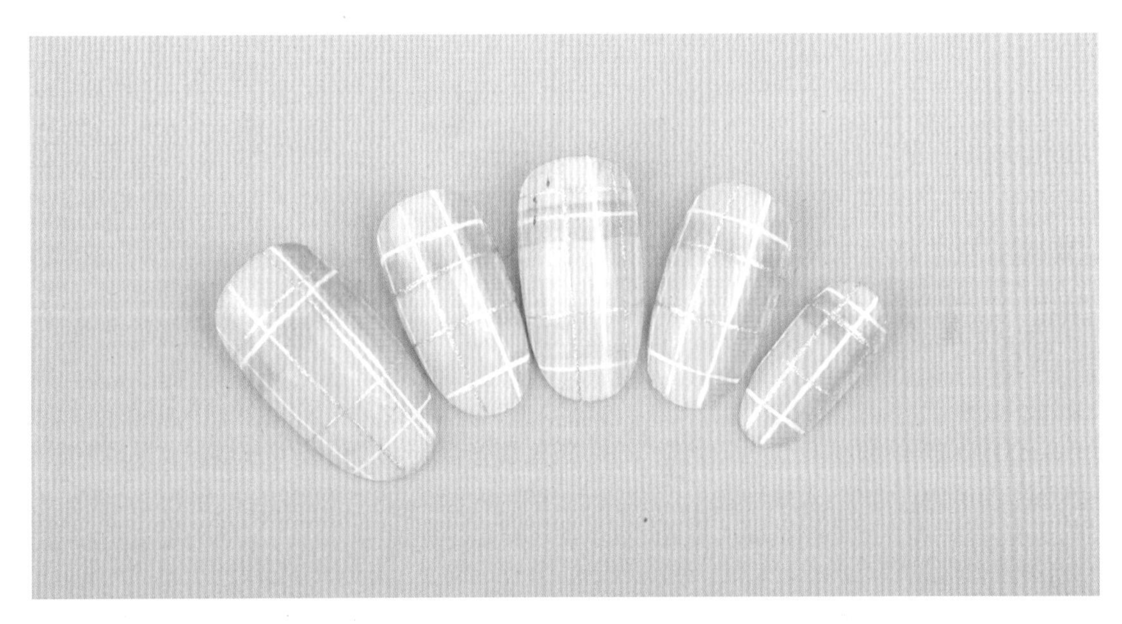

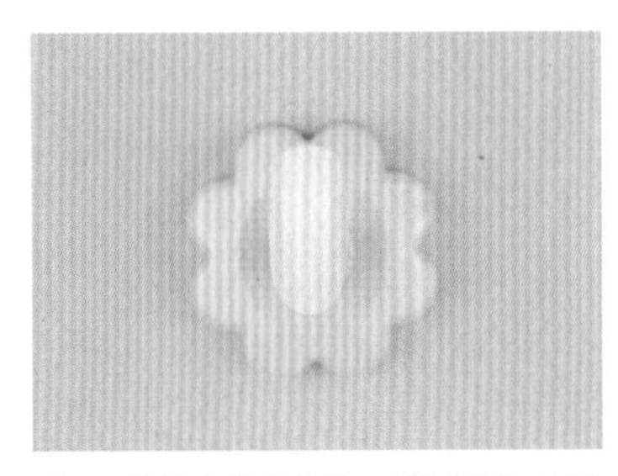

1 涂抹白色甲油胶，照灯固化 60 秒

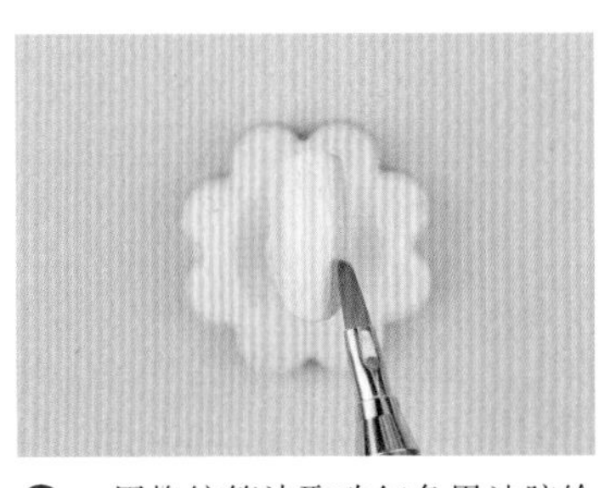

2 用格纹笔沾取玫红色甲油胶绘出直线，照灯固化 30 秒

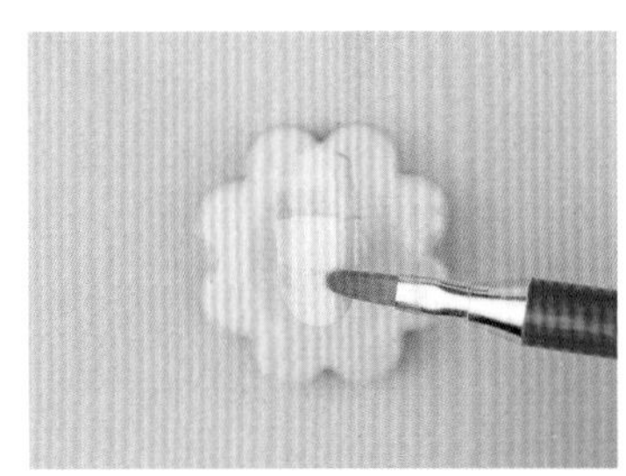

3 用格纹笔沾取黄色甲油胶绘出横线，照灯固化 30 秒

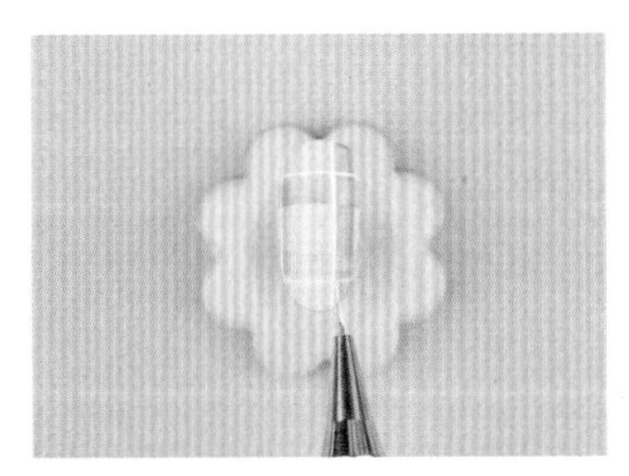

4 用拉线笔沾取白色甲油胶，沿线条边缘勾勒，照灯固化 30 秒

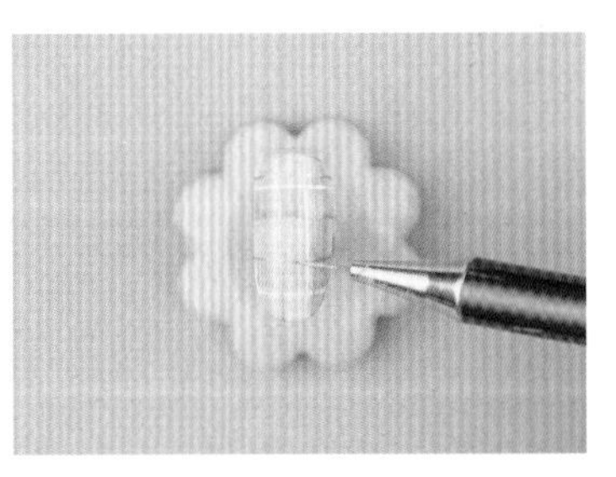

5 用拉线笔沾取银色甲油胶，交错于白色线条，照灯固化 30 秒

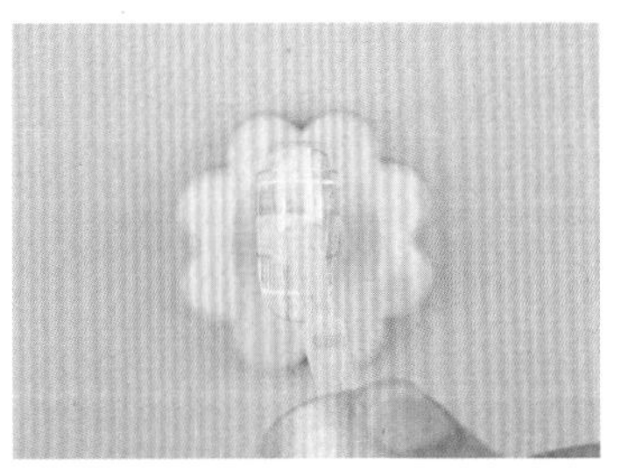

6 涂抹免洗封层，照灯固化 90 秒

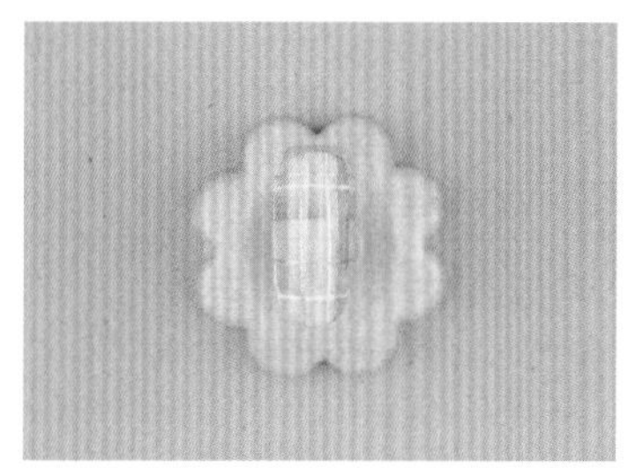
完成

知识便签

7.3 美甲装饰

7.3.1 金银线装饰

金银线装饰需要的工具和材料有：红色甲油胶、海绵锉、银线、镊子、免洗封层、棉片、75 度酒精、小剪刀。

金银线装饰的制作步骤如下。

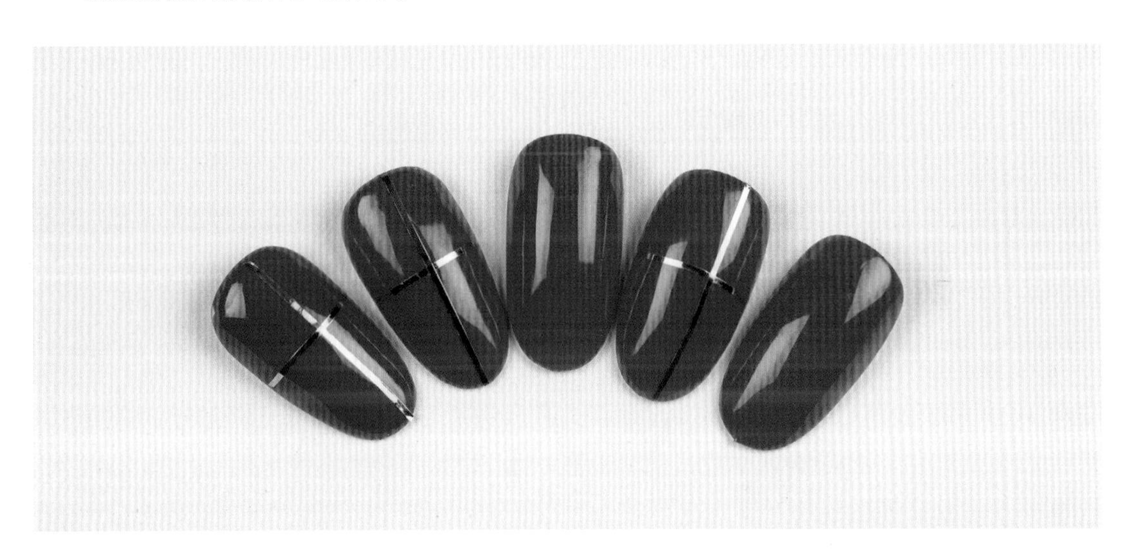

1 红色甲油胶打底，涂抹免洗封层照灯固化 90 秒

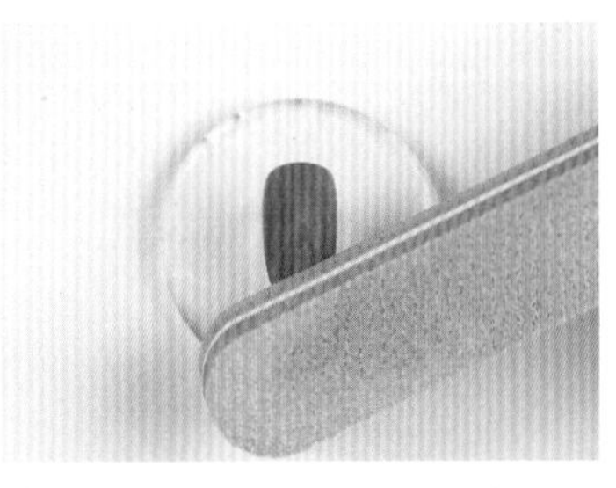

2 用海绵锉轻抛甲面，增加金银线的黏合度

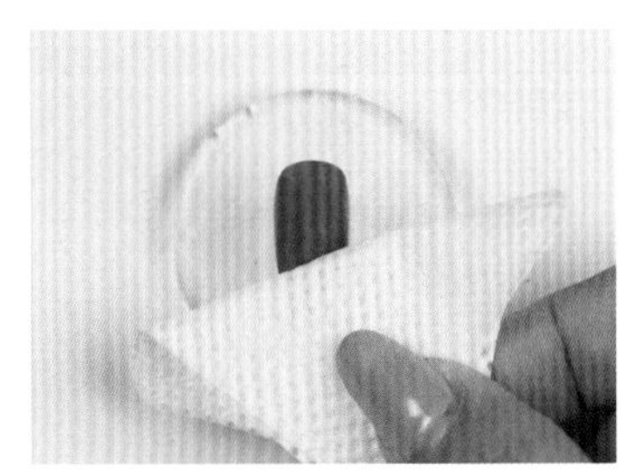

3 用棉片沾取 75 度酒精清洁甲面

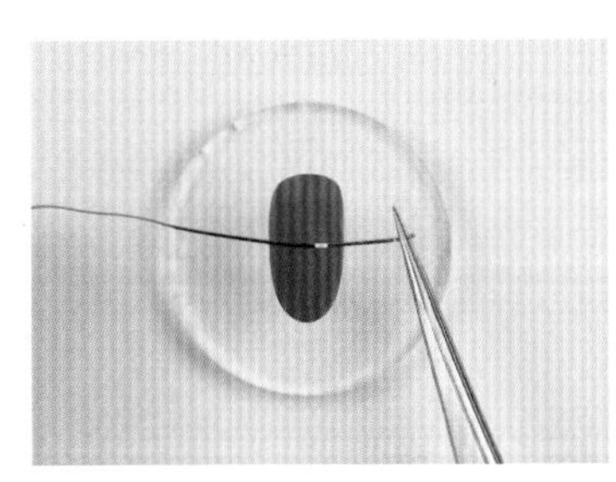

4 用镊子夹住银线一头，并将银线粘于甲面

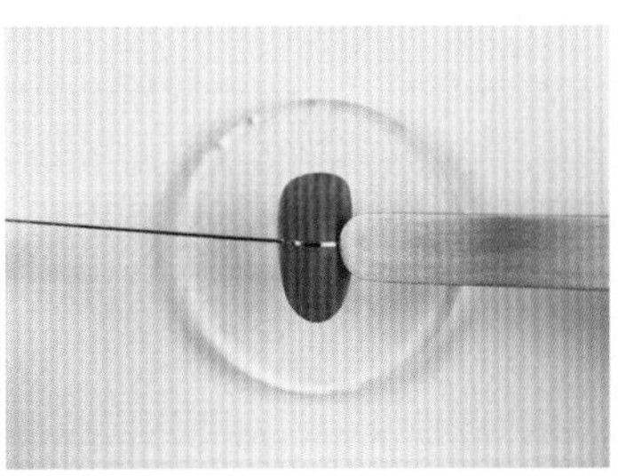

5 用镊子的圆头轻轻刮压银线两端并按压 10 秒

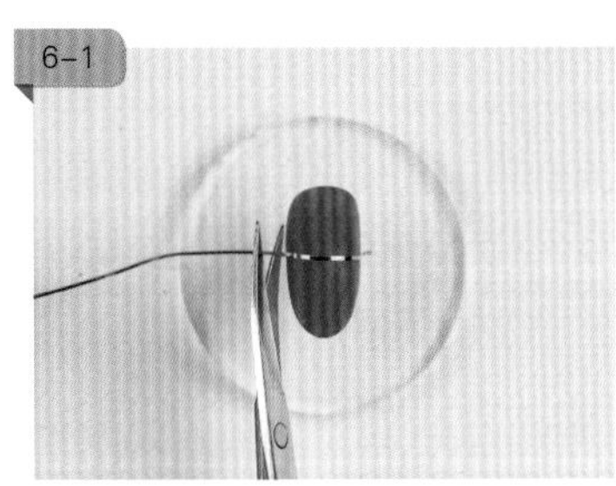

6 用小剪刀剪去两端多余部分，应在两头留出 0.5 毫米的距离以防黏合后起翘

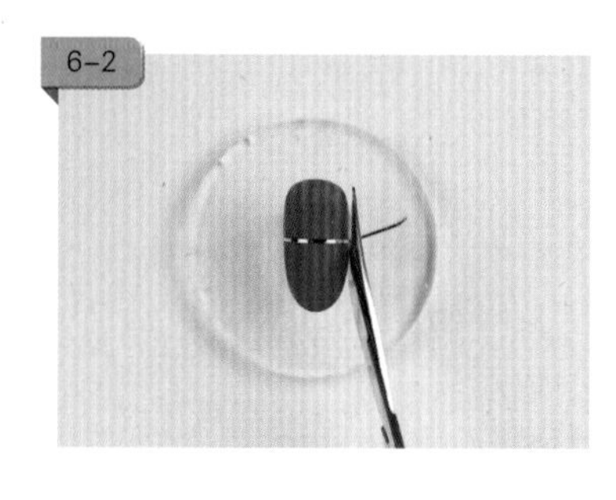

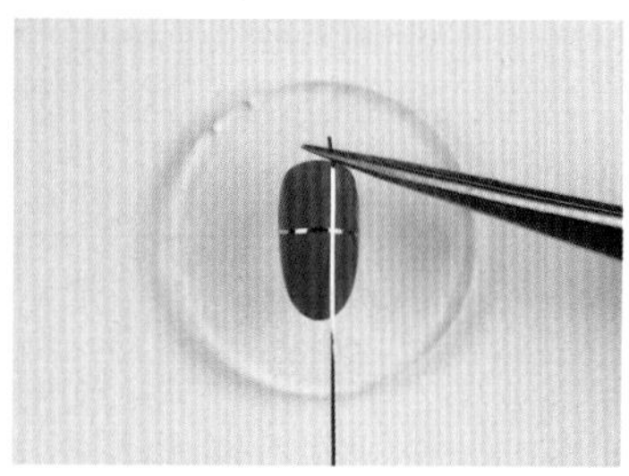

7 用同样的手法竖向放置银线，形成十字

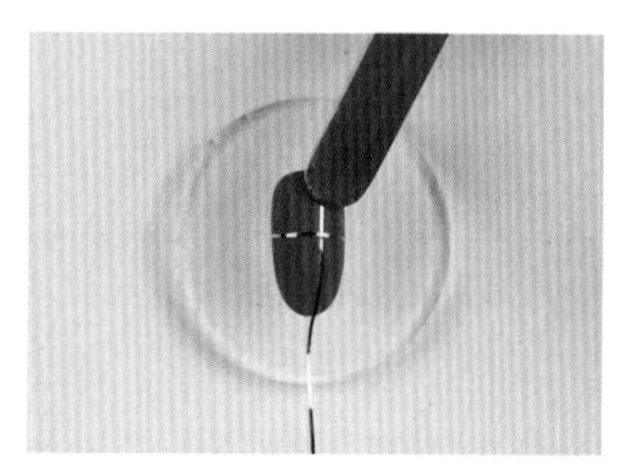

8 同样用镊子的圆头轻轻刮压银线两端并按压 10 秒

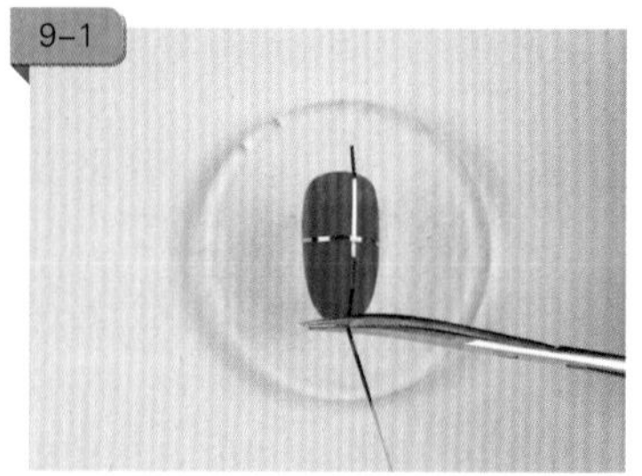

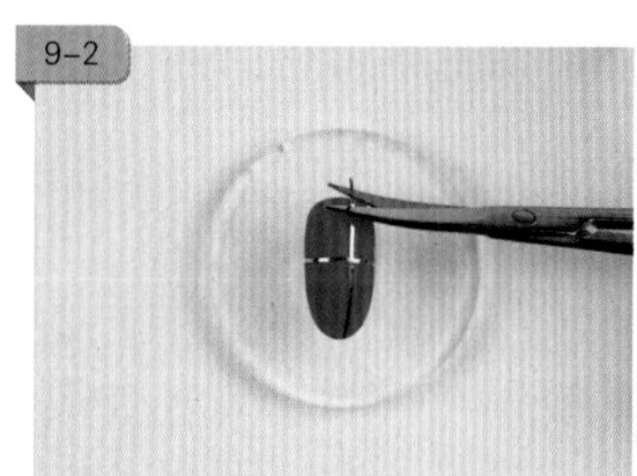

9 剪除两端多余银线，注意留出 0.5 毫米距离以防黏合后起翘

10 涂抹免洗封层，照灯固化 90 秒

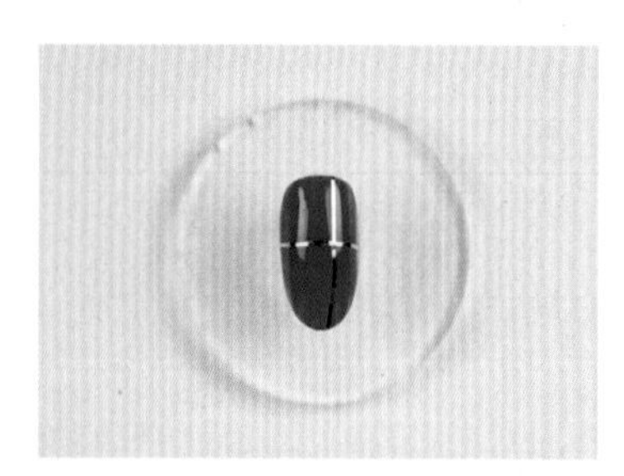

完成

知识便签

7.3.2 亮片装饰

亮片装饰需要的工具和材料有：点珠笔、紫色甲油胶、亮片、免洗封层。

亮片装饰的制作步骤如下。

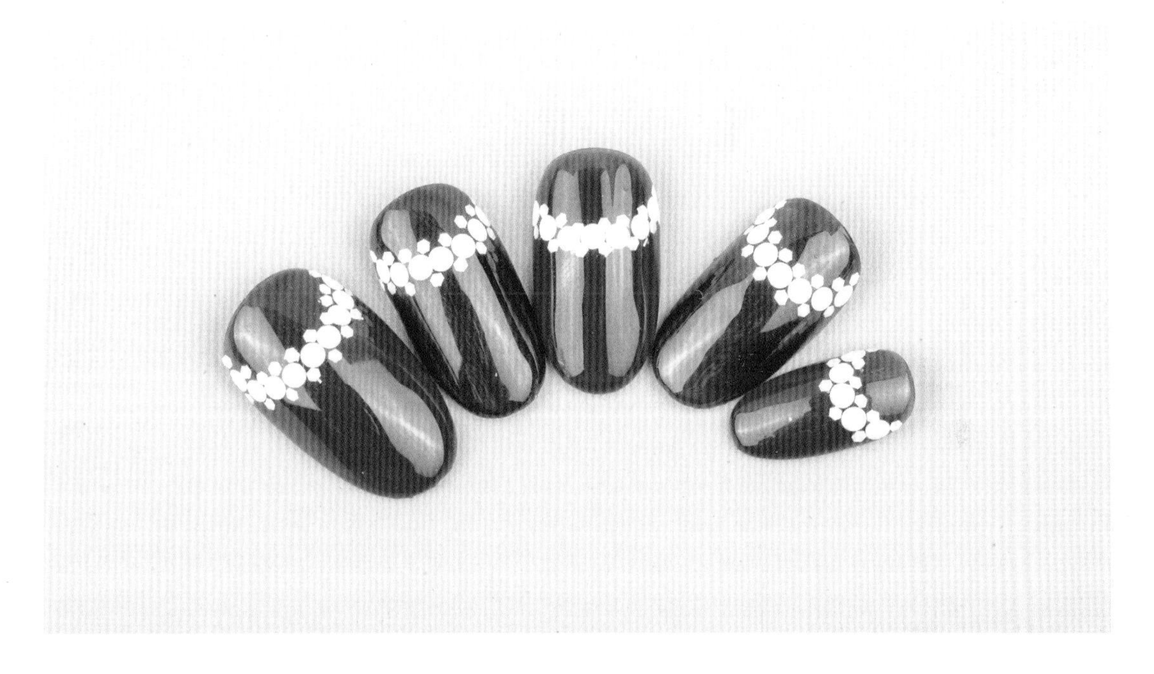

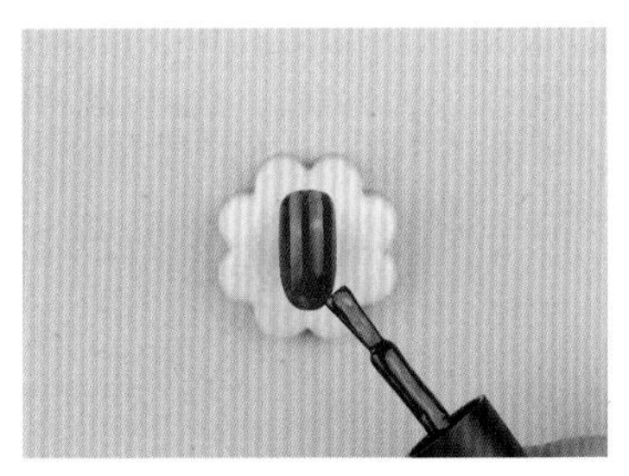

1 涂抹紫色甲油胶，照灯固化 60 秒

2 重复上色并照灯固化后，在甲面涂抹免洗封层，暂不照灯

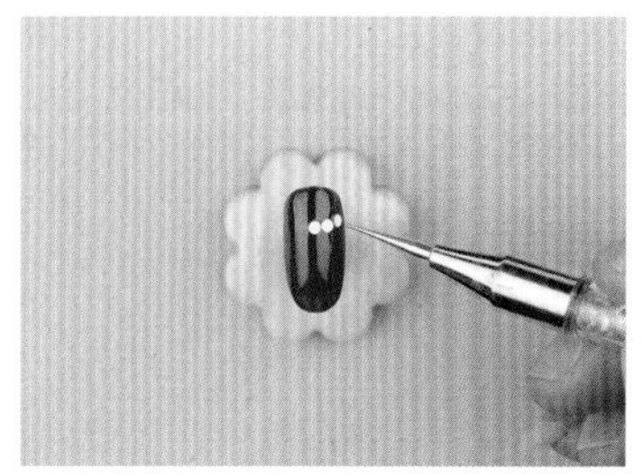

3 使用点珠笔沾取亮片，依次排列于甲面

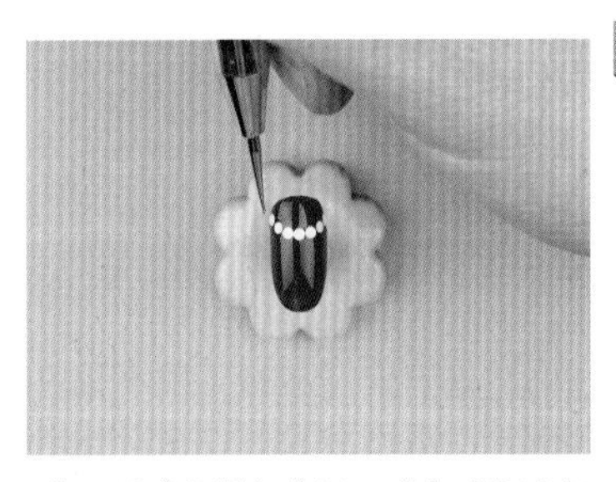

4 注意调整好位置，形成对称弧度

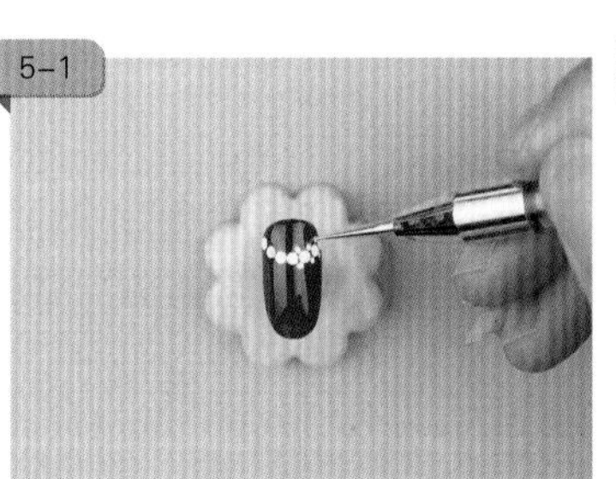

5–1

5–2

5 用点珠笔沾取小亮片，与原亮片交错排列于甲面，照灯固化 60 秒

6 涂抹免洗封层，照灯固化 90 秒

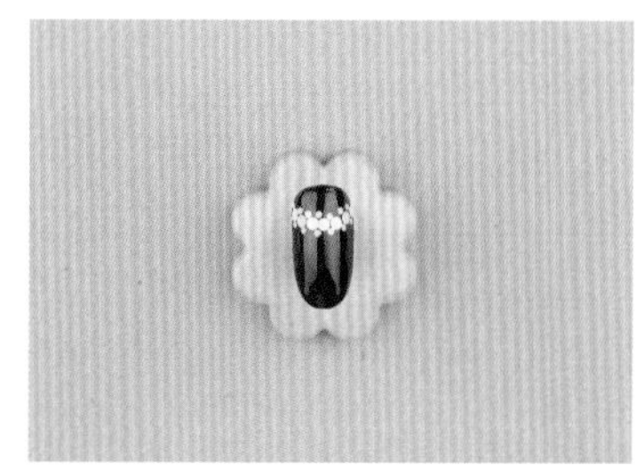

完成

知识便签

7.3.3 闪粉渐变装饰

闪粉渐变装饰需要的工具和材料有：光疗笔、红色甲油胶、免洗封层、闪粉、底胶。

闪粉渐变装饰的制作步骤如下。

1 涂抹红色甲油胶，照灯固化 60 秒

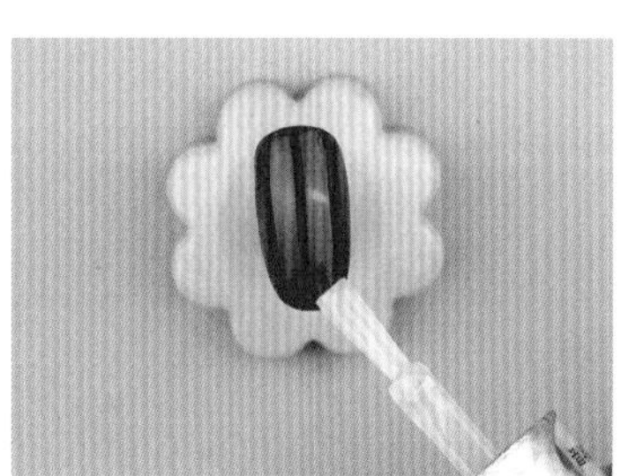

2 涂抹底胶，暂不照灯

3 用光疗笔沾取适量闪粉，轻拍于甲面下方

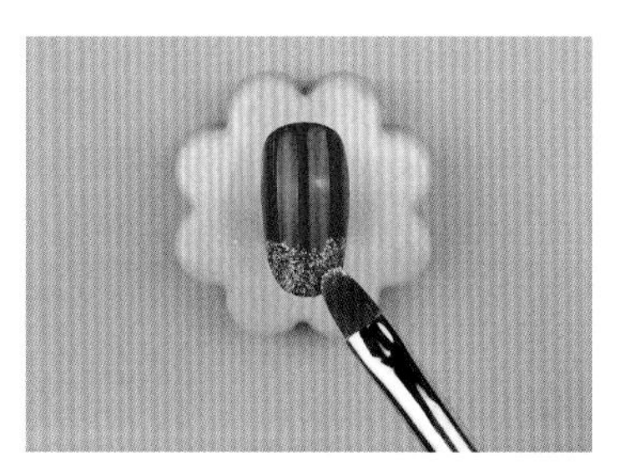

4 注意手法要轻柔，以防同一位置闪粉堆聚

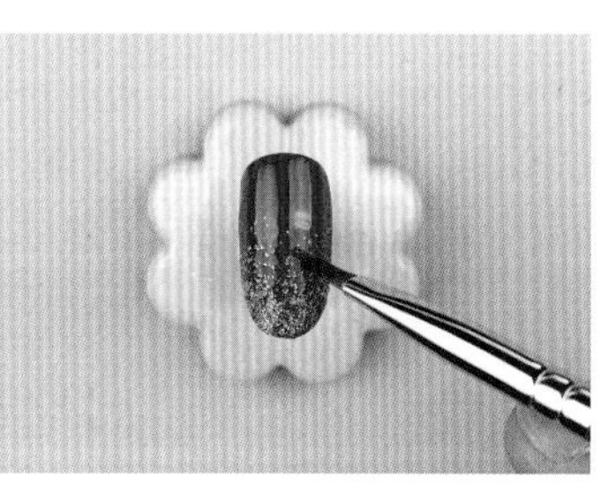

5 用光疗笔轻轻往上推，形成从下往上递减的渐变效果，照灯固化 60 秒

6 涂抹免洗封层，照灯固化 90 秒

完成

知识便签

7.3.4 水钻装饰

水钻装饰需要的工具和材料有：浅棕色甲油胶、免洗封层、水钻、黏合胶水、黏合胶、镊子、拉线笔、点珠笔、免洗封层。

水钻装饰的制作步骤如下。

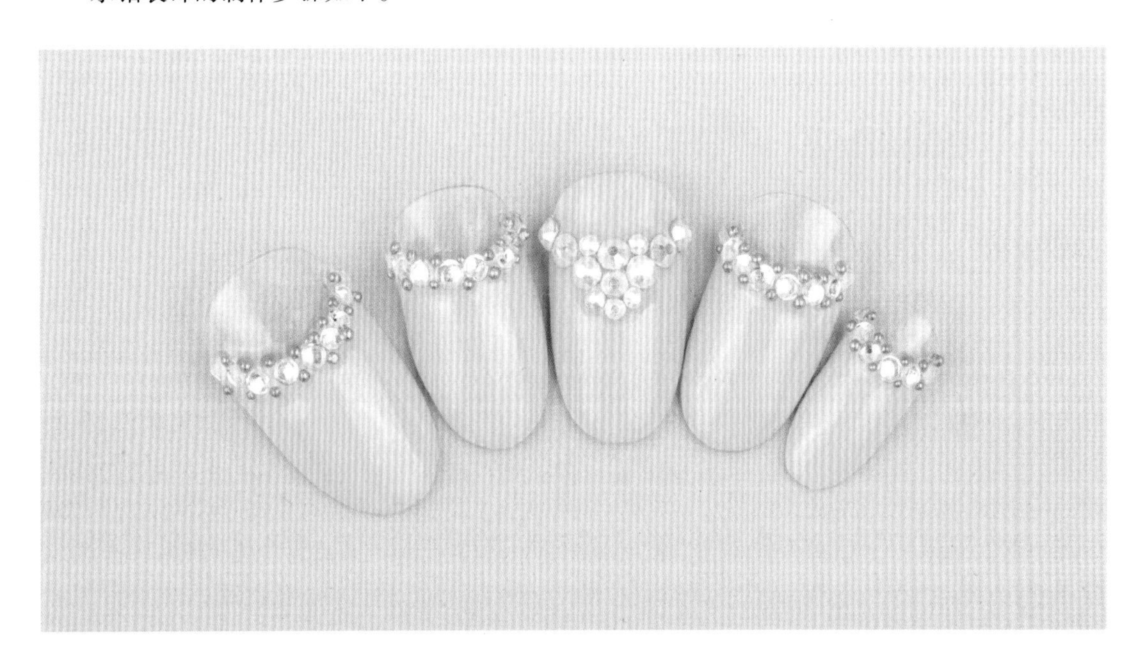

1　涂抹浅棕色甲油胶，照灯固化 60 秒

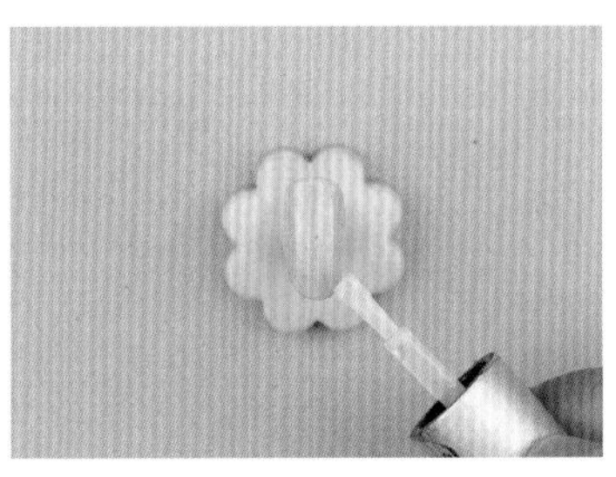

2　涂抹免洗封层，照灯固化 90 秒

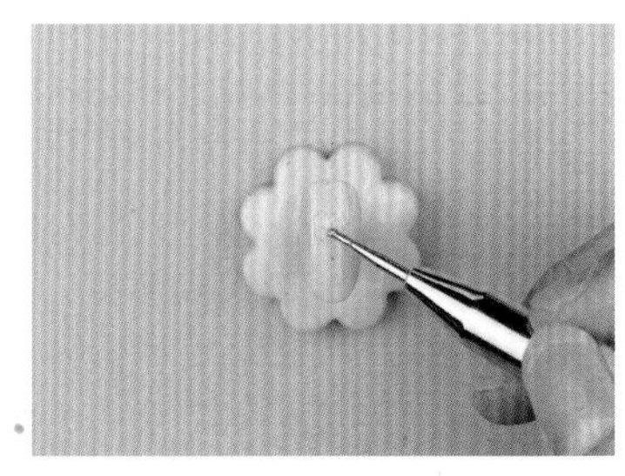

3　用点珠笔沾取适量黏合胶涂于甲面

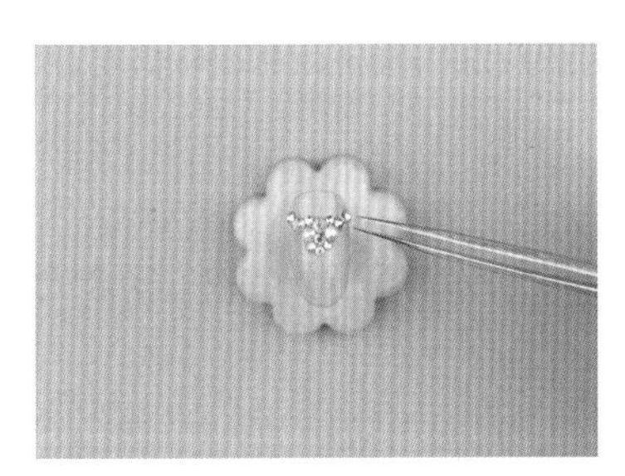

4　用镊子将水钻放置于甲面，注意勿用手直接碰触钻饰，照灯固化 60 秒

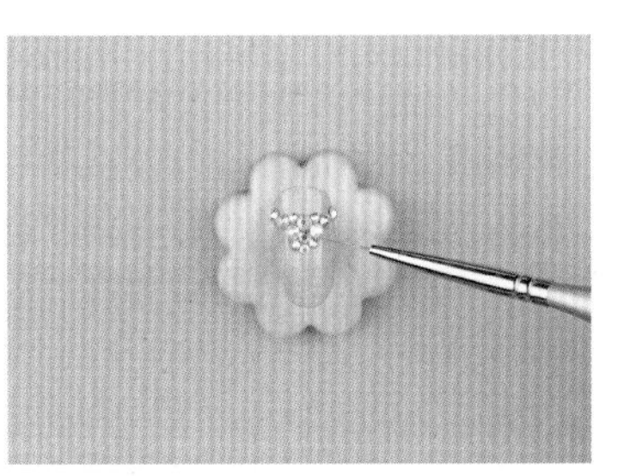

5　用拉线笔沾取黏合胶点涂饰品边缘，进行包边，照灯固化 60 秒

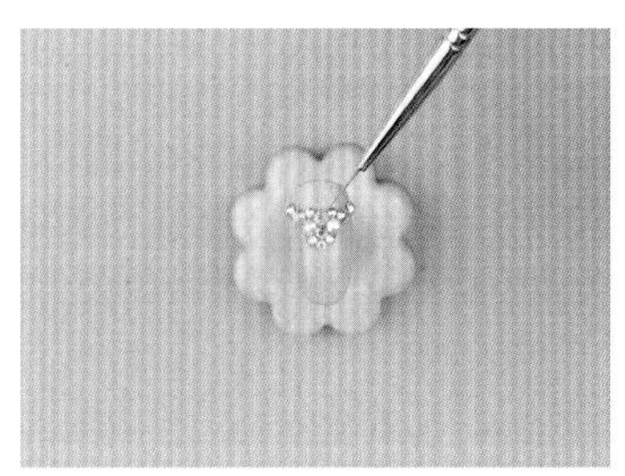

6　注意每个钻饰都要包边到位

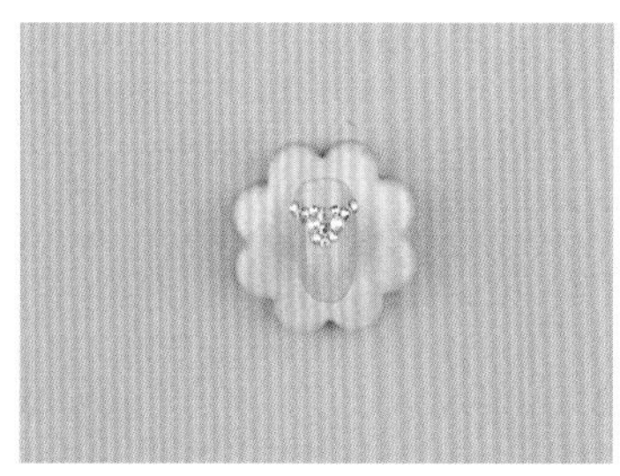

整甲涂抹免洗封层，照灯固化 90 秒，完成

知识便签

7.3.5 异形钻装饰

异形钻装饰需要的工具和材料有：黄色甲油胶、拉线笔、免洗封层、异形钻、铆钉钻、黏合胶水、黏合胶、镊子、点珠笔。

异形钻装饰的制作步骤如下。

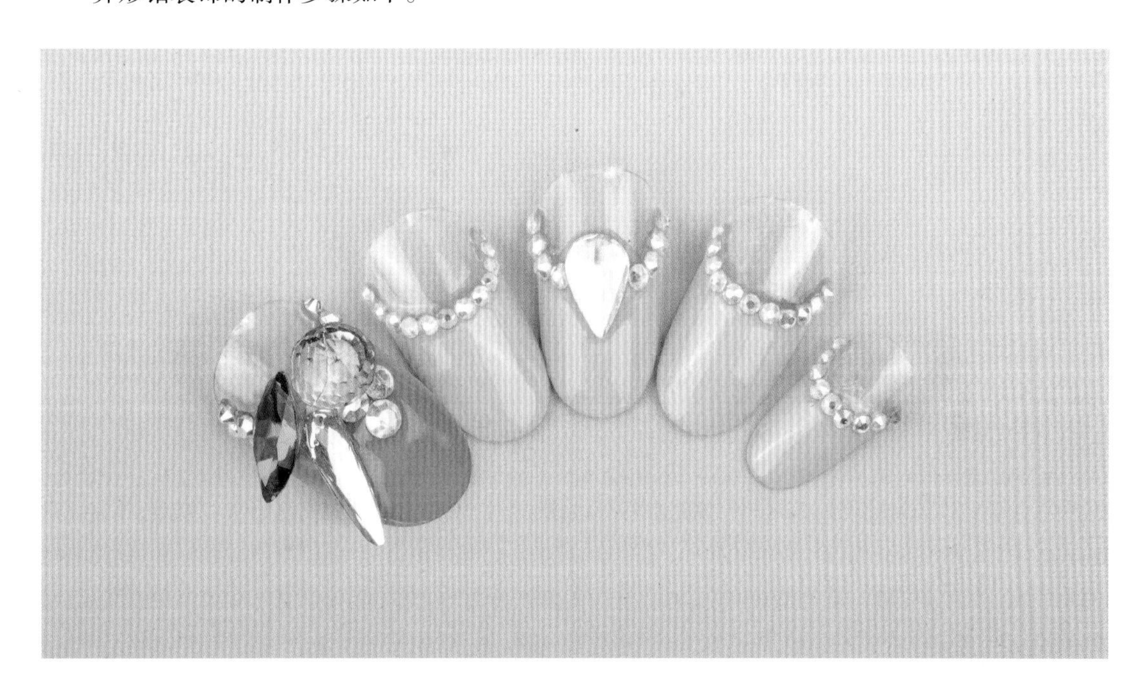

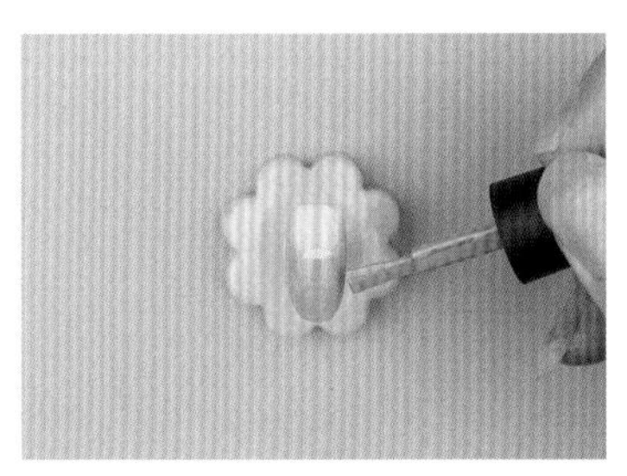

1　涂抹黄色甲油胶，在甲面形成带弧度色块，照灯固化 60 秒

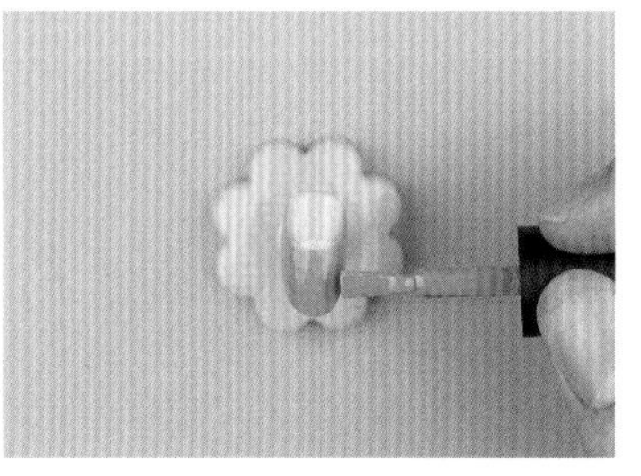

2　二次上色，注意弧度两侧对齐，照灯固化 60 秒

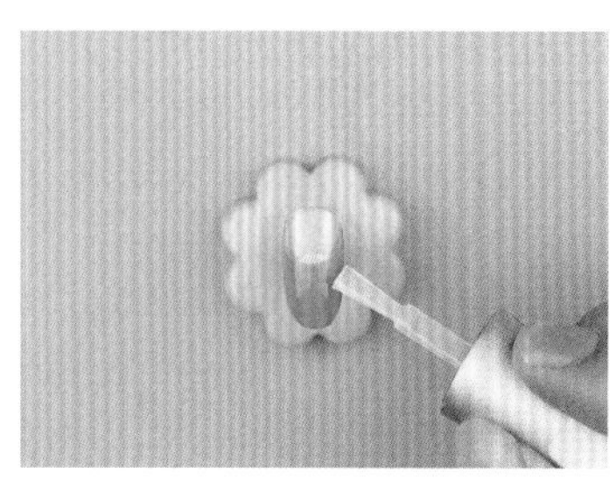

3　涂抹免洗封层，照灯固化 90 秒

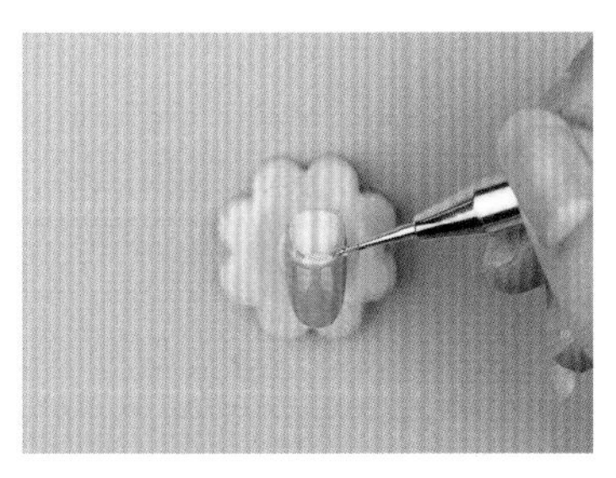

4　用点珠笔沾取黏合胶水，并涂抹于甲面

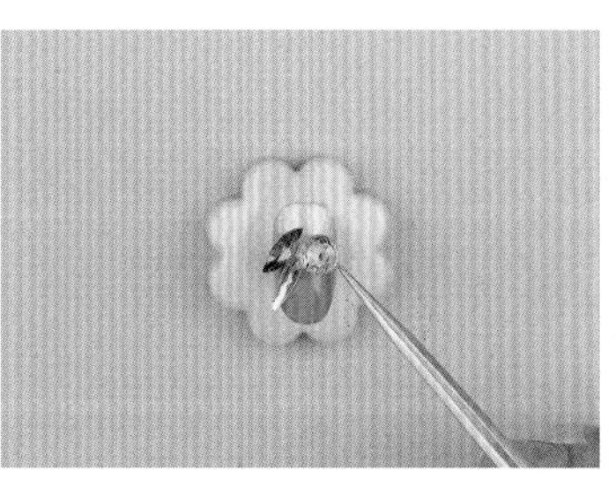

5　用镊子将异形钻放置于甲面，注意整体效果

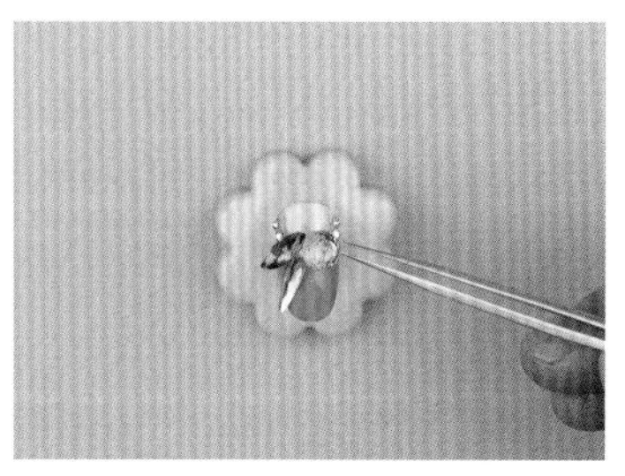

6　在弧线处粘上适量铆钉钻

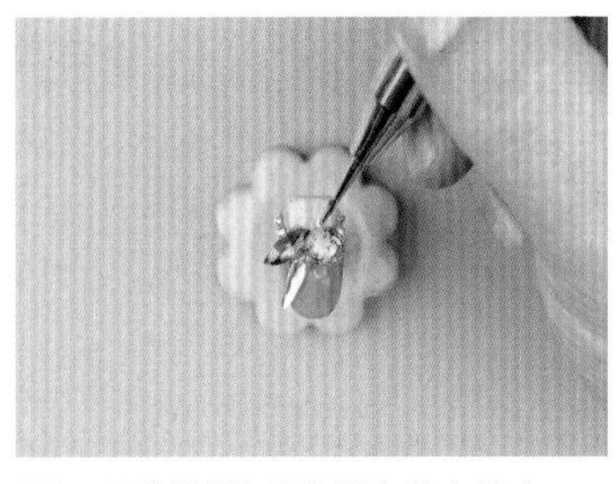

7 再用同样手法沾取黏合胶水

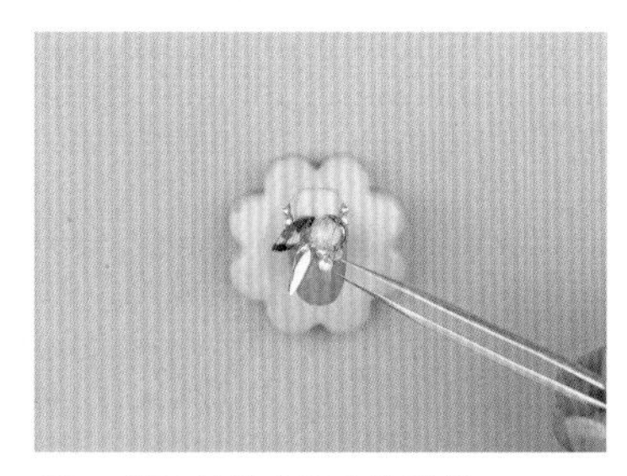

8 增加钻饰丰富整体效果

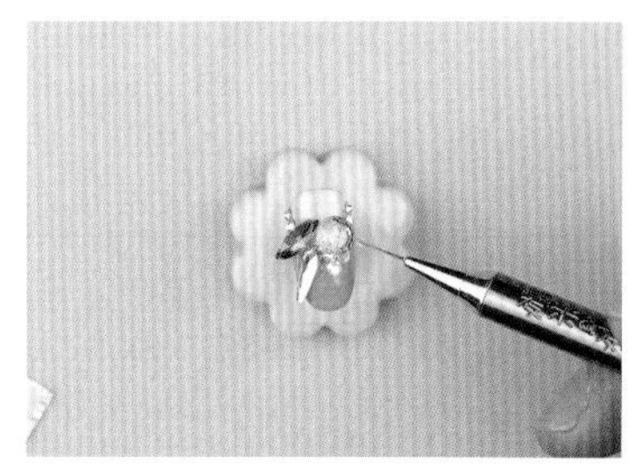

9 用拉线笔沾取黏合胶点涂饰品边缘，进行包边，照灯固化 60 秒

10 注意每个钻饰都要包边到位

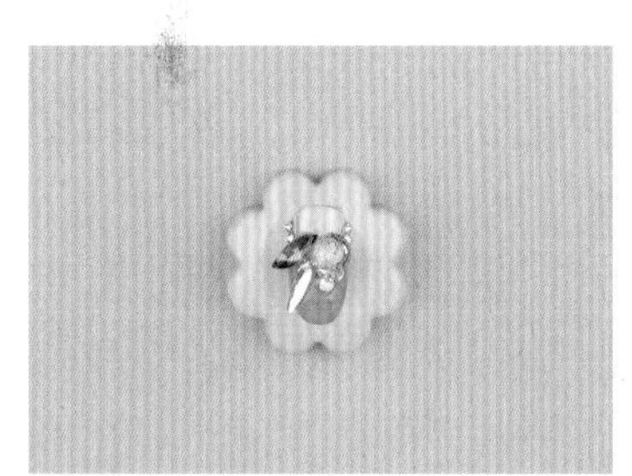

整甲涂抹免洗封层，照灯固化 90 秒，完成

知识便签

7.4 卸除装饰甲

7.4.1 方法一

方法一用于卸除大型钻，具体流程如下。

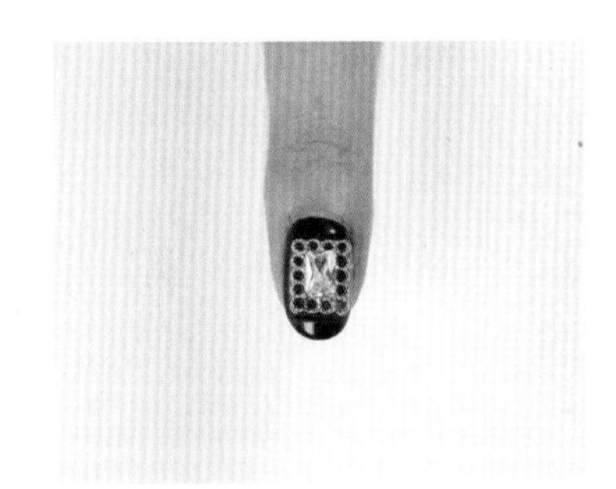

1 未卸除装饰

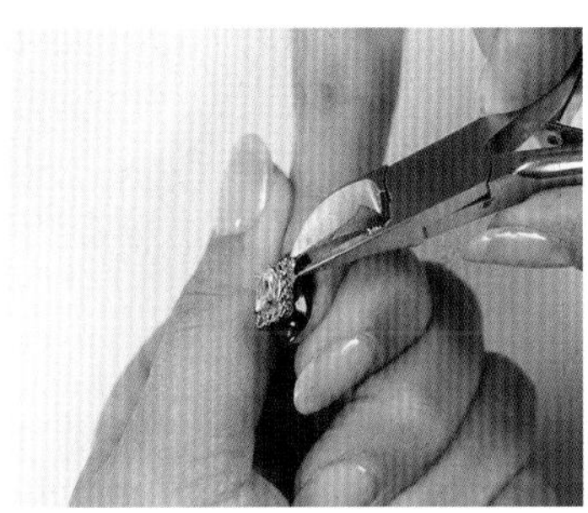

2 用卸钻钳剪除钻饰的四角

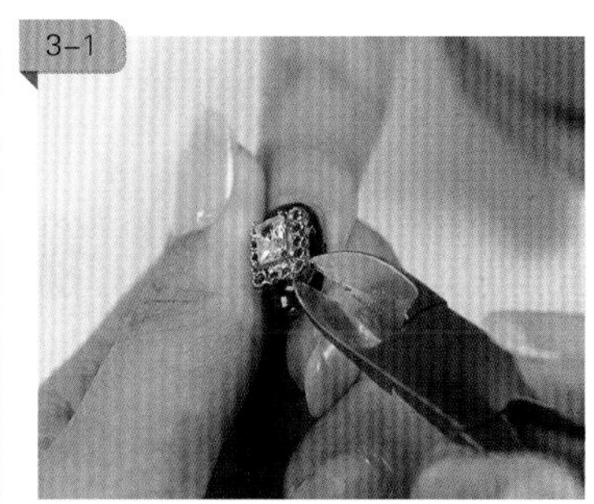

3 动作要轻柔，避免伤及本甲

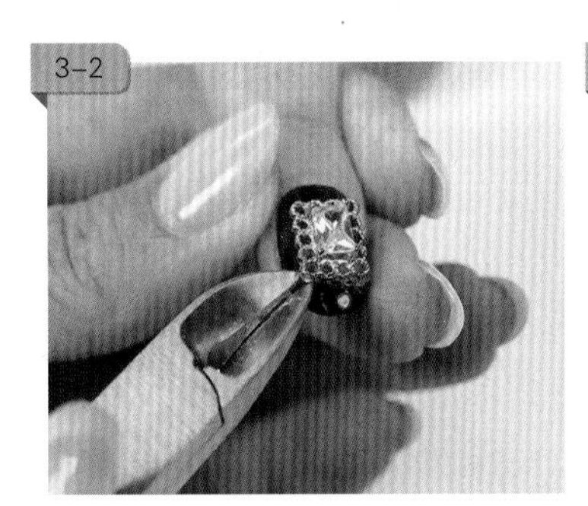

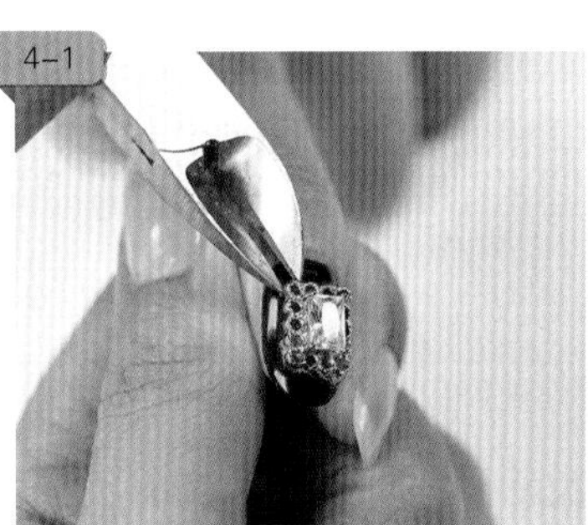

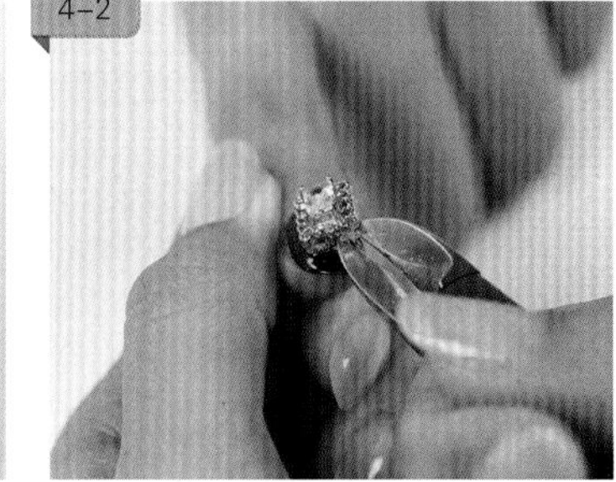

4 四角固定点松动后，可轻撬钻饰并取下

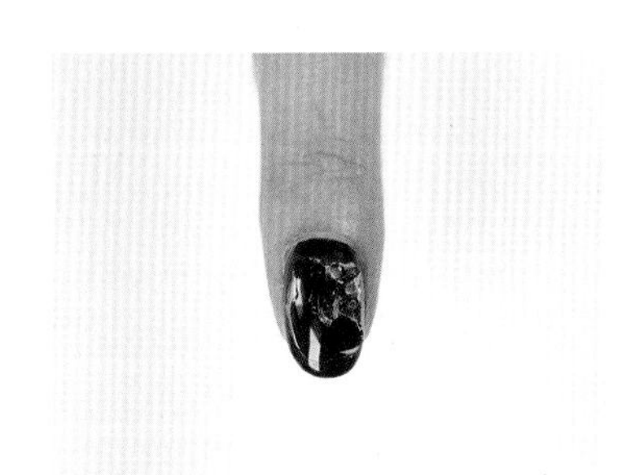

钻饰卸除完成

7.4.2 方法二

方法二用于卸除小型钻，具体流程如下。

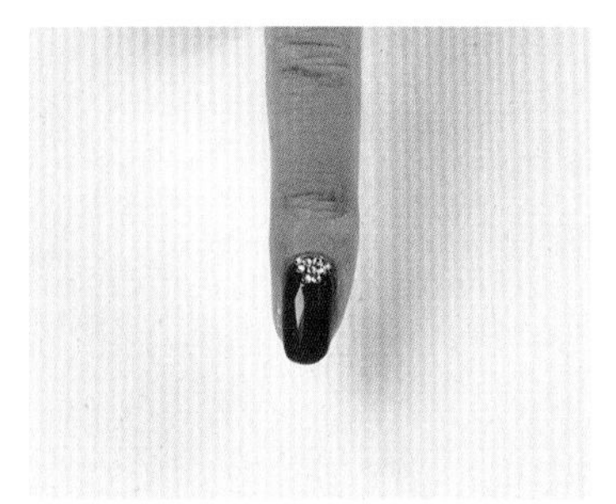
1 未卸除装饰

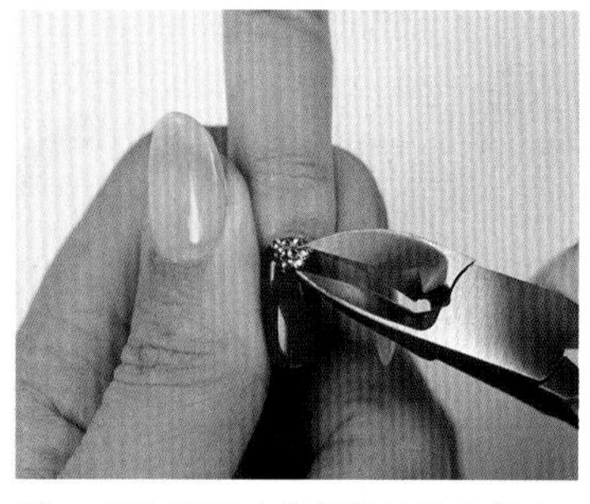
2 用卸钻钳直接剪除钻饰底部胶

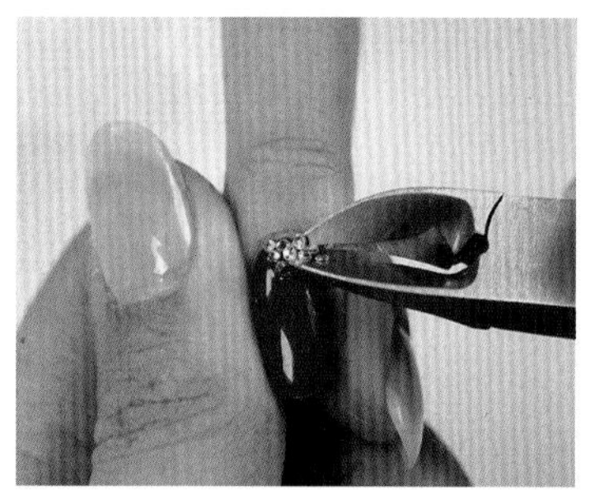
3 注意控制力度避免伤及本甲

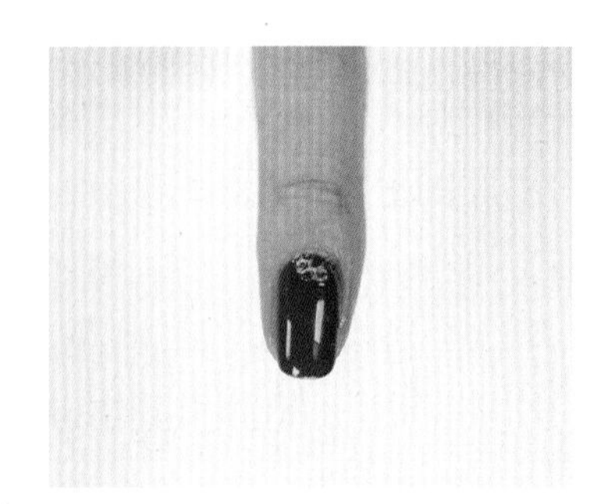
钻饰卸除完成

注：后续的卸甲工作可参照卸除甲油胶的方法。

知识便签

第 8 章
美甲基础技法

渐变、晕染、拉染是目前非常受欢迎的美甲款式，也是专业美甲师必备的基础技法。本章逐步解析技法要点，希望读者在阅读后能勤加练习，熟练掌握这些技法。

8.1 渐变甲的技法

渐变是目前最常用的美甲技法之一，渐变时应注意甲面不能有明显刷痕，颜色过渡处要自然、不突兀。看似简单的技法实则操作极有难度，需要美甲师勤加练习。日常用于渐变的工具很多，例如海绵、带海绵的笔刷、渐变晕染笔、光疗笔……这里仅介绍用渐变晕染笔制作渐变甲的操作步骤。

制作渐变甲需要的工具和材料有：底胶、粉色甲油胶、免洗封层、光疗笔、渐变晕染笔。

渐变甲的制作步骤如下。

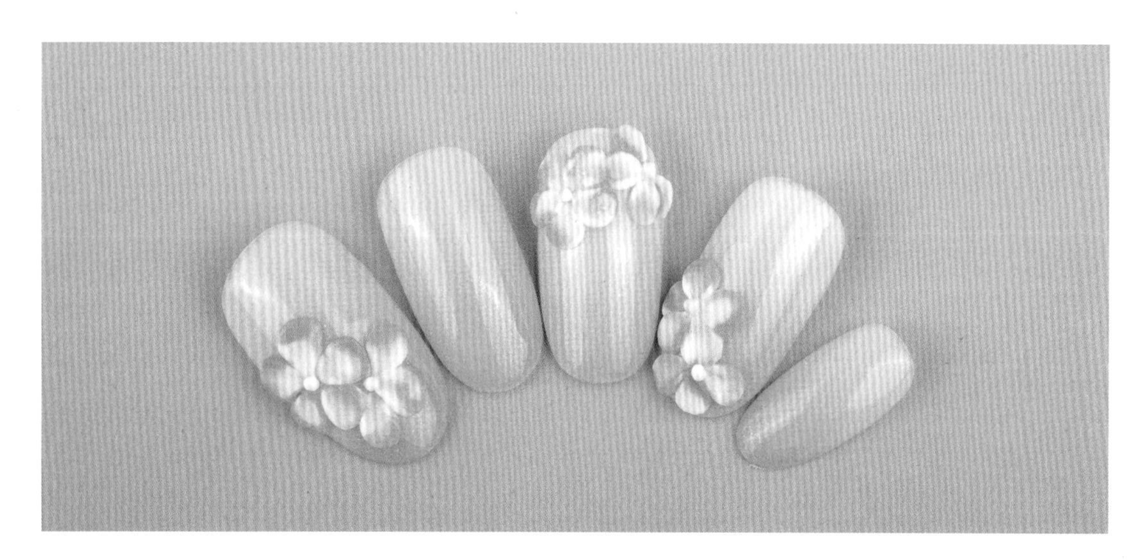

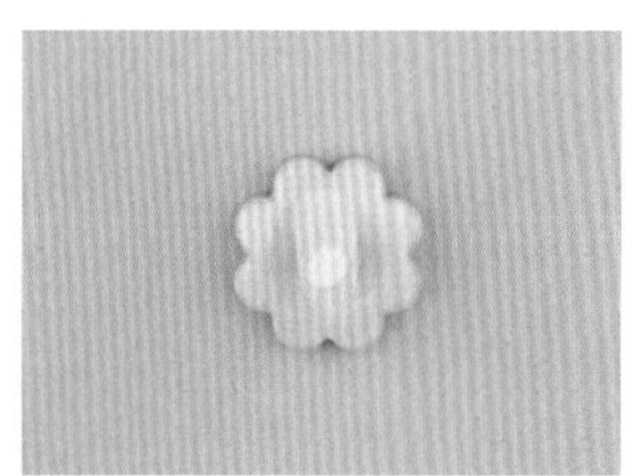

1 涂抹底胶，照灯固化 60 秒

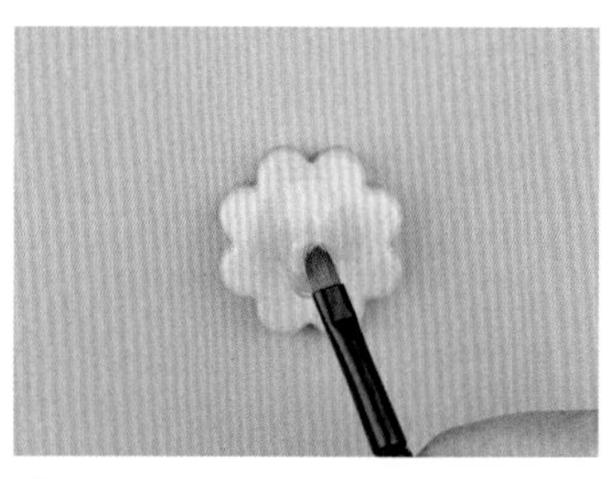

2 用光疗笔沾取粉色甲油胶均匀涂抹在甲片 1/3 处

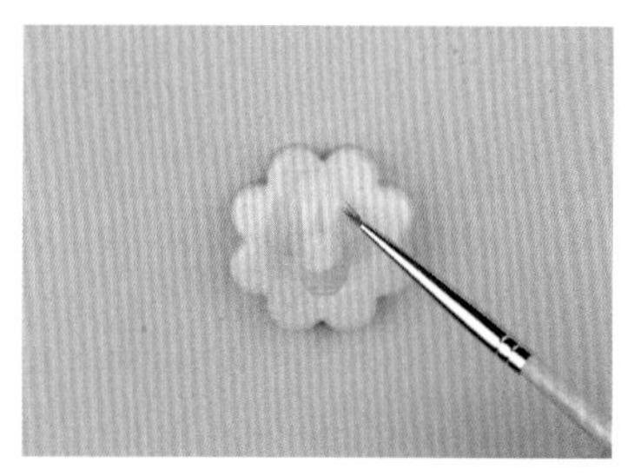

3 用渐变晕染笔将粉色甲油胶向前端晕开约至甲面 1/2 处

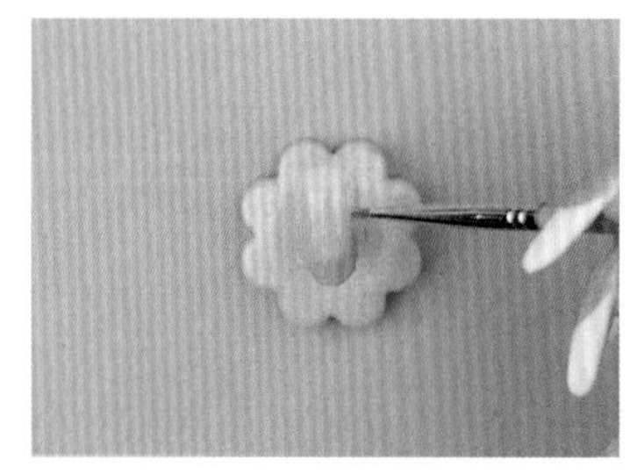

4 注意晕开时不能有明显刷痕，照灯固化 30 秒

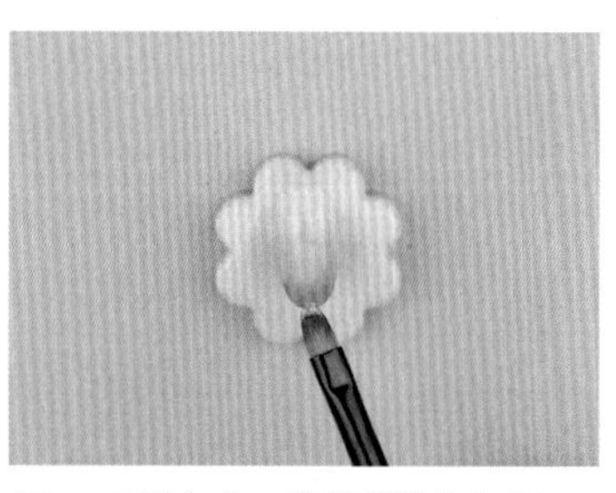

5 重复上色，提高颜色饱和度

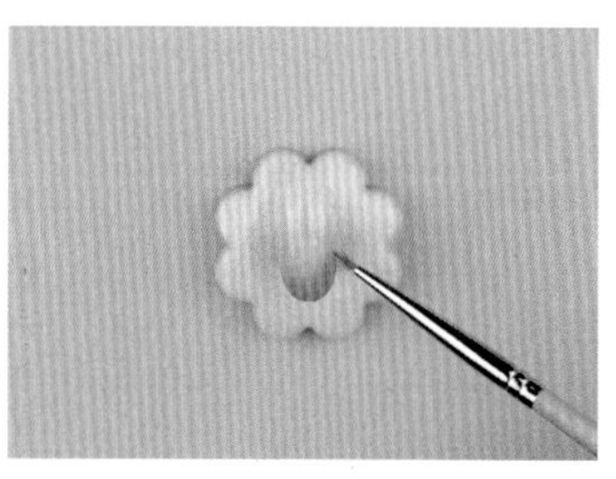

6 向前晕开，注意不能有明显刷痕，照灯固化 30 秒

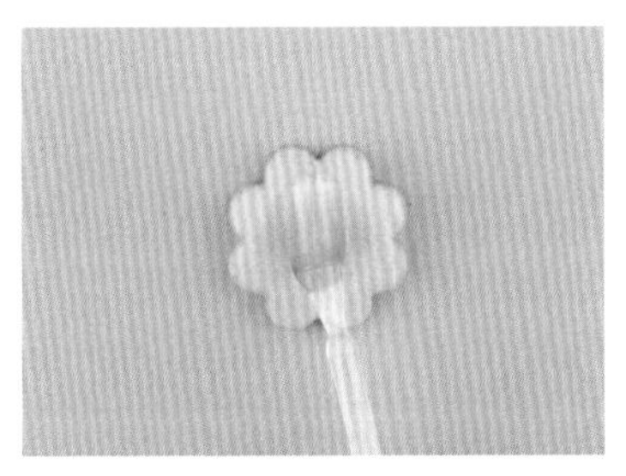

7　涂抹免洗封层，照灯固化 90 秒

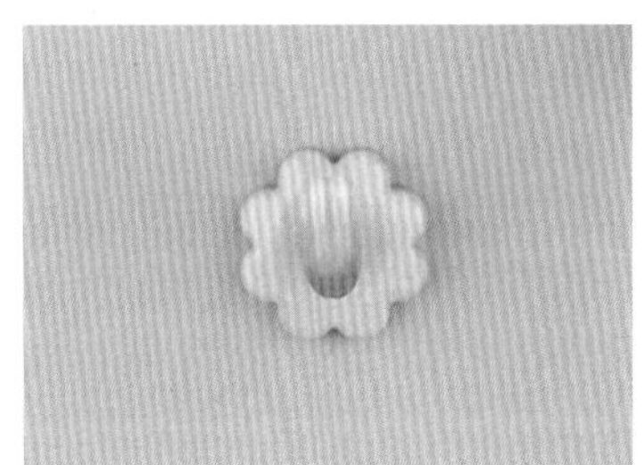

完成

知识便签

8.2 晕染甲的技法

晕染的操作方法很多，效果也千变万化。晕染能够打造出石纹、梦幻底色、立体效果、水墨画风等多种令人惊艳的效果，是当前美甲师必备的基础技法之一。

8.2.1 大理石晕染甲

大理石晕染甲需要的工具和材料：浅蓝色甲油胶、免洗封层、黑色甲油胶、小笔、酒红色甲油胶、饰品、黏合胶水、镊子、光疗胶、免洗封层。

大理石晕染甲的制作步骤如下。

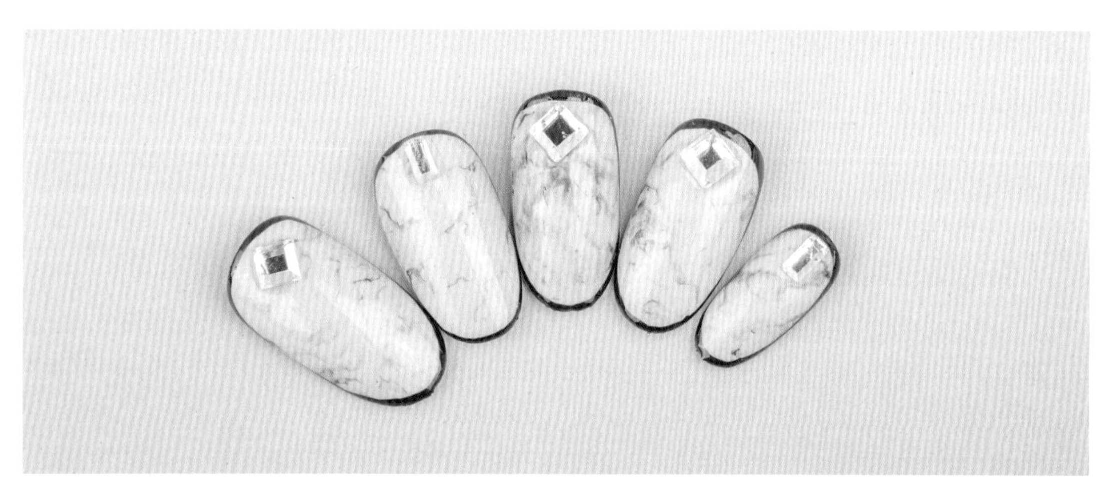

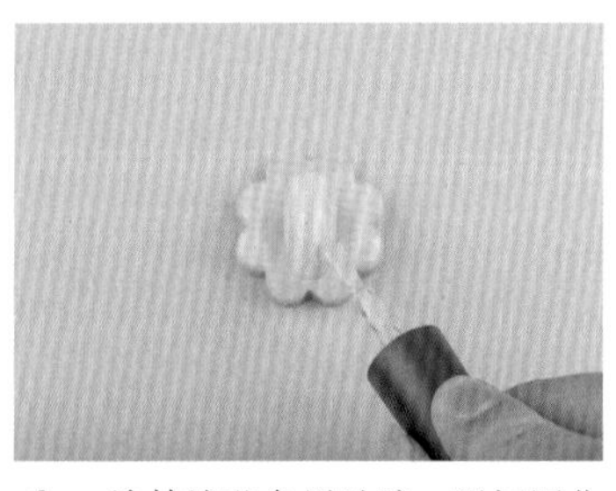

1 涂抹浅蓝色甲油胶，照灯固化 60 秒

2 涂抹免洗封层，无须照灯

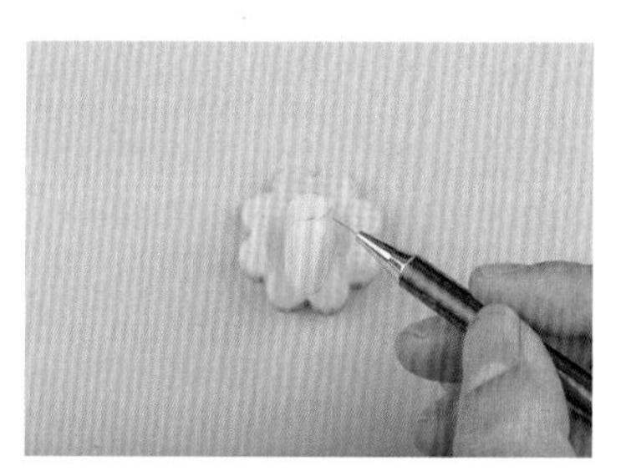

3 用小笔沾取适量酒红色甲油胶，在甲面画出不规则的线条纹理

4-1

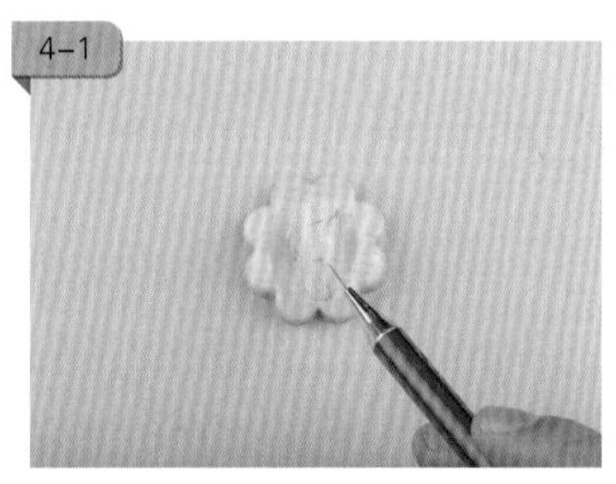

4-2

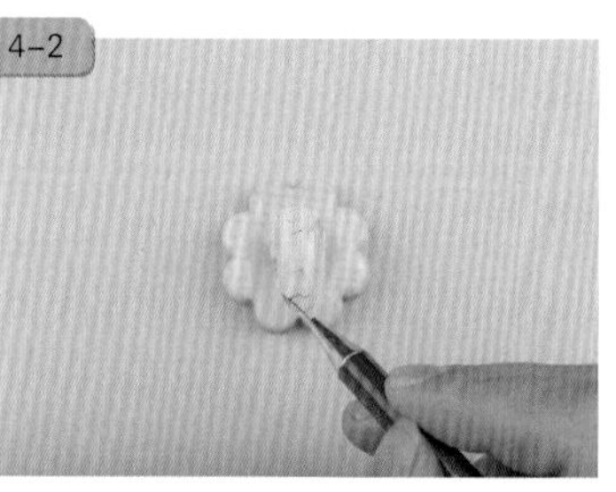

4 掌握好绘画的力度，要深浅不一、错落有致，照灯固化 60 秒

5 用小笔沾取黑色甲油胶，沿甲缘描边，照灯固化 60 秒

6　涂抹免洗封层，照灯固化 90 秒

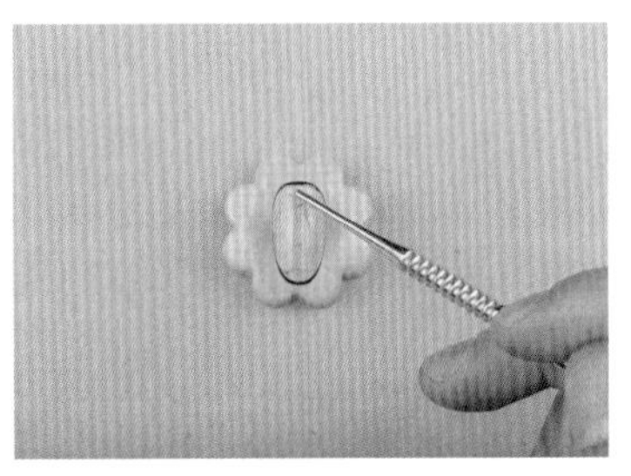

7　沾取适量黏合胶水，放置在甲面后端

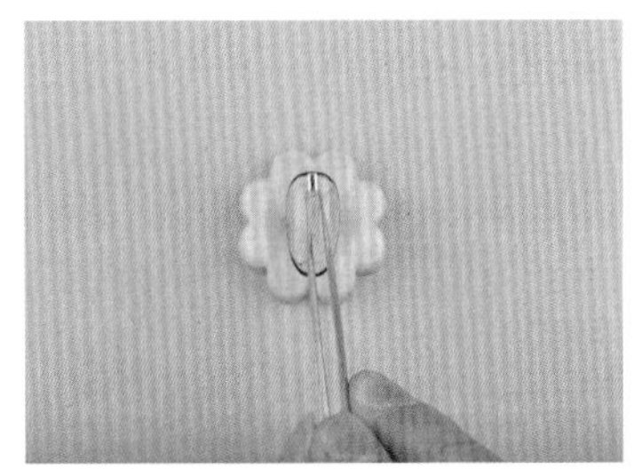

8　用镊子取饰品进行黏合

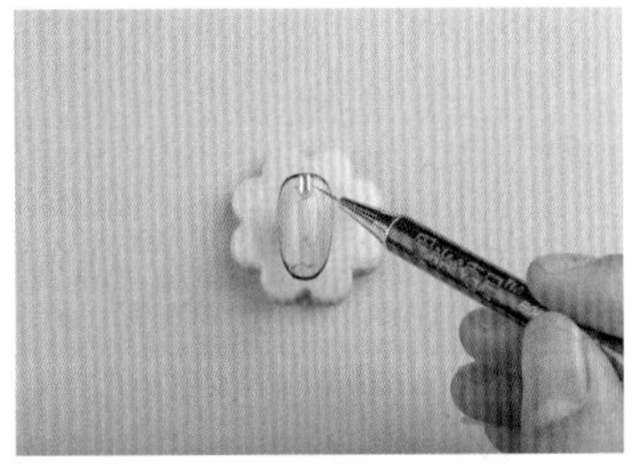

9　用小笔取适量光疗胶围饰品涂抹，照灯固化 60 秒

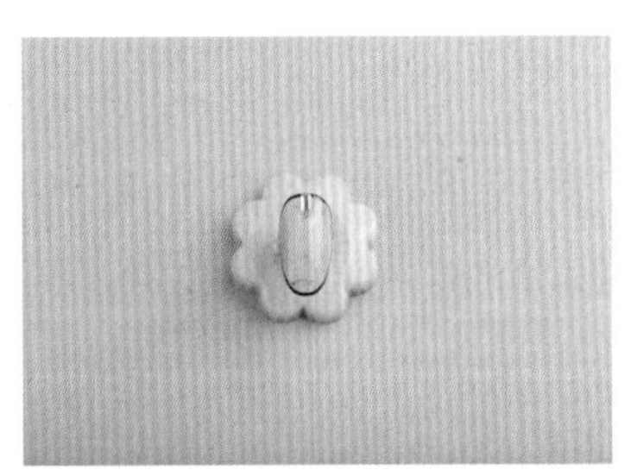

整甲涂抹免洗封层，照灯固化 90 秒，完成

知识便签

8.2.2 多色晕染

多色晕染需要的工具和材料有：光疗笔、珠光白色甲油胶、免洗封层、浅蓝色甲油胶、浅黄色甲油胶、浅玫红色甲油胶、渐变晕染笔、排笔、白色甲油胶。

多色晕染的步骤如下。

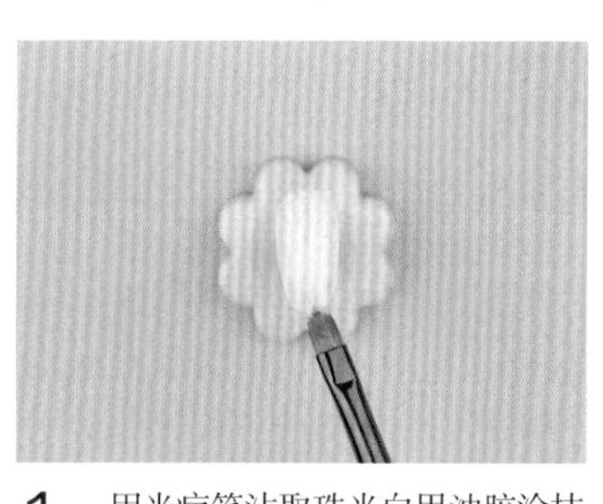

1 用光疗笔沾取珠光白甲油胶涂抹整甲，照灯固化 60 秒

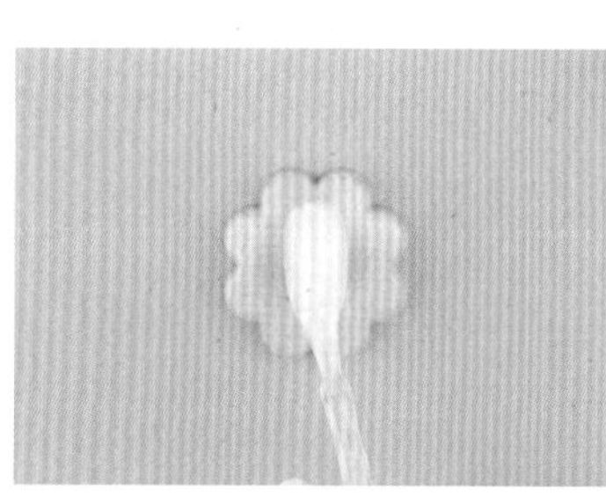

2 涂抹免洗封层，无须照灯

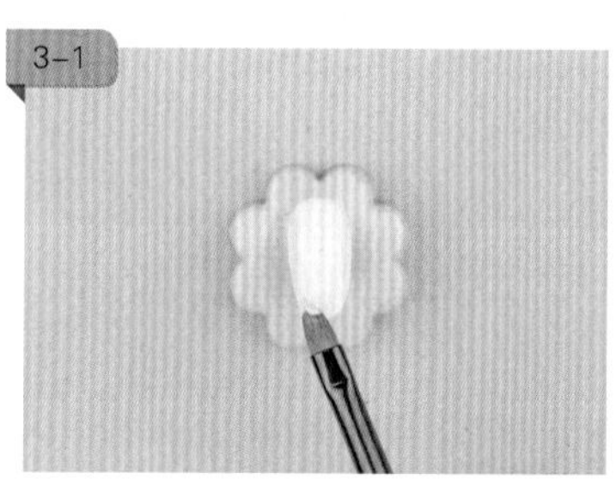

3 用光疗笔沾取浅蓝色甲油胶，在甲面晕开

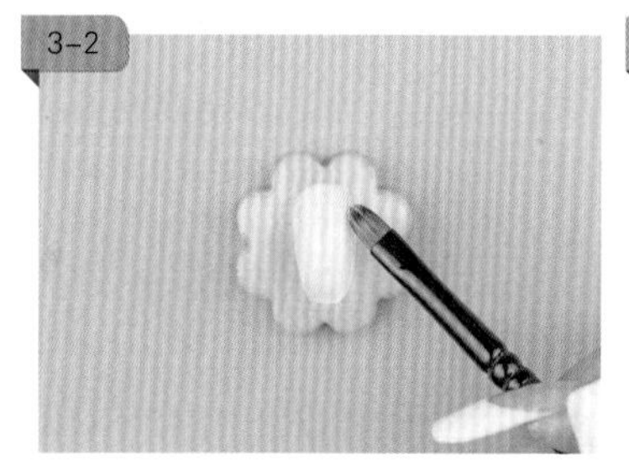

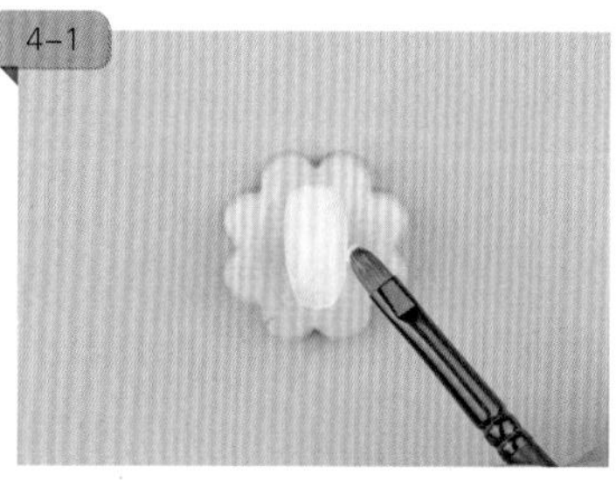

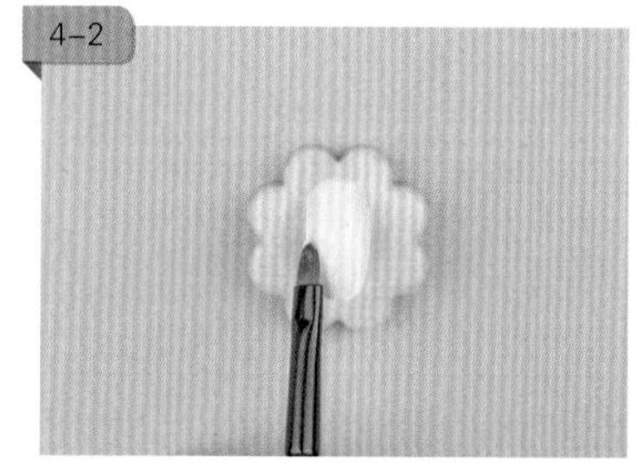

4 用光疗笔沾取浅黄色甲油胶，在甲面晕开

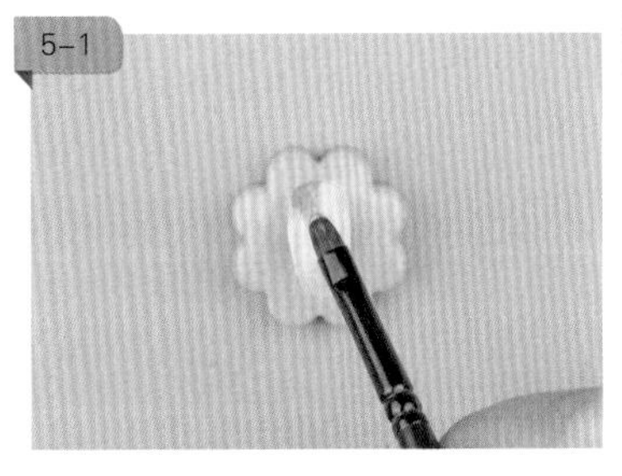

5-2

5　用光疗笔沾取浅玫红色甲油胶，在甲面晕开，注意色块排布

6　用渐变晕染笔将颜色晕开

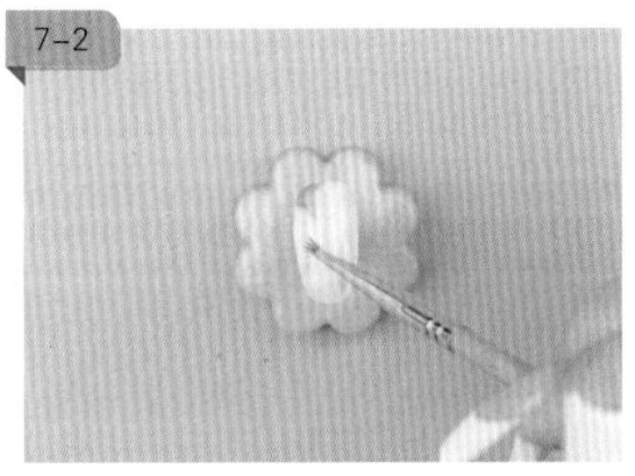

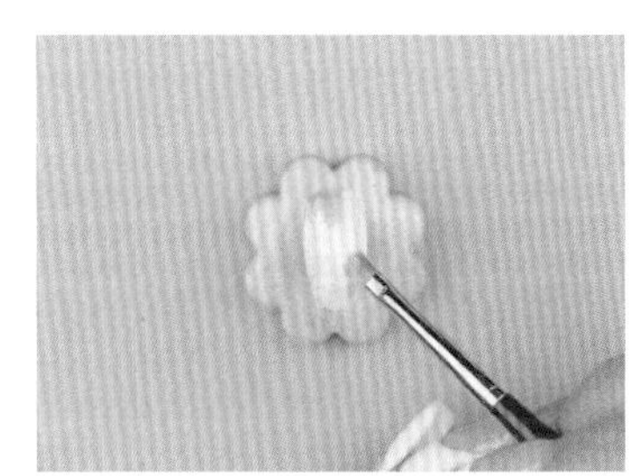

7　使色块交接处自然融合，形成晕染效果，照灯固化 60 秒

8　用排笔沾取白色甲油胶，轻轻扫过甲面，使整体更加美观

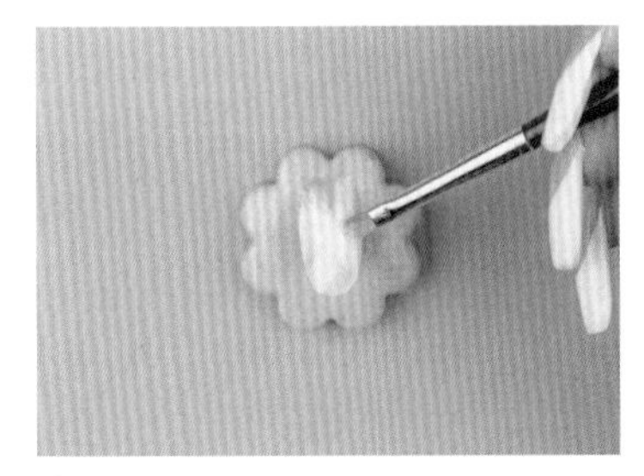

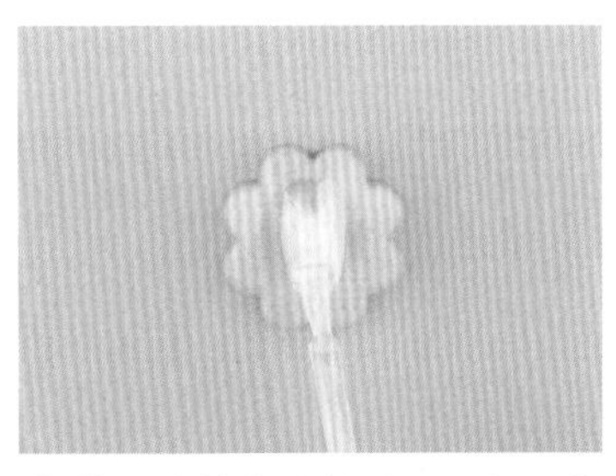

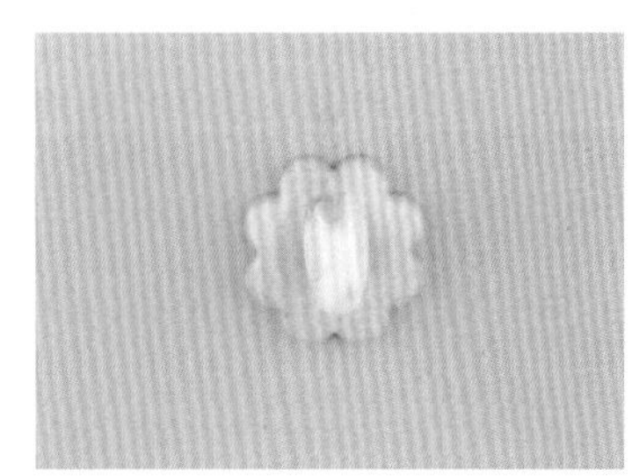

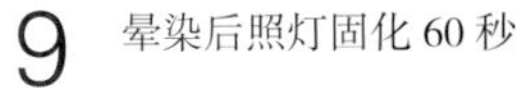

9　晕染后照灯固化 60 秒

10　涂抹免洗封层，照灯固化 90 秒

完成

知识便签

8.3 拉染甲的技法

拉染勾绘是相对简单的美甲技法，但是呈现的效果让人惊艳。拉染甲即在甲油胶未干的情况下，用小笔或拉线笔，用点、勾、拉的方法绘制出图案，是目前较为流行的美甲技法。

拉染甲需要的工具和材料有：金色甲油胶、红色甲油胶、白色甲油胶、蓝色甲油胶、免洗封层、小笔、黏合胶水、饰品、镊子、光疗胶。

拉染甲的步骤如下。

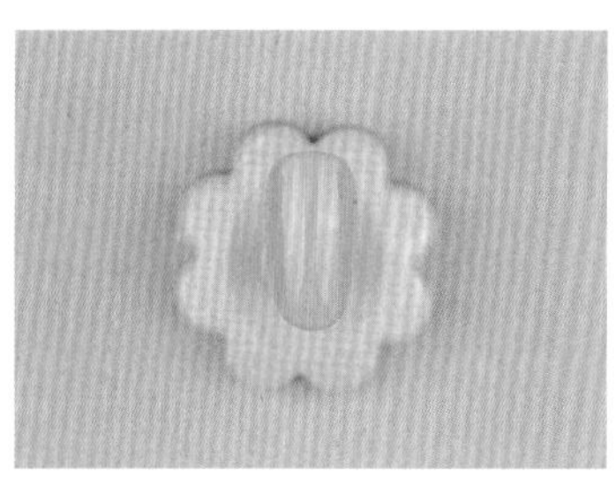

1 涂抹金色甲油胶打底，照灯固化 60 秒

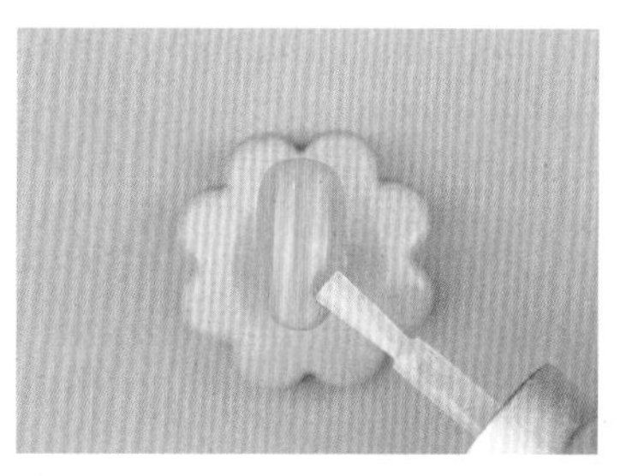

2 涂抹免洗封层，无须照灯

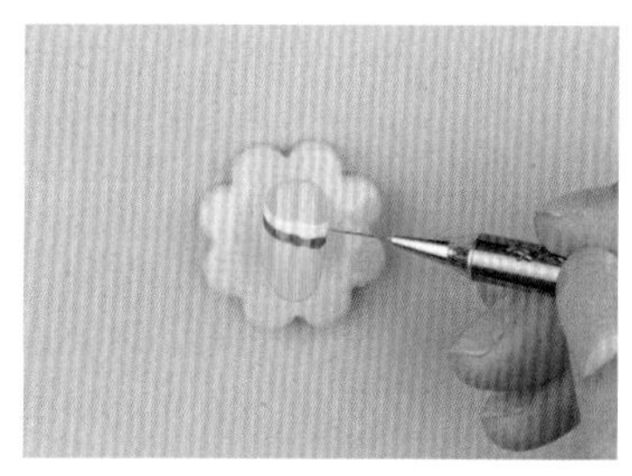

3 用小笔取红色、白色甲油胶，横向拉出线条

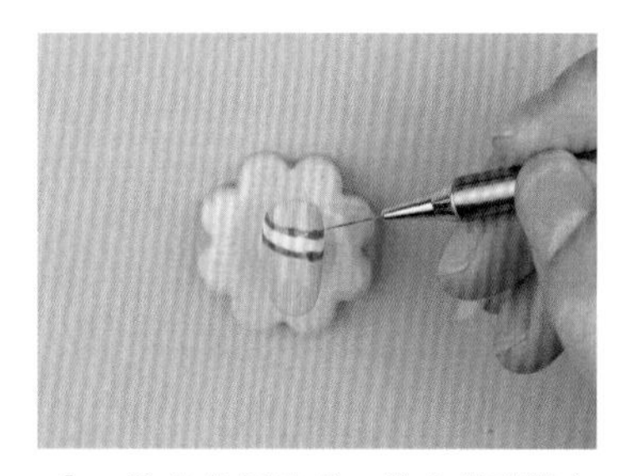

4 取蓝色甲油胶，依次排列横向拉出线条

5 清洁小笔后，竖拉线条，注意要一笔到位，不能来回拉动

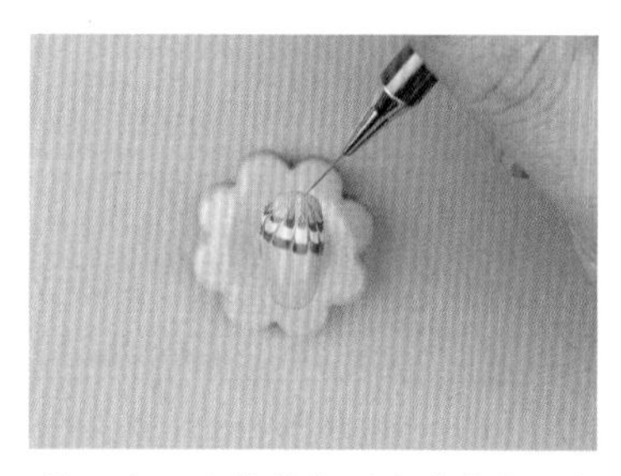

6 每一次拉线都要清洁小笔，完成后照灯固化 60 秒

7　涂抹免洗封层，照灯固化 90 秒

8　沾取适量黏合胶水放置在甲面前端

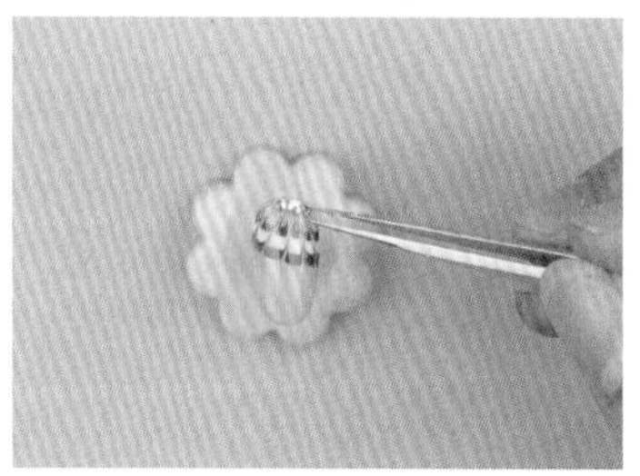

9　用镊子取饰品进行黏贴，等待风干

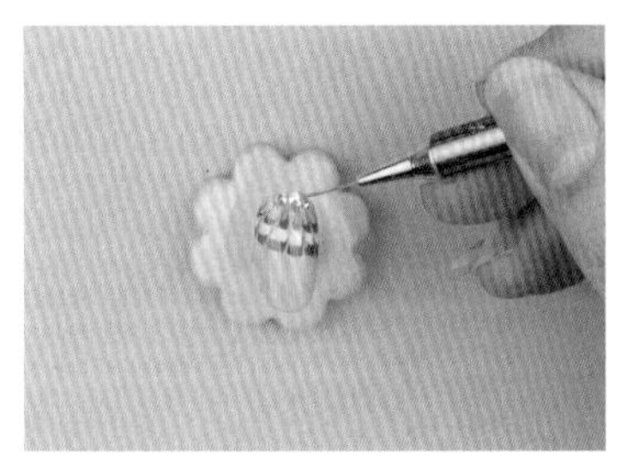

10　沾取光疗胶点涂饰品边缘，进行包边，照灯固化 60 秒

整甲涂抹免洗封层，照灯固化 90 秒，完成

知识便签

附 录

附录 1 CPMA 专业培训认证

一级美甲师认证

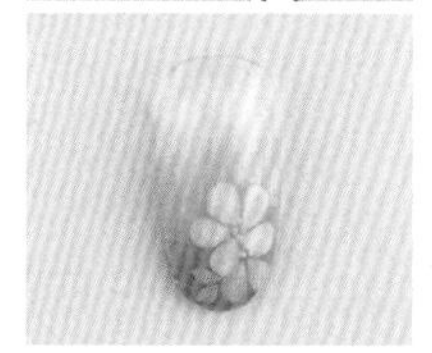

考试内容 试前检查（10 分钟）：桌面布置、消毒管理、模特的手指状态检查
技能考试（117 分钟）：指甲护理、基础技能
理论考试（40 分钟）：关于指甲的基础知识、色彩原理、美甲操作顺序等

双手实操 右手：5 根手指图红色甲油胶、无名指使用银色闪粉进行装饰
左手：5 根手指图粉红色甲油胶，并做出渐变效果，无名指以“花”为主题进行基础彩绘

考试规定 只有理论考试与技能考试都达到合格标准才视为通过考试，并获得 CPMA 一级美甲师认定证书。

二级美甲师认证

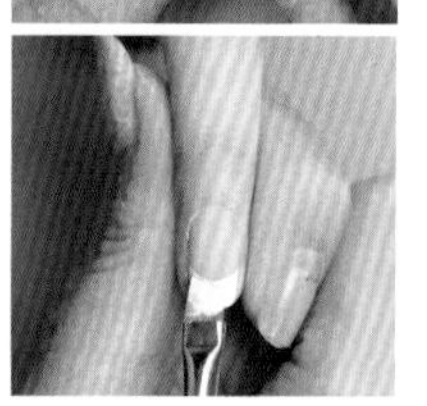

考试内容 试前检查（10 分钟）：桌面布置、消毒管理、模特的手指状态检查
技能考试（142 分钟）：卸甲及指甲护理、美甲技法
理论考试（40 分钟）：关于指甲的基础知识、常见病变及处理方法、美甲操作顺序等

双手实操 右手：粉色甲油胶卸除、5 根手指本甲上进行法式操作
左手：无名指光疗延长、食指三色渐变、其余三指涂抹粉色甲油胶，中指用小圆笔画出双层花

考试规定 通过 CPMA 一级美甲师认证者方可报名二级认证，只有理论考试与技能考试都达到合格标准才视为通过考试，并获得 CPMA 二级美甲师认定证书。

三级美甲师认证

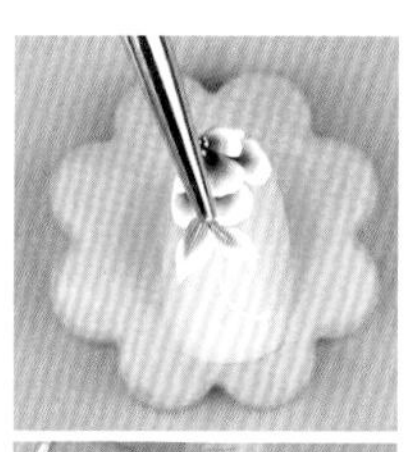

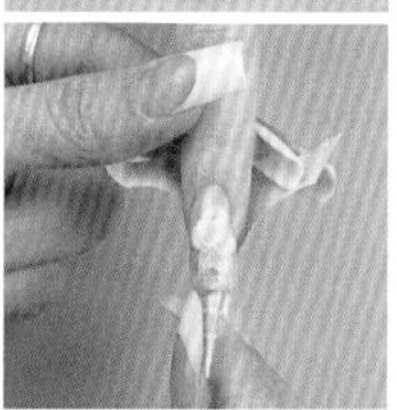

考试内容 试前检查（10 分钟）：桌面布置、消毒管理、模特的手指状态检查
技能考试（180 分钟）：指甲护理、高级美甲技法
理论考试（40 分钟）：关于指甲结构、常见病变及处理方法、美甲操作顺序等

双手实操 右手：拇指光疗设计延长法式甲（自然色甲床）、食指中指光疗延长法式甲（透明甲床）、无名指光疗设计延长甲 +3D 排笔彩绘（花朵主题）、尾指光疗透明延长甲
左手：拇指水晶延长法式甲（自然色甲床）、食指中指水晶延长法式甲（透明甲床）、无名指水晶设计延长甲 + 双色外雕（花朵主题）、尾指水晶透明延长甲

考试规定 通过 CPMA 二级美甲师认证者方可报名三级认证，只有理论考试与技能考试都达到合格标准才视为通过考试，并获得 CPMA 三级美甲师认定证书。
备注：以上考试内容与时间仅供参考，具体详情请以 CPMA 官方发布消息为准。

一级讲师认证

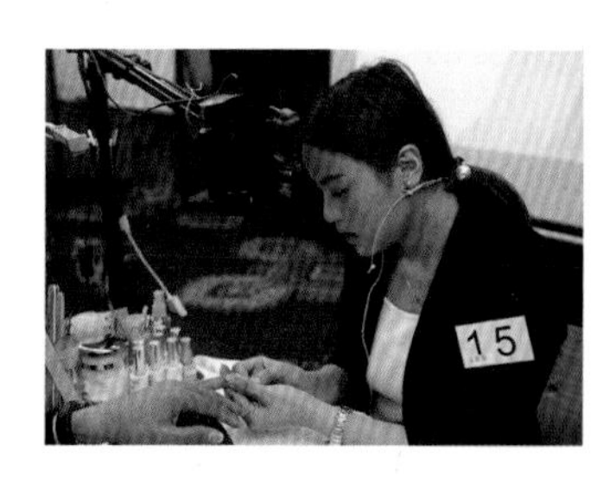

考试内容 完成 1800 字标题为《我为什么要成为 CPMA 讲师》论文
平时培训（2 天）：沟通与管理能力、授课技巧
考试答辩（35 分钟）：授课讲解、考生自评、论文提问考生答辩

考试规定 报名 CPMA 一级讲师者需拥有 CPMA 二级美甲师证书，只有平时培训与考试答辩成绩都达到合格标准才视为通过认证，并获得 CPMA 一级讲师认定证书。

附录 2　CPMA 一级美甲师认证考试内容

● 试前检查（10 分钟）

事前检查桌面布置、消毒管理、模特的手指状态、具体操作如下。

（1）桌面布置必须试前 CPMA 的规定，保持良好的桌面卫生状况。

（2）准备齐全考试所需的工具、材料，并事前贴好标签。

（3）消毒杯底部应铺上沾满酒精的棉花，将直接接触皮肤的工具放置入杯中消毒。

（4）确认模特的手指是否符合要求，被修复和延长的指甲不能超过 2 个。

（5）确认美甲灯连上电源。

● 技能考试（107 分钟）

第一部分：指甲护理（35 分钟）

（1）手指消毒包括美甲师和模特的双手指尖、指缝、必须进行擦拭消毒。

（2）用砂条修磨本甲甲形，将指甲修磨成圆形，视觉上必须对称圆润。

（3）指甲前端留白长度要控制在 2 毫米之内，10 根手指的指甲长度要协调。

（4）10 根手指都必须进行去死皮处理。

（5）去死皮浸泡指甲的时候，必须使用泡手碗。

注意：禁止使用打磨机、打磨棒、甘油、营养油、护手霜等一级考试规定用品以外的用品。

第二部分：中场休息（2 分钟）

（1）考生可在此时调整手枕、美甲灯的位置，以便后续考试。

（2）考生不可在此时进行下一步骤手部处理。

第三部分：实操部分（70 分钟）

左手：（1）5 根手指涂粉红色甲油胶，并做出渐变效果。

（2）无名指以“花”为主题进行基础彩绘。

右手：（1）5 根手指涂红色甲油胶。

（2）无名指使用银色闪粉进行渐变装饰。

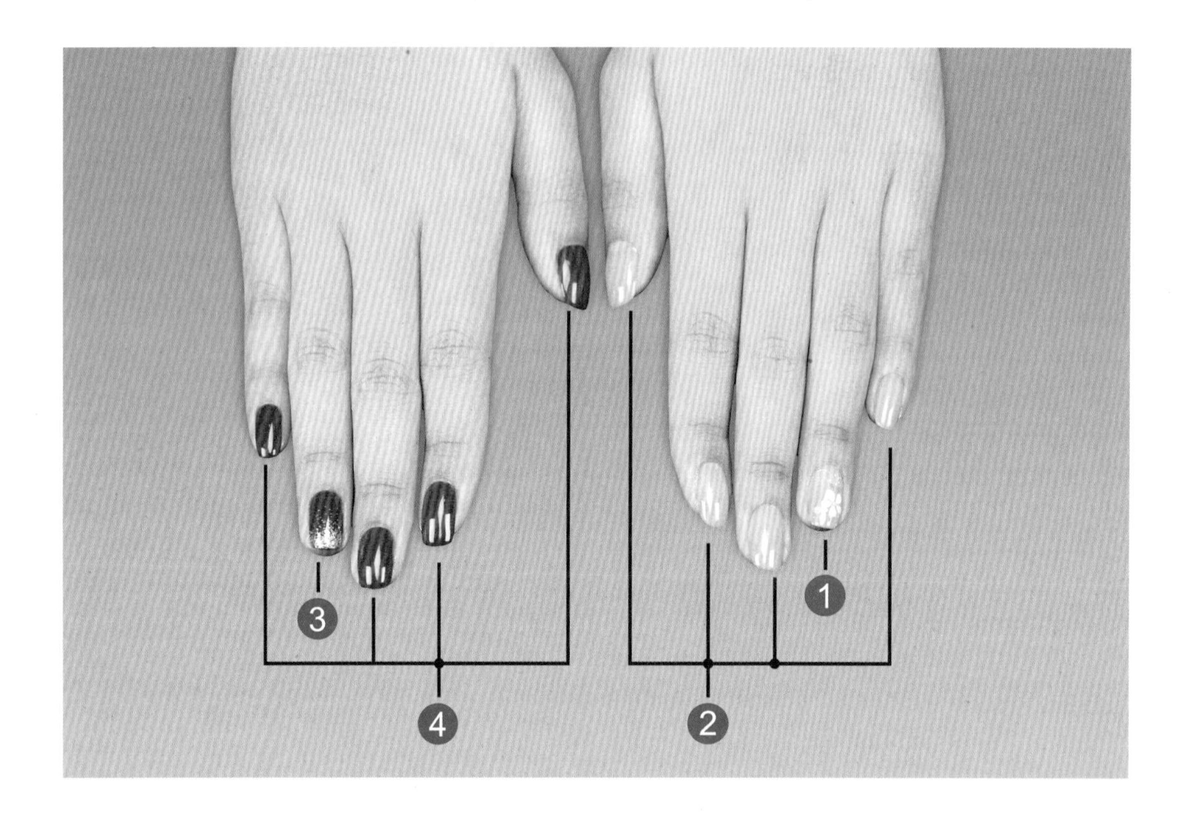

● 理论考试（40 分钟）

理论考试内容包括关于指甲的基础知识：卫生和消毒、手指的结构、常见病变及处理方法、美甲操作顺序等。

● 合格标准

技能考试 50 分满分，38 分及 38 分以上及格；理论考试 100 分为满分，80 分及 80 分以上及格。只有理论与技能考试都达到合格标注方式为通过考试，可获得 CPMA 一级美甲师认定证书。

一级考点
二维码

考试摆台

1 银色闪粉；
2 黄色彩绘胶；
3 红色彩绘胶；
4 粉尘刷；
5 绿色彩绘胶；
6 免洗封层；
7 底胶；
8 粉色甲油胶；
9 白色彩绘胶；
10 调色盘；
11 软化剂；
12 红色甲油胶；
13 75 度酒精；
14 装棉花的袋盖收纳容器；
15 装棉片的袋盖收纳容器；
16 95 度酒精；
17 装 75 度酒精的喷嘴瓶；
18 死皮推；
19 桔木棒；
20 死皮剪；
21 光疗笔；
22 小笔；
23 渐变晕染笔；
24 薄款砂条；
25 海绵锉；
26 笔筒；
27 手枕；
28 无纺布或厨房用纸；
29 毛巾；
30 桌垫；
31 小碗；
32 硬毛清洁刷；
33 备用毛巾；
34 备用无纺布；
35 泡手碗；
36 保温杯；
37 美甲灯；
38 垃圾袋

附录 3　部分美甲专业术语中英文对照表

中文	英文
消毒水	sanitizer
洗甲水	polish remover
死皮软化剂	cuticle solvent
酒精	alcohol
皂液	liquid soap
按摩膏	lotion
营养油	cuticle oil
手护养	manicure
干裂手护理	hot oil manicure
足护理	pedicure
水晶粉	nail powder
水晶液	nail liquid
调理液	liquid
消毒箱	disinfect box
手柄	hand handler
按摩油	massage oil
甲片	tip
刷子	brush
精华素	ampoule
洗笔水	brush cleaner
水晶指甲	acrylic nails
消毒干燥剂	primer
抛光块	buff
指托板	forms
指甲专用胶	nail glue
纸巾	nail wipes
丝绸甲	silk wrappers
法式指甲	french manicure
贴片水晶甲	acrylic with tips
奇妙溶解液	tip blender
先处理液	equalizer
反应液	reaction liquid
松枝胶	crystal glaze
修补	fill in
卸甲	soak off / tip off
手绘	hand paint
彩绘	airbrush
镶钻	diamond on
水贴	water decal
金银彩贴	gold foil
金饰	gold charm
形状	shape
椭圆	oval
方形	square
尖形	pointed
圆形	round
梯形	flare
长的	long
短的	short
厚的（粗）	thick
薄的（细）	thin
轻的	light
中等的	medium
重的	heavy
底油	base coat
亮油	top coat
指甲油	nail polish